中国科协学科发展预测与技术路线图系列报告

中国科学技术协会　主编

仿真科学与技术
学科路线图

中国仿真学会◎编著

中国科学技术出版社
·北　京·

图书在版编目（CIP）数据

仿真科学与技术学科路线图 / 中国科学技术协会主编；中国仿真学会编著 . -- 北京：中国科学技术出版社，2021.6

（中国科协学科发展预测与技术路线图系列报告）

ISBN 978-7-5046-8844-6

Ⅰ.①仿… Ⅱ.①中… ②中… Ⅲ.①计算机仿真—学科发展—研究报告—中国 Ⅳ.① TP391.9

中国版本图书馆 CIP 数据核字（2020）第 199293 号

策划编辑	秦德继　许　慧
责任编辑	许　慧
装帧设计	中文天地
责任校对	焦　宁
责任印制	李晓霖

出　　版	中国科学技术出版社
发　　行	中国科学技术出版社有限公司发行部
地　　址	北京市海淀区中关村南大街 16 号
邮　　编	100081
发行电话	010-62173865
传　　真	010-62173081
网　　址	http://www.cspbooks.com.cn

开　　本	787mm×1092mm　1/16
字　　数	393 千字
印　　张	19.25
版　　次	2021 年 6 月第 1 版
印　　次	2021 年 6 月第 1 次印刷
印　　刷	河北鑫兆源印刷有限公司
书　　号	ISBN 978-7-5046-8844-6 / TP·427
定　　价	110.00 元

本书编委会

总　　编：赵沁平　李伯虎

编 委 会：（按姓氏拼音排序）

戴　岳　范文慧　胡晓峰　纪志成　李国雄　刘　金
马世伟　邱晓刚　吴云洁　杨　明　张　霖　张志利
赵　民

编写人员：（按姓氏拼音排序）

毕长剑　邓　丽　范文慧　费敏锐　贺筱媛　胡晓峰
李　妮　刘建湘　刘晓铖　吕学志　马耀飞　庞国峰
邱晓刚　沈旭昆　孙　鑫　翁冬冬　吴迎年　吴云洁
杨镜宇　姚益平　张　霖　张驭龙　张　童　赵　淳
周国民　朱　峰

前　言

　　2018 年 5 月 28 日习近平总书记在中国科学院第十九次院士大会、中国工程院第十四次院士大会（两院院士大会）开幕式上的讲话中指出："进入 21 世纪以来，全球科技创新进入空前密集活跃的时期，新一轮科技革命和产业变革正在重构全球创新版图、重塑全球经济结构……总之，信息、生命、制造、能源、空间、海洋等的原创突破为前沿技术、颠覆性技术提供了更多创新源泉，学科之间、科学和技术之间、技术之间、自然科学和人文社会科学之间日益呈现交叉融合趋势，科学技术从来没有像今天这样深刻影响着国家前途命运，从来没有像今天这样深刻影响着人民生活福祉。"仿真科学与技术是以建模与仿真理论为基础，以计算机系统、物理效应设备及仿真器为工具，根据研究目标，建立并运行模型，对研究对象进行认识与改造的一门综合性、交叉性学科。经过近一个世纪的发展历程，仿真科学与技术学科知识体系日趋完善，并正向"数字化、高效化、网络化、智能化、服务化、普适化"为特征的现代化方向发展，其发展重点包括虚拟现实、网络化仿真、智能仿真、高性能仿真、动态数据驱动的仿真等。仿真科学与工程可以帮助人们深入一般的科学及人类生理活动难以到达的宏观或微观世界中去进行研究和探索一切现象及其活动，它已经成为继理论和实验/观察这两种传统的科学研究范式之后第三种科学研究范式。

　　同时，习近平总书记在两院院士大会的讲话中指出："建设世界科技强国，需有标志性科技成就。战略科学家应强化课题研究的战略导向和目标引导，加强对关系根本和全局的科学问题的研究部署，在关键领域、卡脖子的地方下大功夫，集合精锐力量，作出战略性安排，尽早取得突破，力争实现我国整体科技水平从跟跑向并跑、领跑的战略性转变，在重要科技领域成为领跑者，在新兴前沿交叉领域成为开拓者，创造更多竞争优势……要把满足人民对美好生活的向往作为科技创新的落脚点，把惠民、利民、富民、改善民生作为科技创新的重要方向。"面对全球"创新、绿色、开放、共享、个性"的发展需求，以及新互联网技术、新信息技术、新人工智能技术、新能源技术、新材料技术、新生物技术等技术的飞速发展，特别是，新互联网技术（物联网、车联网、移动互联网、卫星网、天地一体化网、未来互联网等）、新信息技术（云计算、大数据、5G、高性能计算、建模/仿真、量子计算、区块链技术等），以及新一代人工智能技术（基于大数据智能、群体智能、人机混合智能、跨媒体推理、自主智能等）的快速发展，正引发国民经济、国计民生和国家安全等领域新模式、新手段和新生态系统的重大变革，一个"新互联网+云计算+大数据+人工智能"时代已经到来。其主要的表现是新的需求与新技术的发展正推动着国民经济、国计民生和国家安全等各领域系统的模式、手段和业态向"数字化、网络化、云化、智能化的新型人工智能系统"变革。仿真科学与技术作为第三种科学研究范式当然也不例外，随着时代需求和技术的发展，必须深入研究面向新型人工智能系统的仿真科学与技术的新模式、新手段和新业态；同时必须认识到面向新型人工智能系统的仿真科学与技术是正在发展中的科学与技术，其发展需要"技术、应用、产业"的协同发展，其发展路线应是持续坚持和发展"创新驱动"及"建模仿真技术、信息通信技术、新一代人工智能技术与应用领域技术的深度融合"；不容置疑，面向新型人工智能系统的仿真科学与技术的发展与实施还需要全国、全球的合作与交流，同时又要充分重视各国、各领域及各系统的特色和特点。

习近平总书记在两院院士大会的讲话中指出："……我国广大科技工作者要有强烈的创新信心和决心，既不妄自菲薄，也不妄自尊大，勇于攻坚克难、追求卓越、赢得胜利，积极抢占科技竞争和未来发展制高点……以关键共性技术、前沿引领技术、现代工程技术、颠覆性技术创新为突破口，敢于走前人没走过的路，努力实现关键核心技术自主可控，把创新主动权、发展主动权牢牢掌握在自己手中。"在21世纪，仿真科学与技术的发展必将对经济、社会以及人们的观念产生巨大影响，仿真市场已经呈现了高速增长性、广泛扩展性等特征，仿真行业规模已经呈现了大幅扩张态势。到21世纪中叶，仿真科学技术、产业与其应用一定能够给人类生产及生活带来显著改变，为我国建成富强民主文明和谐美丽的社会主义现代化强国的宏伟发展目标做出重要的贡献。

本报告在研究总结仿真科学与技术学科发展态势和规律的基础上，预测仿真科学与技术学科发展趋势，提出了仿真科学与技术学科发展方向、重点研究了虚拟现实、网络化仿真、智能仿真、高性能仿真、动态数据驱动仿真的内涵；分析了国家对虚拟现实、网络化仿真、智能仿真、高性能仿真、动态数据驱动仿真科技的重大需求；研究了国际虚拟现实、网络化仿真、智能仿真、高性能仿真、动态数据驱动仿真科技前沿与发展趋势；总结了中国虚拟现实、网络化仿真、智能仿真、高性能仿真、动态数据驱动仿真现状和机遇；提出了重点研究领域虚拟现实、网络化仿真、智能仿真、高性能仿真、动态数据驱动仿真关键科学问题与技术；制定了未来虚拟现实、网络化仿真、智能仿真、高性能仿真、动态数据驱动仿真科技领域发展路线图。

　　本报告为本仿真科学与技术在各个方面的中期和中长期发展提出具体的目标和可操作的执行方案，为仿真科学与技术学科协调研究创新以及谋划学科布局、抢占科技发展制高点以及促进相关产业发展和民生建设提出了建议。

2020 年 1 月 10 日

目　录

第1章　仿真科学与技术

1.1　定义与内涵

1.1.1　仿真定义、研究对象及主要研究内容

1.定义

仿真科学与技术是以建模与仿真理论为基础，以计算机系统、物理效应设备及仿真器为工具，根据研究目标，建立并运行模型，对研究对象进行认识与改造的一门综合性、交叉性学科。

2.研究对象

仿真科学与技术学科的研究对象既可以是已有的现实世界也可以是设想的虚拟世界。仿真科学与技术学科是研究建立研究对象模型、构造与运行仿真系统、分析与评估仿真结果三类活动的共性知识的一门综合类学科。其中，模型是对研究对象及其包含的实体、现象、过程和工作环境的数学、物理、逻辑或语义等的抽象；仿真是基于模型的活动，利用共性或专用支撑技术，建立仿真系统，对研究对象进行试验、分析、评估。

3.主要研究内容

仿真科学与技术主要研究内容可分为：仿真建模理论与方法、仿真系统与技术和仿真应用工程。其中，仿真建模理论与方法包括相似理论、仿真的方法论和仿真建模理论等，仿真系统与技术包括仿真系统理论、仿真系统的支撑环境和仿真系统构建与运行技术等，仿真应用工程包括仿真应用理论、仿真应用的可信性理论、仿真共性应用技术和各专业领域的仿真应用等。

1.1.2　仿真发展历程

仿真科学与技术是工业化社会向信息化社会前进中产生的新的科学技术学科。社会与经济发展的需求牵引和各门类科学与技术的发展，有力地推动了仿真科学与技术的发展。半个多世纪以来，仿真科学与技术在系统科学、控制科学、计算机科学、管理科学等学科中孕育、交叉、综合和发展，并在各学科、各行业的实际应用中成长，

逐渐突破孕育本学科的原学科范畴，成为一门新兴的学科，并已具有相对独立的理论体系、知识基础和稳定的研究对象。它的发展经历了如下几个阶段：

（1）仿真技术的初级阶段

在第二次世界大战后期，火炮控制与飞行控制系统的研究孕育了仿真技术的发展。从 20 世纪 40～60 年代，相继研制成功了通用电子模拟计算机和混合模拟计算机，是以模拟机实现仿真的初级阶段。

（2）仿真技术的发展阶段

20 世纪 70 年代，随着数字仿真机的诞生，仿真技术不但在军事领域得到迅速发展，而且扩展到许多工业领域；同时，相继出现了一些从事仿真设备和仿真系统生产的专业化公司，使仿真技术进入了产业化阶段。

（3）仿真技术发展的成熟阶段

20 世纪 90 年代，在需求牵引和计算机科学与技术的推动下，为了更好地实现信息与仿真资源共享，促进仿真系统的互操作和重用，以美国为代表的发达国家开展了基于网络的仿真，在聚合级仿真、分布式交互仿真、先进并行交互仿真的基础上，提出了分布仿真的高层体系结构并发展成了工业标准 IEEE1516。

（4）复杂系统仿真的新阶段

20 世纪末和 21 世纪初，对广泛领域的复杂性问题进行科学研究的需求进一步推动了仿真技术的发展。仿真技术逐渐发展形成了具有广泛应用领域的新兴交叉学科——仿真科学与技术学科。

1.1.3　仿真重要性分析

仿真已成为人类认识与改造世界的重要方法，在国民经济和国家安全中发挥着不可或缺的作用。美国 PITAC（President's Information Technology Advisory Committee）给总统报告 "Computational Science：Ensuring America's Competitiveness"（《计算科学：确保美国的竞争力》）对 "计算科学" 的一种定义："建模与仿真技术" 是计算科学的主要组成部分；计算科学正成为继理论研究和实验研究之后的第三种认识、改造客观世界的重要手段；"计算" 开始成为新兴科学中的重要组成部分。仿真科学与技术的重要性集中体现在以下方面：

（1）仿真已成为人类认识与改造客观世界的重要方法

仿真科学与技术极大地扩展了人类认知世界的能力，可以不受时空的限制，观察和研究已发生或尚未发生的现象，以及在各种假想条件下，现象发生和发展的过程；可以深入到一般科学及人类生理活动难以到达的宏观或微观世界去进行研究和探索，从而为人类认识世界和改造世界提供了全新的方法和手段。

（2）仿真科学与技术具有普适性和广泛重大的应用需求

仿真科学与技术和应用领域紧密结合，几乎应用于当今社会的各行各业。在工业、农业、国防、商业、经济、社会服务和娱乐等众多领域，仿真在系统论证、试验、设计、分析、维护、人员训练等应用层次成为不可或缺的重要科学技术。

（3）仿真科学与技术将对科技发展起到革命性的影响

广义的计算科学将对科技发展起到革命性的影响。与高性能计算技术相结合，随着仿真科学与技术理论体系的完善、技术体系的深入、应用的推广，仿真科学与技术解决各行业领域问题的能力日益增强，将对科技发展起到革命性的影响。

（4）仿真科学与技术对于实现我国创新型国家战略具有重要意义

当前，仿真科学与技术发展迅速，我国与发达国家差距不算大，是一个很好的占领高科技制高点的突破口。因此，设立仿真科学与技术学科，培养高水平创新人才，对于提高我国的国际竞争力、实现我国创新型国家战略具有重要意义。

1.1.4 仿真技术体系

随着建模仿真技术在复杂系统研究中应用的不断深入，建模与仿真技术体系日趋形成。宏观地看，建模仿真技术体系框架由仿真建模技术、仿真系统与支撑技术，以及仿真应用工程技术等三类子框架构成，如图1-1所示。

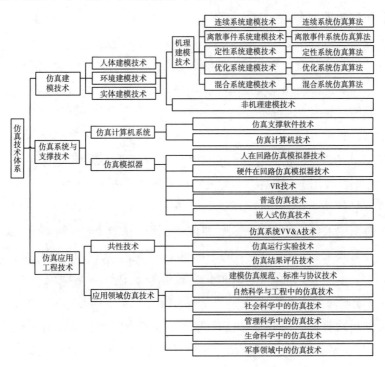

图1-1 建模与仿真技术体系

1. 仿真建模技术框架

（1）机理建模技术

连续系统建模方法包含常微分方程模型、偏微分方程模型和微分代数方程三大类基本数学模型和各种面向应用的改进模型，如传递函数、状态空间、Bond 图、键合图和方块图等，以及相应的各种串 / 并行仿真算法。

离散事件系统建模方法包括面向事件模型、面向活动模型和面向进程模型三大类基本模型和各种改进模型，如 DEVS 规范、Petri 网、状态图模型和有限状态自动机等。离散事件系统仿真算法主要包括事件调度、活动扫描和进程交互三大类。并行算法包括乐观策略、保守策略和混合策略等。

定性系统建模方法可以分为结构建模、功能建模、行为建模和统一机制建模四类。具体方法包括智能主体、本体论、神经网络等。智能仿真算法包括各种串行 / 并行的智能搜索算法、规划算法、推理算法、神经元算法等。

优化系统建模方法根据优化目标数量分为单目标优化模型和多目标优化模型。按照目标函数的特点分为线性规划问题和非线性规划问题。相应的优化算法包括单纯形法、对偶原理和对偶算法、分解算法、内点算法等线性规划算法和共轭梯度法、最速下降法、Wolf 法、凸规划法等非线性规划方法。

混合系统建模方法主要是研究面向连续/离散混合、定性定量混合系统的建模描述。

（2）非机理建模技术

非机理建模技术种类繁多，典型技术主要包括：多模式 / 多分辨率（多尺度）/ 多视图建模技术、面向对象 / 组件 / 服务建模技术、可视化建模技术、元模型建模技术、辨识建模技术、多学科统一建模技术等，如图 1-2 所示。

2. 仿真系统与支撑技术框架

（1）仿真计算机

仿真计算机主要包括仿真计算机所涉及的各种计算机系统，包括各种专用仿真计算机、PC/ 服务器、图形工作站、小型机和高性能计算机（HPC）等，如图 1-3 所示。

仿真支撑软件技术包括工具引擎技术、仿真中间件 / 平台技术以及仿真工程管理技术；工具引擎技术包括仿真门户、仿真问题建模 / 仿真实验 / 结果分析处理的算法、程序、语言、环境及工具集；典型的中间件 / 平台技术如 CORBA/COM/DCOM/XML，HLA/DIS，以及新一代面向服务、虚拟化、云仿真等中间件技术等；仿真工程管理技术涉及关系 / 面向对象等数据库技术，分布式数据库、主动数据库、实时数据库、演绎数据库、并行数据库、多媒体数据库等建立与管理技术，数据 / 知识的挖掘技术，数据 / 知识仓库技术，实时 / 分布模型库技术，内容管理技术等。

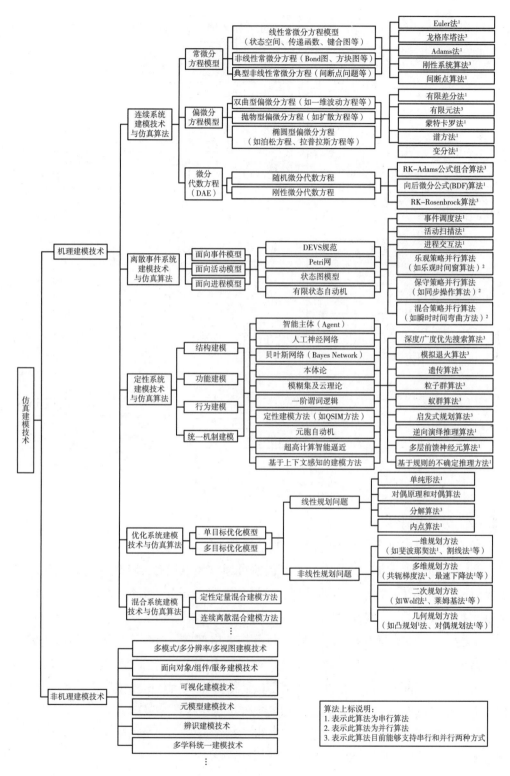

图 1-2　仿真建模技术框架

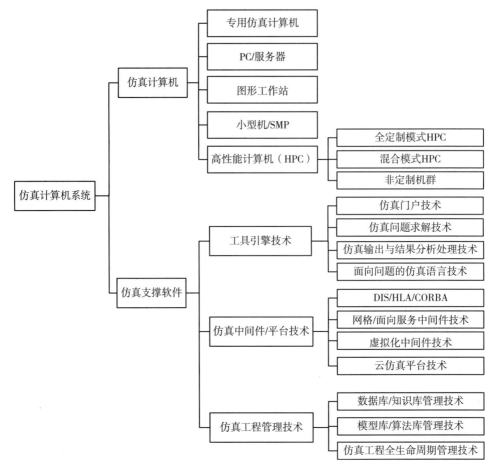

图 1-3　仿真计算机系统

（2）仿真模拟器

仿真模拟器主要面向的是全 / 半实物仿真，如图 1-4 所示大体可以分为：

1）硬件在回路仿真模拟器。主要包括目标与环境模拟器（包括各种光学环境、复杂电磁环境、红外特性、射频特性和声音特性模拟器）；运动特性模拟器〔包括角运动模拟器（转台）、线运动模拟器（平台）和过载特性模拟器（线加速度模拟器）等〕；力与力矩特性模拟器（包括随动负载特性模拟器、触觉 / 力反馈模拟器和压力模拟器等）。

2）人在回路仿真模拟器技术。主要包括模拟器运动系统模拟器、视景系统模拟器、音响系统模拟器、计算机系统模拟器和教练员操作台等。

3）VR 技术。主要包括基于几何绘制的可视化技术、基于图像的可视化技术和混合现实技术。

4）普适仿真技术。主要包括普适化协同仿真体系结构、人与普适仿真服务的感

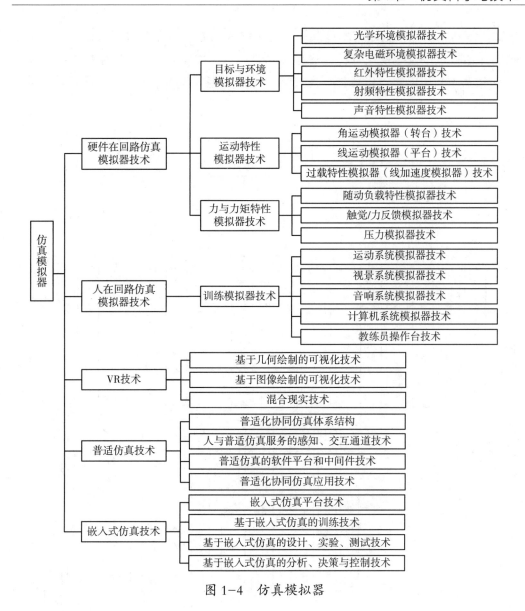

图 1-4 仿真模拟器

知、交互通道技术；普适仿真的软件平台和中间件技术（仿真服务的描述、发现和组织机制、仿真实体间通信和协作的模型、接口等）；普适化协同仿真应用技术。

5）嵌入式仿真技术。主要包括嵌入式仿真平台技术；基于嵌入式仿真的训练技术；基于嵌入式仿真的设计、实验、测试技术；基于嵌入式仿真的分析、决策与控制技术。

3. 仿真应用工程技术框架

仿真应用工程技术包括共性应用技术及与应用领域有关的专用仿真应用技术，

如图 1-5 所示。共性应用技术涉及系统的 VV&A 技术、仿真运行实验技术、仿真结果的评估技术以及建模仿真标准规范技术等；与应用领域有关的专用仿真应用技术涉及自然科学与工程、社会科学、管理科学、生命科学及军事等各领域有关专用仿真应用技术。

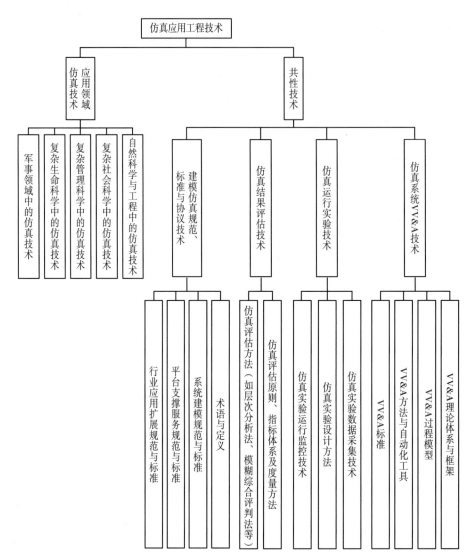

图 1-5　仿真应用工程技术框架

1.2 国内外仿真科学与技术发展现状

1.2.1 最新研究进展

1. 仿真建模理论与方法

在仿真建模理论与方法研究方面，近年来开展了大量的研究，包括连续系统、离散事件系统或混合系统、复杂系统、智能系统、复杂环境、生命系统建模等领域的建模方法，采用多智能体和基于网络建模技术等方面均取得了令人瞩目的进展，定量与定性相结合的建模与仿真已在各个应用领域获得重视。

复杂系统建模与仿真是近年来国内外研究热点。其研究有两条主要的思路：一条是对以钱学森院士为首的一批中国科学家多年研究的"从定性到定量的综合集成方法"和"从定性到定量的综合集成研讨厅体系"的开放复杂巨系统研究方法。另一条是将复杂性科学的相关结论和研究方法应用到建模与仿真实践当中。基于演化、智能科学的复杂系统的仿真 / 控制 / 优化、复杂系统的定性建模 / 仿真 / 控制 / 推理 / 可视化取得较大进展。制造系统、社会经济 / 环境系统、能源系统、军事系统、医学中的复杂性问题、生态系统等领域中的复杂系统建模方法的研究广泛展开。

随着研究的深入，两种研究思路各自发挥独特优势又逐渐融合，对我国的复杂系统仿真研究已经产生重要影响。

2. 仿真系统与支撑技术

仿真系统与技术包含仿真语言、仿真软件和仿真支撑环境。

2008 年，我国已研制成功由 3 万个处理器组成，每秒 200 万亿次以上运算速度的超级计算机（曙光 -5000），可用于复杂大系统的仿真及预测。

并行仿真中的负载均衡和处理器的剖分技术、高效并行求解技术、分布式系统的实时仿真算法、定性仿真的算法和大系统并行算法的构造、理论及其并行效率等方面的研究取得较大进展和成果，开发出一批面向行业和应用部门的高性能并行计算软件。数学函数库和特征值算法包 PQR 已走向国际市场，并行软件基础框架 JASMIN 和有限元支撑框架 PHG 已经得到了国内行业的认可。

已开展了各类建模仿真支撑环境与平台、大规模虚拟战场、综合自然环境建模与仿真、仿真网格 / 云仿真、仿真专用工具软件、嵌入式仿真技术等的研究、开发与应用。

可视化与虚拟现实技术方面有长足进步，国内输入设备的主要关键技术和技术指标达到国际水平。复杂场景数据的实时绘制达到 GB 级；绘制系统的性能和质量方面达到甚至超过国际水平；360 度裸眼三维显示装置已经达到（部分参数上超过）公开展出的国外同类设备技术水平；新一代大视场轻型透视式头盔显示系统优于国外已有专利。

载人航天、飞行、汽车驾驶、船舶、机车驾驶等各种运载系统仿真器发展迅速，部分产品和技术已经领先于国外；在石化、电站仿真器取得了国际水平的成果；军用训练模拟器在国际上形成有影响力的产品。

自主开发大量的体育仿真系统，如数字化三维人体运动仿真系统、帆板帆船训练仿真系统、大型团体操演练仿真系统、数字化三维蹦床训练辅助系统、大型广场开幕式表演智能仿真编排系统等。

数字娱乐相关的仿真技术，如图形引擎、智能化人机交互、仿真的动作捕捉系统及设备、虚拟人情绪表现、实时群体性虚拟人动画实现、4D 影片智能播放系统等取得进展。游戏领域、数字影视领域、传统文化艺术领域等仿真均得到广泛的研究和应用。

3. 仿真应用工程

仿真的应用已渗入到我国国民经济的各个领域，并对我国经济、国防、科技、社会、文化及突发事件应急处理等方面做出了重要贡献。

在航空航天领域，仿真工程涉及飞机、无人机、战略地地导弹、战术地地导弹、地（舰）空导弹、飞航导弹、卫星、运载火箭、载人飞船等应用背景，从型号的可行性论证、方案论证、系统设计、飞行试验前的动态性能检验，到飞行试验后的性能改进、故障分析、统计打靶、鉴定及训练模拟等各个阶段。

在实施信息化与工业化融合发展战略中，仿真技术成为产品设计与工艺规划、生产过程调度的有效支撑手段。面向 CIMS 研究开发了一体化仿真系统、递阶控制仿真器、加工过程仿真器等支撑系统。提出了虚拟制造体系结构，建立了支持产品全生命周期制造活动的虚拟制造平台。深入开展了虚拟样机技术研究和应用，为我国的飞机、导弹、汽车、纺织机等产品更新换代、产品结构调整做出了重要贡献。

"南水北调"是我国最大也是最重要的水资源调配工程，"南水北调"仿真平台，对工程关注的重大问题进行仿真计算和试验，对于工程运行和调度方案的预演和研究、投资合理性评估、水质环境分析和引水线路沿岸环境变化的分析研究，为调水区和受水区环境分析和经济效益的分析等做出了重大贡献。

1.2.2 比较评析国内外仿真学科的发展状态

1. 对仿真学科的认识

仿真科学与技术极大地扩展了人类认知世界的能力，可以不受时空的限制，观察和研究已发生或尚未发生的现象，以及在各种假想条件下这些现象发生和发展的过程。它可以帮助人们深入一般科学及人类生理活动难以到达的宏观或微观世界去进行研究和探索，从而为人类认识世界并改造世界提供了全新的方法和手段。

随着科学研究和社会发展所面临的问题复杂性程度的加深，科学研究回归综合、协同、集成和共享已经成为一种趋势，仿真正因为具有这些属性而成为现代科学研究的纽带，它具有其他学科难以替代的求解高度复杂问题的能力。

仿真已经成为一项通用性、战略性技术，并正向"数字化、虚拟化、网络化、智能化、协同化、服务化"为特征的现代化方向发展，其应用正向服务于系统的全寿命周期活动的方向发展。

2. 我国仿真工程与科学的进展

（1）仿真建模理论与方法

通过对我国在仿真建模理论与方法的主要研究成果，特别是对国内外近年来研究热点——复杂系统建模与仿真的研究成果进行了分析，除许多将复杂性科学的相关结论和研究方法应用到建模与仿真实践当中的跟随性研究外，以钱学森院士为首的一批中国科学家多年研究的"从定性到定量的综合集成方法"和"从定性到定量的综合集成研讨体系"的开放复杂巨系统研究方法，形成了我国研究路线的特点。

与国际上研究相比较，国内外研究的主体内容基本一致，在热点难点问题上，国内原创性成果不够突出，但复杂系统建模仿真的理论与方法的部分研究成果与国际水平持平或略有超前。

（2）仿真系统与支撑技术

我国仿真系统与支撑技术的主要成果，包含仿真语言、仿真软件和仿真支撑环境。典型成果包括在 2008 年研制成功的我国由 3 万个处理器组成的每秒 200 万亿次以上运算速度的超级计算机（曙光 –5000）；一批面向行业和应用部门的高性能并行计算软件，并行软件基础框架 JASMIN 和有限元支撑框架 PHG 已经得到了国内行业的认可；各类建模仿真支撑环境与平台有长足进步，各种运载系统仿真器的部分产品和技术已经领先于国外，全任务型的第三代军机大型仿真系统，其空间立体视景技术处于国际领先水平，总体技术达到了国际先进水平，石化、电站仿真器取得了国际水平的成果，自主研发的以大中型合成氨、大型乙烯和大型炼油三大主流生产装置为主的石化装置仿真培训系统（OTS），在国内已经占据了绝对的市场份额，部分产品已经出口。我国拥有的电站模拟器跃居世界首位，而且 95% 以上都是中国自主研制和开发且达到世界一流水平，具有完全自主知识产权的核电仿真平台。

然而，我国高性能仿真技术领域的研究与应用水平与发达国家仍有不小的差距，标准和规范的研究与制订方面有待加强，软件工程的思想、方法和技术在仿真系统研究与开发中仍没有得到足够的重视，而在仿真系统与技术的产业化方面，我国与国际上的差距很大。

（3）仿真应用工程

仿真在我国国民经济的各个领域都有应用，特别是在航空航天领域，中国已研制、发射和成功运行了 103 个航天器，包括各种卫星、载人航天的"神舟"系列的 4 艘无人试验飞船和 3 艘载人飞船、空间探测的"嫦娥一号"，仿真技术已应用在航天器研制及应用的全过程。在信息化与工业化融合发展战略中，虚拟制造技术结合纺机产品结构调整的发展战略，成功地实现了剑杆织机产品创新的自主开发；海底管道检测开发系统用于海底管道检测工程样机及其研制、试验及定标；紊流模型和有限体积方法研究，解决了几类典型的高坝水力学问题；应用仿真与数字表演技术解决大规模的广场表演，大规模并行人群活动指挥控制，大规模人群紧急疏散，演员排练与演出等，为北京奥运会、残奥会开闭幕式、首都"国庆六十周年"晚会和群众游行方案制订提供了有力支持。表明仿真对我国经济、国防、科技、社会、文化及突发事件应急处理等方面做出了重要贡献。

与国外相比，在应用广度、深度以及社会对其认同的程度还有待加强。

总体说来，仿真的基础理论和新概念基本上是由国外提出仿真框架与体系结构的最新技术与标准规范，我国还没有国际发言权；仿真软件和平台基本上被国外垄断。因此，我们必须进一步分析中国仿真工程与科学在全球竞争格局中的位置，以便进一步推进我国仿真工程与科学的发展。

1.2.3 仿真学科发展趋势及展望

仿真正向"数字化、虚拟化、网络化、智能化、服务化、普适化"为特征的现代化方向发展，并提出了特别值得关注的 8 个方面，即网络化建模仿真、综合自然 / 人为环境的建模与仿真、智能系统建模及智能仿真系统、复杂系统 / 开放复杂巨系统的建模 / 仿真、基于仿真的采办与虚拟样机工程、高性能计算与仿真、基于普适计算技术的普适仿真以及嵌入式仿真。

（1）网络化仿真

主要包括：M&S 与 Web/XML，Internet/ Networking 技术的结合推动下的 XMSF（Extensible Modeling and Simulation Framework）和 BOM（Base Object Model），现代网络技术（Internet，Web Service and Grid Computing）和现有的分布仿真技术（如 HLA）的结合的仿真网格，以及基于云计算理念的云仿真。

（2）综合自然 / 人为环境的仿真

以往环境仿真技术研究的重点是综合自然环境，随着电子战等应用领域的发展，人为的电磁环境与光学环境的仿真等技术正在得到广泛的重视，包括地形地貌、海洋、空间、大气、电磁等。如电磁环境仿真、光学环境仿真、基于几何绘制技术的三维图形生成技术和基于图像绘制的图形生成技术以及混合现实技术等。

（3）智能系统建模及智能仿真

包括基于仿真技术研究人类智能系统（大脑和神经组织）机理的智能系统建模以及各类基于知识的智能仿真。

（4）复杂系统 / 开放复杂巨系统仿真

包括连续离散混合、定性定量结合、多粒度、动态演进的复杂系统建模理论与方法；多核 / 多机并行仿真理论与方法；复杂系统仿真的校核、验证与验收（VV&A）技术等。

（5）虚拟样机工程

包括复杂产品多域多维多尺度动态演进建模与仿真理论，复杂产品设计知识物化理论，多学科设计优化理论与方法，复杂产品虚拟样机工程全生命周期管理技术，网络化虚拟制造平台技术，基于知识的产品多学科、异地、协同建模与仿真技术，建模仿真技术与数字化设计制造技术的集成技术，研究建立面向各类领域、各层次的参数化、组件化、通用化的产品与环境模型库等。

（6）高性能计算 / 仿真

并行算法和并行编程是未来几十年必须突破的科学问题和关键技术。包括大规模并行程序编程技术，动态负载平衡算法与技术，基于网格、云仿真平台的分布算法和分布并行离散系统算法等。

（7）普适仿真

普适仿真融合普适计算技术、网格计算技术与 Web Service 技术，将推动现代建模仿真技术研究、开发与应用进入一个崭新的时代，构建以人为本，对环境敏感、随时随地获取计算能力的智能化空间（Smart Simulation Space）。

（8）嵌入式仿真

将虚拟仿真（Virtual Simulation）和实况仿真（Live simulation）结合从而能够提供最真实的操作、训练环境，其本质是将仿真系统嵌入真实系统，通过与真实系统中各子系统的交互完成实时运行监控、信息可视化、调度、管理、辅助决策、训练、测试和评估等。

1.2.4　仿真科学与技术进展重点

仿真科学与技术的快速发展，不但受到广泛应用需求的牵引，而且得益于信息技术等相关领域的技术进步对仿真实现手段的有力支持。目前这两者的驱动力尤其鲜明，促进仿真科学与技术学科在内容和形式上都发生了深刻的变化。仿真技术已经发展形成了综合性的专业技术体系，成为一项通用性、战略性技术，并正向"数字化、高效化、网络化、智能化、服务化、普适化"为特征的现代化方向发展，逐步向产业化发展。

现代仿真技术的研究与应用中，以下五个重点关键技术值得特别关注。

1. 虚拟现实

虚拟仿真又称虚拟现实（Virtual Reality，简称 VR，又译作灵境），就是用一个虚拟的系统模仿另一个真实系统。它实际上是一种可创建和体验虚拟世界（Virtual World）的计算机系统。此种虚拟世界由计算机生成，可以是现实世界的再现，亦可是构想中的世界，用户可借助视觉、听觉及触觉等多种传感通道与虚拟世界进行自然的交互。

虚拟仿真技术是在多媒体技术、虚拟现实技术与网络通信技术等信息科技迅猛发展的基础上，将仿真技术与虚拟现实技术相结合的产物，是一种更高级的仿真技术。虚拟仿真技术以构建全系统统一的完整虚拟环境为典型特征，并通过虚拟环境集成与控制为数众多的实体。实体可以是模拟器，也可以是其他的虚拟仿真系统，也可用一些简单的数学模型表示。实体在虚拟环境中相互作用，或与虚拟环境作用，以表现客观世界的真实特征，这种集成化、虚拟化与网络化的特征，充分满足了现代仿真技术的发展需求。

2. 网络化仿真

泛指以现代网络技术为支撑实现系统建模、仿真运行试验、评估等活动的一类技术。网络化仿真依托网络进行，包含三个层次的含义：一是模型通过网络互联进行仿真运行，这是传统的网络化仿真，以 DIS、ALSP 及 HLA 为代表；二是通过网络协作完成一次仿真实验，以基于 Web 的仿真、HLA Evolved 为代表；三是基于网络形成的领域仿真环境，实现复杂系统建模、仿真运行及结果分析等整体高效的仿真目标，以云仿真、领域仿真工程为代表。当前现实世界趋向复杂、网络化仿真的发展需求源于国家发展中面临的复杂系统问题。

网络化仿真具有丰富的内容，其内涵尚处于不断发展过程中，目前可以归纳出以下基本特征：①基于网络技术的先进仿真模式，在现代网络环境支持下，仿真应用领域用以组织和管理其仿真活动的理论与方法；②覆盖应用领域的所有仿真应用，可以用来支持应用领域的各类活动，覆盖领域活动的各个环节；③以提高仿真活动全生命周期的效率为实施的主要目标，通过网络化仿真，提高仿真的响应速度，进而提高仿真的应用范围；④突破地域限制，通过网络突破地理空间上的差距给应用领域各个部门间协同造成的障碍；⑤强调应用领域各个部门的协作与资源共享，通过协作和资源共享，提高领域的仿真应用能力，实现领域设计、分析、评估、生产的低成本和高速度；⑥具有多种形态和功能系统，结合领域不同部门的具体应用需求，网络化仿真环境具有许多种不同的形态和应用模式，可以构建出多种具有不同功能的仿真应用系统。

网络化仿真的核心是构建支持应用领域协作、共享的仿真环境，打造有关利益方共赢的仿真生态圈。网络化仿真环境是在网络化仿真模式、理论和方法指导下，在网络和信息技术支持下，结合领域具体的业务需求，设计实施的基于网络的仿真系统。网络化仿真通过网络，将地理位置上分散的各种仿真资源集成在一起，形成一个逻辑上集中、物理上分散的虚拟环境，并通过虚拟环境的运作，实现对仿真应用需求的快速响应，提高领域仿真能力。

3. 智能仿真

智能仿真是人工智能与仿真技术的结合，既包括利用人工智能技术辅助仿真建模、交互与分析，也包括对智能系统（包含人的系统以及复杂自适应系统）、人工智能系统（类脑智能机器人）、智能（人脑和生物脑）的建模。

智能仿真的兴起与发展主要有以下几点原因：一是利用人工智能辅助仿真是信息化的高级阶段。从 20 世纪 80 年代知识库、专家库应用于仿真的算法库、模型库、数据库中，到模糊逻辑、神经网络、进化算法应用于建模与仿真中，再到深度学习、深度强化学习与 Agent 技术的深度结合催生了 Alpha Go 和"星际争霸"AI，人工智能与仿真的结合是信息技术发展的必由之路，也是信息化发展的高级阶段。二是人工智能技术的发展提供了越来越好的手段和条件。进入 20 世纪以来，随着深度学习等人工智能技术的迅猛发展，文字识别、语音识别、图像识别、语音合成、自然语言理解、机器翻译等技术已经开始实用化，成为智能计算机领域中的标志性成果，这也为智能仿真技术的发展创造了有利条件。三是仿真的终极目标其实就是对智能进行仿真。人类的一切活动都有智能体现在内。当建模与仿真领域对物理世界有了较好的描述能力之后，对智能行为的建模仿真技术进行研究、建立智能仿真系统已经成为当前的重要发展方向，也是仿真的终极目的，实现复杂系统知识的增殖。

4. 高性能仿真

国家与国防战略研究、突发事件应急处理、交通/通信网络仿真、航空调度、病毒传播机理研究、武器装备体系论证、作战方案分析评估等复杂系统仿真往往包含大量的实体、实体间存在错综复杂的交互关系。随着仿真应用的不断深入，一方面，仿真规模会越来越大，仿真模型越来越复杂，其对计算资源的要求越来越高。另一方面，由于仿真过程的随机性，复杂系统仿真往往需要对大样本参数空间的不确定性因素进行探索，遍历各种参数组合，使一次分析、评估、论证等往往需要仿真运行几百、几千、甚至数万次，如果单次仿真运行的时间较长，那么一次分析、评估、论证的时间则非常长。这种单调、冗长的仿真运行既浪费了宝贵的人力、物力资源，又阻碍了复杂系统研究的发展和研究能力的提高。为此，高性能并行仿真成为这类仿真发展的重要方向。

高性能仿真融合了高性能计算、建模与仿真方法、被仿真对象领域知识、先进软件技术、数据挖掘、分析评估、虚拟现实等多学科交叉技术，其目的是为复杂系统研究提供高效而可信的模拟实验手段。随着云计算、人工智能、大数据、物联网、移动通信等技术的快速发展，高性能仿真正与它们深度融合，为复杂系统研究、辅助决策支持、大规模作战实验、态势分析预测等提供有效和个性化的支撑，成为国家战略竞争力的重要组成部分。

当今，高性能仿真科学与技术已交叉融合了多学科、多种技术，并在科学研究、国家安全、公共卫生、经济发展等领域得到了广泛的应用。面向未来，我国仿真科技工作者将在各类应用需求的牵引及有关学科技术的推动下，在建模 / 仿真理论和方法、高效能仿真计算机、复杂系统仿真、智慧云仿真、智能化建模仿真、大数据建模与预测、建模 / 仿真规范与标准、仿真应用方面为我国的国民经济、国防建设、科学与社会发展做出新的贡献。

5. 动态数据驱动的仿真

由于复杂大系统通常具有非线性、时变性、多变量和不确定性等特点，很难对其建立准确模型，这给准确分析和预测复杂大系统的行为带来了困难。基于数据驱动而非准确模型进行仿真为解决此类系统的仿真提供了新的思路，为复杂大系统的仿真研究开辟了新的途径。数据驱动的仿真包括动态数据驱动仿真（DDDAS）、人机物融合仿真、数字双胞胎技术等。

DDDAS 思想的提出使得仿真应用从论证、设计等实时性要求较弱的领域扩展到控制、预测和决策等具有明确的实时性和可靠性要求的领域。DDDAS 在工程设计和工程控制、危机管理和环境系统、医学、制造、商业、金融以及军事领域都将具有良好的应用前景。

人机物环境融合系统仿真包括人与物、物与物、人与环境等进行智能感知与无缝互联情形下的建模与仿真，以及虚拟世界和现实世界、信息世界和物理世界的互联互通与信息交换，广泛应用于智能制造、人机自然交互、智能电网、智能交通等领域，以提升该领域的自动化、智能化应用水平，以达到提质增效的目标。

数字双胞胎技术（Digital Twin）面向产品全生命周期过程，发挥连接物理世界和信息世界的桥梁和纽带作用，提供更加实时、高效、智能的服务。许多国际著名企业已开始探索数字双胞胎技术在产品设计、制造和服务等方面的应用。同时，数字双胞胎技术也成为学术界和产业界研究的热点。

第2章　虚拟现实发展趋势预测及路线图

2.1　虚拟现实概述

2.1.1　虚拟现实定义

（1）定义

虚拟现实（Virtual Reality，简称 VR，又译作灵境），又称沉浸式多媒体或计算机仿真现实，是以计算机技术为核心，生成与一定范围真实环境在视、听、触感等方面近似的数字化环境，用户借助必要的装备与其进行交互，可获得亲临对应真实环境的感受和体验。实际上是一种可创建和体验虚拟世界（Virtual World）的计算机系统。此种虚拟世界由计算机生成，可以是现实世界的再现，亦可以是构想中的世界，用户可借助视觉、听觉及触觉等多种传感通道与虚拟世界进行自然的交互。

虚拟现实技术是在计算机图形学、计算机图像处理、计算机视觉、网络通信技术、计算机仿真技术、多媒体技术以及心理学、控制学、电子学等多个学科和技术的基础上融合发展起来的，是一种更高级的仿真技术。虚拟现实技术以构建全系统统一的完整的虚拟环境为典型特征，并通过虚拟环境集成与控制为数众多的实体。实体在虚拟环境中相互作用，或与虚拟环境作用，以表现客观世界的真实特征。虚拟现实技术的这种集成化、虚拟化与网络化的特征，充分满足了现代仿真技术的发展需求与技术方向。

近年来，随着信息技术的发展，大数据、移动互联网、云计算、智慧城市等新的领域不断涌现，虚拟现实与这些研究领域也日益交叉融合，呈现出新的特点和表现形态。

（2）基本特征

虚拟现实基于动态环境建模技术、立体显示和传感器技术、系统开发工具应用技术、实时三维图形生成技术、系统集成技术等多项核心技术，主要围绕虚拟环境表示的准确性、虚拟环境感知信息合成的真实性、人与虚拟环境交互的自然性，解决了实时显示、图形生成、智能技术等问题，使得用户能够身临其境地感知虚拟环境，从而达到探索、认识客观事物的目的。虚拟现实具有以下三个重要特征，常被称为虚拟现实的"3I"特征：

1）沉浸感（Immersion）。沉浸感又称临场感，指用户感到作为主角存在于模拟环境中的真实程度。虚拟现实技术最主要的技术特征是让用户觉得自己是计算机系统所创建的虚拟世界中的一部分，使用户由观察者变成参与者，沉浸其中并参与虚拟世界的活动。理想的模拟环境应该使用户难以分辨真假，使用户全身心地投入到计算机创建的三维虚拟环境中，该环境中的一切看上去是真的，听上去是真的，动起来是真的，甚至闻起来、尝起来等一切感觉都是真的，如同在现实世界中的感觉一样。沉浸性来源于对虚拟世界的多感知性，除常见的视觉感知外，还有听觉感知、力觉感知、触觉感知、运动感知、味觉感知、嗅觉感知等。理论上说，虚拟现实系统应该具备人在现实世界中具有的所有感知功能。但鉴于目前技术的局限性，在现在的虚拟现实系统的研究与应用中，较为成熟或相对成熟的主要是视觉沉浸、听觉沉浸、触觉沉浸技术，而有关味觉与嗅觉的感知技术正在研究之中，目前还不成熟。

2）想象性（Imagination）。指虚拟现实技术应具有广阔的想象空间，可拓宽人类认知范围，不仅可再现真实存在的环境，也可以构想客观不存在的甚至是不可能发生的环境。虚拟的环境是人想象出来的，同时这种想象体现出设计者相应的思想，因而可以用来实现一定的目标。虚拟现实技术的应用，为人类认识世界提供了一种全新的方法和手段，可以使人类跨越时间与空间，去经历和体验世界上早已发生或尚未发生的事件；可以使人类突破生理上的限制，进入宏观或微观世界进行研究和探索；也可以模拟因条件限制等原因而难以实现的事情。

3）交互性（Interactivity）。指用户对模拟环境内物体的可操作程度和从环境得到反馈的自然程度。交互性的产生，主要借助于虚拟现实系统中的特殊硬件设备（如数据手套、力反馈装置等），使用户能通过自然的方式，产生同在真实世界中一样的感觉。虚拟现实系统比较强调人与虚拟世界之间进行自然的交互，交互性的另一个方面主要表现了交互的实时性。例如，用户可以用手去直接抓取模拟环境中虚拟的物体，这时手有握着东西的感觉，并可以感觉物体的重量，视野中被抓的物体也能立刻随着手的移动而移动。

（3）技术体系

随着建模仿真技术在复杂系统研究中应用的不断深入，建模与仿真技术体系日趋形成。虚拟现实技术的目的在于达到真实的体验和自然的交互，其技术体系主要由感知、建模、呈现和交互四大类技术组成。虚拟现实的技术体系框架如图2-1所示。

2.1.2 虚拟现实（发展对人类社会）的作用

（1）虚拟现实是人类开展科学研究的重要手段

虚拟现实涉及人机界面、人机交互、人机环境和增强现实等，是计算机技术与应

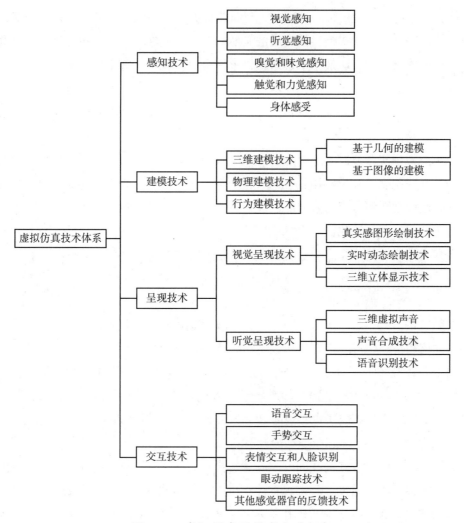

图 2-1　虚拟现实的技术体系框架

用衔接，向不同领域辐射，影响各行业运行质量和效率的研究方向。由于虚拟现实与应用紧密关联，并涉及心理学、控制学、计算机图形学、计算机图像处理、计算机视觉、数据库原理、实时分布系统、电子学和多媒体等多个学科，具有较强的学科交叉性，已经成为可以拉动多学科发展，并不断产生新思想、新技术和新经济生长点的重要领域。虚拟现实已成为人类开展科学研究过程中，除理论证明、科学实验之外的第三种手段。有专家认为，虚拟现实对于其他科学领域的作用，类似于数学对其他学科的作用。

（2）虚拟现实提供了一种新的工程技术路线

通过虚拟现实技术构造逼真的数字化环境或操作对象，用户与其交互，获得临场感体验，进行产品预测、操作预演、社交娱乐，可降低产品研发成本和周期，获得沉浸感体验。同时，也提供了一种新的工程技术路线，并成为一种其他技术不可替代的全新体验模式。虚拟现实是科技发展的必然：一方面，在网络化、智能化、普适化时代，大规模传感数据爆炸式产生，这就要求借助虚拟现实将它们智能地全息空间关联为人可理解的信息；另一方面，计算机处理的对象从数字、文本、图像视频发展到以三维图形图像为基础的多维信息自然呈现和交互，是一个必然的过程，虚拟现实有长远的发展前景。

（3）虚拟现实产业有利于促进经济发展

当前是我国全面建设小康社会的关键时期，是提高自主创新能力、培育战略性新兴产业、建设创新型国家的重要阶段。加快虚拟现实创新和产业发展，对于支撑我国信息产业和现代服务业建设、提升我国信息化应用水平、加快产业结构调整、促进经济发展方式转变、保持经济平稳发展具有十分重要的意义。

2.1.3　虚拟现实里程碑

原始人的岩画，各个时代的雕塑、绘画视觉艺术，以及近现代出现的透视画、全景画、立体图镜、电影、电视等构成了虚拟现实的史前史。而电影、电话、电视、计算机以及信息技术的长期发展，则为虚拟现实问世提供了充分的技术准备。以 1960年电影摄影师 Morton Heilig 提交的"用于个人使用的立体电视设备"为标志，VR 正式从人们的想象走进了现实世界。时至今日，VR 技术发展大致经历了三个阶段。

（1）探索时期（20 世纪 60—70 年代）

1965 年美国科学家 Ivan Sutherland 在《终极的显示》（*The Ultimate Display*）论文中提出：观察者不是通过屏幕来观看计算机生成的虚拟世界，而是生成一种使观察者沉浸并与之互动的环境，这是 VR 技术探索的里程碑。Sutherland 在美国哈佛大学的组织下于 20 世纪 60 年代末研制出了第一个功能齐全的头盔式显示器（HMD）系统，该系统含有能模拟力量和触觉的力反馈装置，能将虚拟空间的感受直接与人的体验结合起来，让人们通过 HMD 进入虚拟空间，亲自体验虚拟世界的奇妙之处。1973 年，Myron Krueger 提出了"虚拟现实"（Artificial Reality），这是早期出现的虚拟现实的专有词汇，反映出当时 VR 技术发展中人的因素所起到的重要作用。

（2）应用时期（20 世纪 80 年代）

这一时期，VR 技术不再局限于实验室中的单个实验设备研究，人们开始将系列的设备进行整合，从视、触、听、感等多方面考虑 VR 环境的建构，此阶段开始形成虚拟现实技术的基本概念。这一时期出现了两个比较典型的虚拟现实系统，即VIDEOPLACE 与 VIEW 系统。VIDEOPLACE 是 Myron Krueger 在 20 世纪 70 年代中期建立，这个系统着重于环境的构建，通过视频设备如摄像机、投影仪等硬件构建一个虚拟的人工环境，使用者进入这个环境中就可以不再借助其他专用虚拟设备的辅助而直接感受虚拟现实情景，并实现与这个人工环境的交互，VIDEOPLACE 的思想主要就是虚拟场景的建构。20 世纪 80 年代初，美国军方将虚拟场景的理念应用于军事训练中，DARPA（Defense Advanced Research Projects Agency）开发了虚拟战场系统（SIMNET），通过这个系统为坦克的编队作战提供全新的训练方式，以最安全的形式实现军队作战能力的提升。VIEW 系统（虚拟交互世界工作站）主要是为外太空的探索和新物质的发现而开发的虚拟现实设备，它是美国国家航空航天局及美国国防部为了进行火星的探测而开发的一个图形工作站。人们将火星上收集的数据输入 VIEW 系统中，结合已知的火星相关数据构建虚拟的火星表面环境，从而为进一步的研究提供参考并不断完善对未知世界的理解。这一时期围绕这两个 VR 技术开发的方向诞生了大量科研成果。1989 年，美国 Jarn Lanier 正式提出"Virtual Reality（虚拟现实）"一词，为 VR 技术的下一步发展指明了前进的方向。

（3）高速发展时期（20 世纪 80 年代末至今）

这一阶段计算机技术、网络技术发展迅速，计算机软件性能大大扩展，如图 2-2 所示。软件应用层的开发与低层硬件分隔越发明确，1992 年，Sense8 公司开发了"WTK"开发包，将设备硬件的许多操作融为了一个完整的工具集，为 VR 技术提供了更高层次上的应用。许多针对 VR 技术开发的高级语言、应用软件伴随网络的发展而迅速产生，VR 技术开发标准也日益完善。1994 年 3 月在瑞士日内瓦召开的第一届万维网大会上首次针对 VR 技术在网络上的应用提出了"VRML"这个名字，从 VRML94 到 VRML97 再到 X3D，网络三维建模语言伴随网络三维作品的大量产生而不断完备。飞速发展的计算机软硬件技术大大扩展了 VR 技术的应用范围，硬件设备性能提升使得大型数据的采集、图像的实时反映、动画制作等成为可能，相关的 VR 系统应运而生。从 1994 年开始，日本游戏公司 Sega 和任天堂分别针对游戏产业陆续推出 SegaVR-1 和 VirtualBoy 等产品，当时在业内引起了不小的轰动。这一时期，方便、实用、好用的 VR 技术输入输出设备相继应用，人机交互性能日益提高，系统仿真度的设计在不断创新，为 VR 技术的发展打下了良好基础。许多的高科技设备的研发借助 VR 技术取得了成功，反过来进一步刺激了 VR 技术的开发。

2014 年，脸书（Facebook）以 20 亿美元收购了傲库路思（Oculus），引爆了 VR 技术商业化进程。2014 年以后，在资本与产品共振影响下，VR 技术产业以迅雷不及掩耳之势发展，成为学术界、工业界、投资界目前重要的主题之一。从各咨询研究机构预测数据来看，虚拟现实/增强现实未来 5 年将实现超高速增长。VR 技术的产业化已进入爆发的前夜。虚拟现实技术已开始在医学、军事、房地产、设计、考古、艺术、娱乐等诸多领域得到了越来越广泛的应用，给社会带来了巨大的经济效益。因此

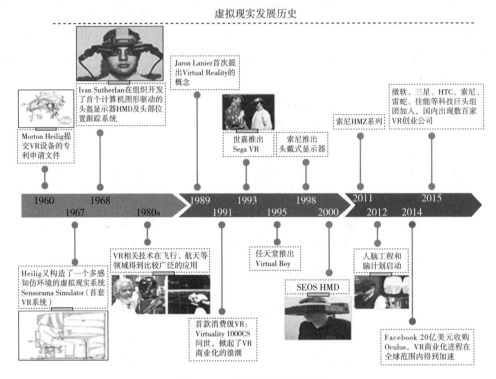

图 2-2　虚拟现实里程碑

业内人士认为：20世纪80年代是个人计算机的时代，90年代是网络、多媒体的时代，而21世纪则将是虚拟现实技术的时代。

2.2　国家发展对虚拟现实科技的重大需求

经过几十年的发展，虚拟技术的基本概念和基本实现方法已初步形成，并在许多行业领域取得了丰硕的应用成果，成为各行业发展的新的信息技术支撑平台。而近年来，虚拟技术正逐渐从载人航天、核试验、军事仿真等高端应用走向普及，深入人们的工作与生活中，各发达国家政府以及各大公司正努力抢占虚拟技术及应用制高点。因此，我国经济、社会、国防和科学技术等领域的发展都对虚拟技术提出了更高的应用需求。

2.2.1　经济发展对虚拟现实科技的需求

近年来，虚拟现实产品已逐渐成为主流的大众消费项目，在工业制造、文化娱乐、教育培训和电子商务等领域都有极大的应用需求，将继续不断刺激着我国经济的快速增长。

（1）工业制造

在工业领域，虚拟现实技术多用于产品论证、设计、装配、人机工效和性能评价等。虚拟现实技术是工业 4.0 的核心技术之一，是数字化工业制造技术和生产流水线的重要应用环节，针对工业产品利用该技术可优化产品设计，通过虚拟装配避免或减少物理模型的制作，缩短开发周期，降低成本（图 2-3）；同时通过建设数字工厂，直观地展示工厂、生产线、产品虚拟样品以及整个生产过程，为员工培训、实际生产制造和方案评估带来便捷，在企业科学决策、优化产品性能、提高产品质量、降低生产成本、提升品牌影响力和赢得市场先机方面具有重要的应用价值。

图 2-3　工业领域虚拟现实场景

（2）文化娱乐

虚拟现实游戏（Virtual reality game），可以理解为"VR+ 游戏"，是指通过虚拟现实技术将玩家置身于一个沉浸式的虚拟世界，从而提高用户体验的游戏。就游戏本身的发展来说，从最早的文字 MUD 游戏到 2D 游戏，再到 3D 游戏，随着画面和技术的进步，游戏的拟真度和代入感越来越强。但因为技术等方面的限制，目前仍无法让玩家在游戏时脱离置身事外的感受。虚拟现实技术的发展，为增强游戏的体验性带来了曙光，它不仅使游戏更具逼真效果，也更能让玩家沉浸其中。可以说，电脑游戏自产生以来，一直都在朝着虚拟现实的方向发展，虚拟现实技术发展的最终目标已经成为三维游戏工作者的崇高追求。因此，尽管面临诸多技术难题，虚拟现实技术在竞争激烈的游戏市场中仍然得到了重视和应用，同时游戏对于虚拟现实技术的发展也起到了巨大的需求牵引作用，催生了专为游戏而生的虚拟现实设备的出现（图 2-4）。

（a）《重返恐龙岛》中的恐龙　　　　　　　　　（b）《无处可逃》中的玩家

（c）《瓦尔基里》中的外星飞船　　　　　（d）《Rigs：机械化战斗联盟》中的怪物

图 2-4　虚拟现实游戏场景

（3）教育培训

　　虚拟现实技术作为一种新兴的教育媒体，在教育文化领域得到了广泛的应用。也展现了巨大的发展潜力。虚拟现实教育的优势在于：一是可以弥补远程教学条件的不足，丰富感性认识，加深对教学内容的理解。二是可以避免真实实验或操作所带来的各种危险。例如虚拟的化学实验可以避免化学反应所产生的燃烧、爆炸等。三是彻底打破空间、时间的限制。空间上，大到宇宙天体，小至原子粒子，学生都可以进入这些物体的内部进行观察；时间上，一些需要几十年甚至上百年才能观察完全的变化过程，通过虚拟现实技术，可以在很短的时间内呈现给学生观察。四是虚拟现实强大的交互功能可以让学员与虚拟的人物、物体交互互动，从而增强体验性，加深学习印象，还可以通过网络进行协同交互学习。虚拟现实技术在现代教育教学中的应用主要有虚拟实验室、虚拟实训基地等。另外，在数字博物馆/科学馆方面，利用虚拟现实技术可以进行各种文献、手稿、照片、录音、影片和藏品等文物的数字化和展示。对这些文物展品高精度的建模也不断给虚拟现实建模方法和数据采集设备提出更高的要求，推动了虚拟现实的发展。许多国家都积极开展这方面的工作，如纽约大都会博物馆、英国大英博物馆、俄罗斯冬宫博物馆和法国卢浮宫等都建立了自己的数字博物馆。我国也开发并建立了大学数字博物馆、数字科技馆和虚拟敦煌、虚拟故宫博物院等。

（4）电子商务

网络虚拟现实技术的进步，给电子商务带来了新的机遇，可以有效提高电子商务的质量与效率。因此，充分认识虚拟现实技术在电子商务中的重要性、研究网络虚拟现实技术的特点及其应用规律，从而进一步促进电子商务的发展，已成为当前电子商务中的一个重要课题。

在传统的电子商务环境中用户难以体会到实际的环境，没有一种真实感觉。虚拟现实通过多媒体技术与仿真技术相结合，形成逼真的视、听、触觉一体化的虚拟环境，用户以自然的方式对虚拟环境中的对象进行体验和交互。借助虚拟现实技术，可以使得消费者在选购商品时，在网上看到商品、所进入的购物环境与真正环境和商品具有一致的体验，从而可以更好地吸引消费者，扩大贸易机会，降低运营成本，为企业带来巨大利润（图2-5）。以三维虚拟空间和实时交互为特征的虚拟现实能够多方面展现商品，消费者可以更详细地查询商品的多种特征，视觉、听觉、触觉给消费者极大的观察空间和自由。所以，虚拟现实在电子商务上的应用也就是大势所趋。虚拟现实技术在电子商务领域的应用，将会使用户对虚拟场景中的商品进行操作，这样可以使用户在虚拟场景中充分地调动视觉、听觉以及触觉等感官对产品进行全方位的了解，从而使用户有一种身临其境的感受，仿佛置身于真实的购物场所中。这不仅可以降低商家的生产成本，同时可以提升消费者的购买欲望，因此可以极大地刺激消费，拉动内需，促使我国经济快速地发展。

图2-5 阿里VR Buy+ 虚拟购物场景

2.2.2 社会发展对虚拟现实科技的需求

（1）公共安全

公共安全是国家安全、社会稳定的基石。公共安全问题，如恐怖袭击、楼宇火灾、交通事故、人群踩踏、瓦斯爆炸、毒气泄漏等，如处置不当不仅会对公共设施、生命、财产、环境等造成严重威胁和巨大经济损失，还会给国家造成严重的负面政治影响。美国"9·11"事件给全球公共安全敲响警钟，公共安全形势面临巨大挑战，已经引起各国政府的高度重视。

为应对可能发生的公共安全问题，需要不断进行模拟训练以提高应对公共安全问题的能力，分析和制定突发安全问题的应急预案，增强公众安全防范和灾难意识。实际上，真实的应急演练需要耗费巨大的人力和财力，并存在潜在风险，对正常的生活和生产秩序造成一定影响，无法满足当今社会多发性、复杂性公共安全问题的解决。

如何利用现有的科学技术手段迅速、高效地开展公共安全问题的研究，制定有效的应急措施，突破传统演练方式的局限，掌握公共安全问题处置过程中的风险控制，为公共安全问题的解决提供决策支持，是目前公共安全领域亟须解决的问题。

随着计算机技术的快速发展，在虚拟环境中开展各种公共安全问题的演练得到了普遍认同和广泛应用。通过虚拟现实技术建立与真实世界高度相似的三维虚拟环境，设定公共安全中可能发生的危机及相应的处理预案，动态模拟事件发展的过程。同时，受训者利用特定装置以自然的方式与虚拟环境中的对象进行身临其境的交互，为公共安全问题的研究提供准确、全面的体验数据，对制定和优化现有公共安全问题处理预案起到辅助作用。

（2）城市管理

智慧城市（Smart City）把新一代信息技术充分运用在城市的各行各业之中，是城市信息化的高级形态（图2-6）。虚拟现实技术可以应用于智慧城市的感知层，获取城市信息，通过对城市相关数据进行建模与可视化，有助于直观地分析城市数据信

图 2-6　虚拟城市

息，满足用户观看、研讨和交互使用。因此虚拟现实技术的发展对于推动智慧城市的建设也发挥着重要的作用。

随着智能手机的普及，出现了很多基于增强现实技术的智慧城市应用平台。移动终端上的增强现实应用基于终端所带有的摄像头和 GPS 采集的数据进行分析、对准和增强。这些应用为用户提供各种各样的生活服务，例如地点导引、指路服务，为旅游者提供更多的当地信息，找车服务、辅助家具布置、查询犯罪高发地点等。

2.2.3 国防发展对虚拟现实科技的需求

军事仿真是虚拟现实最重要的应用领域，多年来一直引领着虚拟现实技术的发展。同时现代军事装备、现代军事技术和现代战争理论与实践的不断发展，也对虚拟技术的发展产生了巨大影响。

为了打赢未来信息化战争，世界各国都高度重视虚拟技术在国防军事领域的广泛应用（图 2-7）。以美国为例，从早期构建的 SIMNET（1983）、STOW（1998）、WARSIM（2000），到近期开展的"红旗军演""战斗猎手""统一探索""一体化训练环境 LVC""网电风暴"以及"全球综合训练环境""网络战争和机器人战场""未来作战系统（FCS）""战争模拟系统（SEAS）"等，美国军方不断强化虚拟现实技术的地位和作用，将 VR 技术作为训练与实战"无缝对接"的核心技术，利用 VR 技术创造"人工合成训练环境"，构建逼真的三维立体虚拟战场，从感官上解决模拟训练的"真实性"问题；利用分布式交互模拟技术，将地理位置上分散配置的模拟器材和系统联为一体，从空间上解决模拟训练的"规模化"问题；在实战装备内嵌入模拟设备，使受训人员可以在驻地或野战条件下使用武器装备进行模拟训练，从模式上解决模拟训练的"野战化"问题。

针对信息化武器装备的发展论证、设计制造、运用保障、试验评估以及不同目

图 2-7 虚拟军事训练

标、不同环境、不同战法等复杂背景下的不同兵种体系作战能力和综合运用等问题，我国也开展了以 VR 技术为支撑的联合作战体系仿真、装备发展论证和装备仿真、军事训练模拟仿真、军事人才教育培训，研发了"分布交互式作战指挥训练模拟系统""陆军数字化部队模拟训练系统"和大型网络军事游戏"光荣使命"等。为推动我军现代化建设，提升部队战斗力发挥了重要作用，推动了我国仿真人才和技术整体处于国际先进水平，为加快发展我国现代军用仿真技术体系奠定了坚实基础。

2.2.4　科学技术发展对虚拟现实科技的需求

（1）航空航天

航空航天技术是衡量一个国家科学发展水平的重要标志，世界主要信息技术强国高度重视虚拟现实技术在航空航天领域中的应用。美国航空航天局（NASA）将虚拟现实技术用于哈勃望远镜发射后的修复，并辅助宇航员在零重力条件下完成一些复杂任务，通过仿真训练在进入真实太空前获得相关经验。欧洲空间技术中心和 TNO 实验室开发了单用户虚拟现实训练器。

国内虚拟现实技术在航空航天领域的应用主要集中于以 VR 技术为支撑的虚拟设计制造、虚拟指挥和模拟机仿真培训等传统领域。研发了一系列的"全任务的虚拟飞行模拟器系统""发动机虚拟设计与实验平台""模拟风洞""空管虚拟塔台系统""无人机航迹规划仿真系统""无人机超视距控制指挥系统""低能见度条件下民航客机增强现实 HUD 系统"等，为推动我国航空航天业的发展发挥了重要作用。

航空航天作为高端装备制造业的典型代表，是国民经济的支柱产业之一，随着全球产业转移的进一步发展，中国在以高速铁路为代表的轨道交通领先世界以后，航空航天必将是下一个处于领先地位的高端装备制造行业。虚拟现实技术在这一行业的深入应用将有效促进行业的创新，缩短赶超的时间。而深刻理解航空航天领域的发展趋势是在这一领域取得领先的前提条件。

进入 21 世纪，航空航天业进入了高速发展期，特别是随着无人机的迅猛发展和应用，以及航天技术的商业化趋势，对虚拟现实技术提出了新的需求。

1）随着技术的发展，突破音速的航空器与航天器越来越多，使得人们利用肉眼很难去跟踪和分析航空器和航天器的轨迹，一方面，要求 VR 技术能够从多个航空航天器自身的信号源和周边的环境数据进行快速融合并实现虚拟空间环境的快速构建和高速更新的需求。另一方面，由于航空航天器运动十分迅捷，周边环境和自身运动信息的更新速度都是超快的，因而要求 VR 技术必须具有运算能力超强、速度超快同时连续性超好的虚拟空间环境快速构建和高速更新。

2）航空航天器的操作人员可以利用 VR 智能眼镜或头盔执行多种功能，从而减少完成某项任务所需的笨重设备，如星图、地图和手册等集成到可穿戴的虚拟现实眼镜中，这样可以大大减少宇航员的负重，要求 VR 设备具备轻量化和可穿戴特性。

3）航空航天器的设计与制造牵涉到不同领域专业的协作设计，必将借助于力反馈设备和实景模拟技术提前开展系统级的性能仿真演示、人机工程学、虚拟装配与维修性评估等工作，使其在虚拟环境中发现、弥补设计缺陷，实现迭代优化和改进，达到缩短开发周期，提高设计质量和降低成本的目的。因此，要求 VR 技术具有多平台数据协同、交互、清洗、融合分析和多通道立体显示等技术的有力支撑。

（2）医学研究

医学领域对虚拟现实技术有着巨大的应用需求，为虚拟现实技术发展提供了强大的牵引力，同时也对虚拟现实研究提出了严峻挑战。由于人体的几何、物理、生理和生化等数据量庞大，各种组织、脏器等具有弹塑性特点，各种交互操作如切割、缝合、摘除等也需要改变人体拓扑结构。因此，构造实时、沉浸和交互的医用虚拟现实系统具有一定难度。目前，虚拟现实技术已初步应用于虚拟手术训练、远程会诊、手术规划及导航、远程协作手术等方面（图 2-8），某些应用已成为医疗过程不可替代的重要手段和环节。

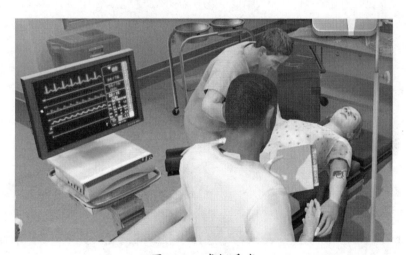

图 2-8　虚拟手术

2.3　国际虚拟现实科技前沿与发展趋势

2.3.1　世界主要国家的虚拟现实发展战略

虚拟现实的研究长期受到各国政府重视，进入 21 世纪以来，各国政府更是将其列入了国家科技发展规划中，虚拟现实成为世界各国抢占信息技术制高点的突破口。美国 NSF、DARPA 等对虚拟现实的相关研究进行了长期资助，并在军事、航空航天等领域开展了典型应用，美国工程院 2008 年公布了经评选产生的 21 世纪人类在工程技术领域所面临的 14 个重大挑战性问题，其中两个重要问题与虚拟现实与数字媒体技术密切相关。这两个问题包括在未来 10 年时间里"提升虚拟现实的逼真性和应用性（Enhance virtual reality）"以及"利用先进技术提高人的学习能力（Advance personalize learning）"。我国政府在 2006 年颁布了中长期科技发展规划纲要，将虚拟现实技术作为信息领域优先支持的三个前沿技术之一。英国政府 2006 年 12 月发布了 2015—2020 年 8 个新兴科学技术集群的战略报告，其中 6 个涉及模拟、建模、仿真、虚拟的内容。日本政府 2007 年 5 月发布了"创新 2025"长期战略报告，有 5 个方面的 18 个方向，其中第 5 方面"对世界开放的社会"指出了虚拟现实对未来的重要性。澳大利亚通过"超级科学计划"投入 11 亿澳元用于包括信息通信技术的三大优先领域科研基础设施建设，目前在信息通信技术领域主要发展方向：虚拟训练、实时计算机视觉系统、自动脸部和身体跟踪技术。巴西在虚拟现实方向是设置的主要研发方向包括基于视觉的系统、用于机器人和计算机视觉的软件平台。俄罗斯通过"模拟火星登陆"任务，长期支持为宇航员提供逼真的虚拟现实体验的研究。2014 年韩国政府发布计划将与以色列在虚拟现实、太阳能、海水淡水化等领域合作。

2.3.2　国际主要虚拟现实科学研究计划

由于 VR 技术具有较高的应用价值和学科综合性，世界主要国家普遍重视虚拟现实技术发展，积极培育相关产业，制订相当数量的研究计划。

（1）美国

早在 1993 年克林顿政府就宣布实施的"国家信息基础设施（NII）"计划，为分布式虚拟现实的研发和应用奠定了基础。为确保美国在 21 世纪信息技术上的领导地位，并尽快抢占未来的高科技市场，克林顿总统在 2000 年财政预算中拨出 3.66 亿美元直接用于信息技术领域的研究。这一行动计划命名为"面向 21 世纪的信息技术（简称为'I 行动计划'）"，重点支持三大信息技术领域的研究。其中，"I 行动计划"在科学工程领域的高性能计算技术研究中就包括了各种图形图像处理、计算机模拟等虚拟现实技术。布什政府的科技政策与前任政府保持了一定的连续性，同时进行一系列的调整，更加强调要大力推进高新科技尤其是数字信息科技。布什政府大力支持"网络与信息技术研发计划（NITRD）"，平均每年资助额达 24 亿美元。在 NITRD 计划众多成果中，计算机模拟和可视化成果对科研和企业创新产生的影响最为深远。它们使研究人员能够对非常复杂的现象进行检查和试验，并将复杂的动态过程可视化，如龙卷风的生成过程。奥巴马在总统竞选时就把科学技术议题放在重要的位置，集中体现在《投资美国的未来——科学与创新计划政策》中。就任总统后，奥巴马提出了多项与信息技术有关的经济刺激提案。2009 年 4 月，奥巴马正式宣布任命查普拉（Aneesh Chopra）担任首位国家首席技术官，其主要职责之一是推动美国政府更好地使用信息技术，从各个层面深化信息技术对经济增长和提升国家竞争力的影响。由于美国没有统一的科技管理部门，便将 VR 技术的发展计划同样分散于各个部门中。国防部、能源部、国家科学基金会等机构均有涉及 VR 技术的发展计划。

1995 年美国国防部制定了《建模与仿真总体规划》，虚拟现实作为其中的关键技术得到重点支持。此后，美国国防部在制定战略规划指南时又对该规划进行了更新。2006 年美国国防部发布了《建模与仿真总体规划采购计划》，旨在充分利用建模与仿真技术为国防服务。2000 年能源部核能研究咨询委员会（NERAC）制定了《长期核技术研发规划》。明确提出应重点开发、应用和验证虚拟现实计算模型和仿真工具。能源部及其下属实验室在高性能计算和仿真技术上引领全球，该领域将研发针对核能工厂的虚拟现实平台等一系列技术。国家科学基金会在《2006—2011 财年战略规划》中指出要"吸引更多公众了解当前的科学研究和新技术……通过互动式和沉浸式的体验激起公众的兴趣，提升公众的科技素养"。这表明国家科学基金会将积极把 VR 技术应用于教育领域中。2008 年 2 月，美国国家工程院（NAE）公布了一份题为《21 世纪工程学面临的 14 项重大挑战》的报告。VR 技术是其中之一，与新能源、洁净水、新药物等技术相并列，并提出这些技术挑战的任何一项一经克服，将极大地改善人们的生活质量。

（2）日本

在当前实用虚拟现实技术的研究与开发中，日本是居于领先位置的国家之一，主要致力于建立大规模 VR 知识库的研究。另外，在虚拟现实的游戏方面的研究也做了很多工作，但日本大部分虚拟现实硬件都是从美国进口。

（3）欧洲

欧洲一些较发达的国家如荷兰、德国、瑞典等也积极进行了 VR 技术的研究与应用。瑞典的 DIVE 分布式虚拟交互环境，是一个基于 Unix 的，不同节点上的多个进程可以在同一世界中工作的异质分布式系统。荷兰海牙 TNO 研究所的物理电子实验室（TNO-PEL）开发的训练和模拟系统，通过改进人机界面来改善现有模拟系统，以使用户完全介入模拟环境。德国的计算机图形研究所（IGD）的测试平台，用于评估 VR 技术对未来系统和界面的影响，以及向用户和生产者提供通向先进的可视化、模拟技术和 VR 技术的途径。另外，德国在建筑业、汽车工业及医学界等也较早应用了 VR 技术，如德国一些著名的汽车企业奔驰、宝马、大众等都使用了 VR 技术；制药企业将 VR 技术用于新药的开发；医院开始用人体数字模型进行手术实验。

英国在 VR 领域的研究开发与应用方面领先欧洲，特别是在分布并行处理、辅助设备（包括触觉反馈）设计和应用研究方面。近年来，英国出台了多个计划，并致力产业化推广，在资金、开发、公关以及市场营销等方面给予开发者支持。

2.3.3 国际虚拟现实科学与技术发展趋势

虚拟现实在不同领域和应用方向解决了很多实际问题，取得了较好的应用效果。随着应用的深入，对虚拟现实技术在建模与绘制方法、交互方式和系统构建方法等方面都提出了更高的需求。为了满足这些需求，近年来国际虚拟现实相关技术研究也取得了快速发展，并呈现出一定的快速发展趋势。

（1）人机交互的适人化

构建适人化的和谐虚拟环境是虚拟现实的目标。采用人最为自然的视觉、听觉、触觉、自然语言等交互方式，提高虚拟现实的交互性。适人化的表现主要体现在人机交互设备与方式上。

在视觉方面，许多系统采用商业化的多通道柱幕、桌面投影装置和触摸屏等设备；在听觉方面，多使用环绕立体设备以增强效果；在触觉方面，采用具有力反馈特性的鼠标和数据手套，提高人机交互中定位精度。同时，还集成语音识别、姿态动作识别等先进技术，使操作人员与虚拟环境以更为自然的方式交互。

（2）计算平台的普适化

计算已经无处不在，特别是各种手持计算设备，如手机、PDA 和可穿戴计算机等，它们与虚拟现实系统结合，能满足便携和移动的需求。

目前手持计算设备在计算、存储和三维图形等方面还比较弱，无线网络带宽较低。针对移动终端资源有限的特点，研究工作主要集中在产品标准、体系结构和适合移动设备的模型表示与绘制等方面。

美国科纳斯（Khronos）组织在 2003 年 7 月发布了 OpenGL ES（OpenGL for Embedded Systems），即 OpenGL 嵌入式版本，为嵌入式系统而开发的小型标准三维图形应用编程接口，目前已升级到 3.0 版本。Quantum 3D 研制了具有三维加速能力的可穿戴计算机系统 THERMITE，便于携带、能在恶劣环境工作、具有标准接口、有三维加速功能等。

（3）虚实场景的融合化

虚拟现实将现实环境的要素和属性进行抽象，通过逼真的绘制表现，然而仍然无法真正还原真实世界，因此将真实世界与虚拟世界进行融合具有实际意义。增强现实系统利用辅助信息（虚拟世界）对用户所处的真实场景进行补充和丰富，通过生成与用户所处的现实（环境）相关的图形图像、声音等信息，并将这些信息所构成的虚拟世界与用户在现实（环境）中感觉的真实世界融合为一个虚拟与真实混合并存的世界，使用户产生新的视觉、听觉以及触觉等。增强现实其实是对真实世界的补充和丰富，增强用户的视觉、听觉、触觉等感觉，增强用户对真实世界的感知能力，以及与真实世界的交互能力。

（4）场景数据的规模化

数据的规模化是大型虚拟现实应用的显著特点，这也与大数据的发展密切相关。通常，虚拟现实系统数据的规模化包括两方面的含义，一方面，节点和实体数量的规模化，指分布式虚拟现实系统中参与节点数量和实体数量，主要研究拥塞控制、传输控制和提高网络带宽等；另一方面，场景数据的规模化，指建模与绘制过程中需要处理的几何数据数量增大，例如大数据量的真实地形、高精度的三维模型等。

随着高精度三维数据采集设备的广泛使用，如三维扫描仪和 CT 等，产生了大量的三维模型数据，如波音 777 模型高达 50 亿面片，IBM 数字化人体计划和斯坦福研究小组对米开朗琪罗雕塑扫描产生的几何数据也有数十亿三角面片，数据量巨大。如何进行处理、实时呈现和交互都是需要研究的问题。

（5）环境信息的综合化

传统的虚拟现实系统对自然环境的建模往往仅考虑地形的几何数据，对大气、电磁等环境信息采用简化方式处理。为了更真实表现环境，需要考虑不同类型数据，如地理、大气、海洋、空间电磁、生化等，用不同方式进行表现。这需要开展综合数据的表示及可视化方面研究。DMSO 在制定 HLA 标准时，也针对合成环境的数据交换标准，制定了 SEDRIS 标准。

（6）传输协议的标准化

构建分布式虚拟现实系统的过程中，网络协议一直是研究与应用的一项重要内容。已有的分布交互仿真国际标准（IEEE 1278-1995；IEEE 1516-2000）是基于专用的网络环境，所制定的传输协议也是基于专用网络环境和资源预先分配。与此相关的研究工作包括资源动态更新技术和支持大规模节点技术等。

随着在互联网上虚拟现实应用的开展，基于公网的标准化工作得到了普及和更深入的研究，主要包括三方面：①虚拟环境表示标准：如 VRML 及 X3D、WebGL 等描述环境本身及交互事件的虚拟环境构建语言；②三维模型压缩与传输标准，如基于 MPEG7、H.265 等传输协议的三维模型传输等；③基于 Web Service 的分布式虚拟环境等。

（7）领域模型的集成化

分布式虚拟现实系统中，各节点的软件根据具体的应用需求研制，往往涉及三维图形、网络、领域知识建模等，软件开发与维护工作量大。随着虚拟样机、体系模拟等问题的提出，需要在已构建各个节点分系统上，根据应用变化快速定制各个分系统，满足大型综合应用需求。因此，结合中间件技术研究虚拟现实系统节点的软件设计开发方法，快速适应应用需求，降低开发与维护成本。

领域模型集成方面，国内外的相关研究包括两方面：①研究虚拟实体的建模方法，封装模型形成虚拟实体，进一步研究多分辨率模型、结合人工智能研究行为建模方法等；②研究系统构建方法，结合中间件技术研究面向虚拟现实系统开发方法，提高软件的可重用性并有效集成领域模型。

2.4　中国虚拟现实科技发展现状和机遇

2.4.1　中国虚拟现实科学和技术研究现状

虚拟现实处理的数字化内容类型众多，从虚拟现实的技术特征角度，按照不同处理阶段，虚拟现实可以划分为获取与建模技术、分析与利用技术、交换与分发技术、展示与交互技术以及标准与评价体系 5 个方面。下面分别从这 5 个方面论述国内虚拟技术发展现状：

（1）获取与建模技术

我国在几何形状获取与处理方面，在三维激光扫描点云数据的噪声分析以及基于噪声分布的三维重建、不完整及稀疏点云数据处理、大规模城市场景中基本形体、重复出现相似几何体以及对称性结构的快速鲁棒提取、建筑物、树木等城市场景中主要景物三维模型重建算法等关键技术问题上进行了布局并取得了创新；采用结构光技术研究三维实时摄像系统，实现了基于一次采集的双模式结构光方法和实时三维摄像的结构光自适应方法；提出了一套完整的实时三维测量检测方案，对实时三维检测中的相关核心算法展开了全面系统的研究；搭建好几何模型库的软件系统框架，其系统核心模块中的支撑算法思想具有国际先进性，并且已在软件系统中实现；在表面属性获取方面，多家单位目前正在研究多维全景动态光场采集技术与系统；在运动捕获系统研发方面已开发了低成本的基于标记点的运动捕获系统，取得了一定成果。与国际水平相比，国内的输入设备研制在主要关键技术方面和部分的技术指标方面达到国际水平，但在系统成熟度、稳定性、产业化上需要进一步完善。例如，在轻便型、实用型、大众型的三维捕获设备方面的研究比较薄弱。与国际已有的三维数码相机原型产品相比，国内在大众化、产业化方面还需要抓紧研发。另外，在可计算性方面的研究也比较薄弱，不能很好地为后端的内容创作提供灵活的素材，给数字内容产业效能带来较大的限制。在非刚体（人和动物）三维无缝拼接方面的研究也是国内的弱项，在获取过程中，在不同时刻拍摄的不同角度，这样难免会出现非刚体变化的问题，这也是迫切需要解决的问题。数字内容的获取是数字内容产业链的第一个环节，获取设备需要便捷化、大众化，所提供的内容需要灵活化、完整化，才能促使数字内容产业的蓬勃发展。

在数字化内容生成方面，我国的卡通动漫产业已经有了一定的发展基础，达到年产1万分钟的制作能力，在"十一五"末期达到10万分钟的生产能力。我们已有自主网上协作生产线，二维、三维内容制作方面，通过国家支撑计划的支持，二维动画制作技术已经成熟并得到应用，但在制作效率、制作高质量的3D动漫以及基本素材库的建设和可重用率方面还处在研发阶段，整体上尚未形成面向高质量、高效率的完整动漫制作与加工技术服务体系。三维方面通过插件的研究，部分自主，但主要工具仍然被欧特克（Autodesk）等公司所占领。通过数字媒体基地的建设，一些专业性的公共服务平台（包括上海基地的集成渲染平台和影视制作平台、湖南长沙的千人动漫协同编辑与制作平台等）先后投入应用。这些公共服务平台正在逐渐对外开放，为中小型企业服务，降低企业的进入门槛。

（2）分析与利用技术

内容的分析和利用技术是我国自然科学基金、国家"973"计划、"863"计划等重点支持的方向。国家自然科学基金也启动了"视听觉信息的认知计算"重大研究计划，"973"计划先后支持了"数字内容理解的理论与方法""可视媒体智能处理的理论与方法""数字媒体理解的理论与方法"等项目，"863"计划也支持了多项重点项目。这些项目的实施，推动了我国在该领域的研究，产生了一批达到国际水平的成果。

目前研究工作存在的主要问题是与网络化、服务化的结合不紧密，部分研究停留在单机算法、过度追求单项技术指标领先的实验室阶段。虽然网络游戏、视频分享网站、虚拟城市等领域的企业发展也很快，但是一直处于跟踪模仿阶段，自主创新较少，面临国外企业巨大竞争压力，更难出击国际市场。我们还没有能综合性地代表我国在这方面研究积累的重大成果出现。

（3）交换与分发技术

《国家中长期科学和技术发展规划纲要》中关于信息领域优先发展主题"数字媒体内容平台"的论述中明确指出："重点开发面向文化娱乐消费市场和广播电视事业，以视、音频信息服务为主体的数字媒体内容处理关键技术，开发易于交互和交换、具有版权保护功能和便于管理的现代传媒信息综合内容平台"。我国数字化内容和文化创意产业与先进国家存在很大差距，其中一个关键因素是我国的数字内容交换和分发基础设施比较落后。就像物流基础设施是市场经济发展的基本平台一样，一个开放、畅通的内容流通平台是开放式内容市场形成和发展的必要条件。

目前我国尚未建立起面向第三方的内容产业发展亟须的、贯穿内容制作、发布、流通与消费过程的资源管理平台、交易平台以及传输平台等服务平台。以新兴的动漫产业和网络游戏产业为例，由于缺乏相应的分发渠道支撑，电视播放这个传统渠道还几乎是我国动漫产业的唯一出口，缺乏有效的盈利模式，严重地阻碍了动漫产业的发展。网络游戏目前主要采用单一的点卡的收费模式，网游这样的内容服务技术与平台的应用主要还局限于企业内部，尚未形成面向社会开放的、可独立运营的公共技术服务架构和支撑体系。唱片业在遭受网络盗版的沉重打击后，通过移动运营商取得了一些发展空间，但是很快通信运营商开始取代传统媒体公司成为内容流通的控制者，创作者和消费者之间"扁平化"的内容交易平台并未形成。这些都说明，尽管市场看好以数字内容为主体的新媒体产业，但是由于缺乏开放的内容交换和交易基础设施的支持，我国的数字内容产业链尚未真正形成。

（4）展示与交互技术

在三维图形绘制技术方面，主要沿着虚实融合绘制、显示技术和人机交互等几个方面展开研究。在虚实混合绘制技术方面，多家单位对摄像机实时定标展开了深入的研究，使国内在该方面的算法达到了国际先进水平。特别是在大场景的运动推断结构和三维重建的研究上取得突破，为在自然场景、标志场景以及混合场景中实时跟踪奠定基础。同时，虚实场景光照混合的一致性也达到了较高的水平。由于虚实混合绘制属国际前沿研究领域，国内外目前的研究水平基本相当。

在显示技术方面，国内的主要技术进步体现在裸眼三维显示装置和头盔显示器方面，探索了多种三维成像机制，研制了多种三维显示原型装置。其中360度裸眼三维显示装置的研发是从无到有的一次尝试，目前的技术已经达到国外同类设备技术水平，但在可靠性和产业化方面尚需努力。在头盔显示器方面，开展了基于自由曲面光学系统的新一代大视场轻型透视式头盔显示系统原理样机的研制，各项技术指标优于国外已有专利。在真三维显示技术方面，积极探讨了基于高速投影机和螺旋屏、旋转LED屏、多层液晶屏、可变焦电润湿透镜的不同实现方案并取得显著进展，但在技术成熟度方面与国外相比尚有差距。

在人机交互方面，围绕自然、和谐交互这一趋势，在基于视觉、触力觉、传感器的交互方式等方面取得了进展。基于视觉的交互技术主要研究了跟踪定位和手势识别与处理等，在有标识及无标识的跟踪定位方面取得了一些进展，在算法层次上基本与国外水平相当，但作为交互设备而言，其整体的成熟度和可靠性需要进一步提高。在大幅面多用户交互桌面技术方面，研究了基于不同原理的实现方式，实现了相关设备的研制和推广应用，在技术和设备方面与国际水平同步，但在多人多点交互界面内容上需要做更深入的研究。在触力觉交互技术方面，总体上比较侧重触力觉生理、心理实验等理论研究，触力觉装置开发基本停留在实验室原理验证阶段，与国外产品相比差距较大。基于肌电传感器的人机交互技术具有新颖性，但在设备使用方便性上需要进一步改善。

（5）技术标准及评价体系

在基础技术向标准转化方面，AVS 按照国际惯例，成为我国信息技术标准形成的典范。AVS 实际上是数字音频编解码技术标准（Audio Video coding Standard）工作组的简称，2002 年经信息产业部科技司批准成立。AVS 不仅对数字电视产业至关重要，也广泛应用于激光视盘机、多媒体通信、互联网流媒体等数字音视频产业，它的编码效率比传统的 MPEG-2 国际标准提高近 3 倍。AVS 由科技部、信产部、国家广播电视总局、国家发改委和国家标准化管理委员会等的全力支持下，按照"专利池"模式研制的一项标准。

然而，总体上我国内容基础技术的研发还相对独立、分散和封闭；研发队伍规模较小，无法发挥群发效应；没有形成系统的和开放的数字媒体关键基础技术支撑和服务体系，难以发挥科技对数字内容产业发展的引领作用，带动我国数字内容产业的整体发展。另外在基础资源库开发方面，缺乏基本的国家规范和标准，三维模型库和素材库开发依然是"百花齐放"，许多成果难以共享和重复利用，至今没有建立起权威的国家级资源库。

2.4.2　国家重大科学研究计划涉及虚拟现实项目

中国对 VR 技术的研发非常重视。在《国家中长期科学和技术发展规划纲要（2006—2020 年）》（以下简称《规划纲要》）中，VR 技术被列入信息技术领域需要重点发展的三项前沿技术之一。此外，VR 技术也受到国家高技术研究发展计划（"863"计划）、国家自然科学基金的重点支持。"863"计划对 VR 技术的资助主要在信息技术领域和先进制造技术领域。信息技术领域下设 4 个专题。其中 VR 技术专题围绕虚拟现实新方法和新技术、虚拟现实学科交叉与融合以及相关应用领域中的关键技术和系统集成技术等开展研究，同时考虑虚拟现实与数字媒体技术的结合。先进制造技术领域也设置了 4 个专题，其中现代制造集成技术专题与 VR 技术密切相关，该专题下的数字化设计方法与技术、复杂零件加工与仿真优化等课题均应用 VR 技术。除以上两个领域以外，"863"计划其他领域也有一些课题涉及 VR 技术。2003—2006 年，北京航空航天大学虚拟现实技术与系统国家重点实验室承担了"863"计划重点项目"虚拟奥运博物馆关键技术研究"。2009—2011 年，北京航空航天大学虚拟现实技术与系统国家重点实验室在"863"计划重点项目"虚实融合的协同工作环境技术与系统"支持下，开展了虚实融合关键技术及其应用研究。2013—2015 年，北京航空航天大学虚拟现实技术与系统国家重点实验室又承担了"863"计划重点项目"像引导精确跟踪定位子系统的研究与应用"。另外还有资源环境技术领域的"数字化采矿关键技术与软件开发"重点项目、新材料技术领域的"新一代激光显示技术工程化开发"重点项目等。国家自然科学基金是我国支持基础研究的主渠道之一，根据不同学科分若干处进行管理。其中信息科学二处主要资助计算机科学技术及相关交叉学科研究项目，虚拟现实是其重要资助领域之一。另外，国家自然科学基金还资助了"虚拟现实中基于图像的建模绘制""图像处理与重建中的几何分析"等与虚拟现实相关的重点项目和重大项目。此外，虚拟现实理论与方法研究是国家重点基础研究发展计划（"973"计划）在信息领域的重点支持的相关项目。

2.4.3　中国虚拟现实科技发展面临的机遇与挑战

虚拟现实技术虽然在许多领域已经开展了实际应用，但它仍然处于初级发展阶段，尚存在不少有待解决的问题。

（1）软硬件技术不够成熟

从虚拟现实系统的软硬件技术上说，一是相关设备普遍存在使用不方便、效果不佳等情况，难以达到虚拟现实系统的要求；二是硬件设备品种有待进一步扩展，在改进现有设备的同时，应该加快新的设备研制工作；三是虚拟现实系统应用的相关设备价格也比较昂贵且局限性很大；四是烦琐的三维建模技术有待进一步突破。

（2）应用仍有很大的局限性

从应用上来说，现阶段虚拟现实技术的主要应用在军事领域和高校科研方面较多，在教育领域、工业领域应用还远远不够，有待进一步加强。未来的发展应努力向民用方向发展，并在不同的行业发挥作用。

（3）效果的局限性

虚拟环境的可信性是指创建的虚拟环境需符合人的理解和经验，包括有物理真实感、时间真实感、行为真实感等。其具体表现在以下几个方面：一是虚拟世界侧重几何表示，缺乏逼真的物理、行为模型；二是在虚拟世界的感知方面，有关视觉合成研究多，听觉、触觉（力觉）关注较少，真实性与实时性不足，基于嗅觉、味觉的设备还没有成熟及商品化；三是在与虚拟世界的交互中，自然交互性不够，在语音识别等人工智能方面的效果还远不能令人满意。

综上所述，正是鉴于虚拟技术有一定的不足，给我们带来了很多可能的机遇，主要包括：

（1）增强硬件性能，开发高效的数据处理算法

虚拟现实技术要实现对现实世界的模拟，需要大量实时传感数据和建模，超高清等新型显示器件，以及提升系统性能，减少眩晕感的产生。一是要提升传感器性能，

提高视觉传感、体感识别、眼球追踪、触觉反馈等技术，实现传感器体积和性能的平衡，增强数据采集能力，从而能精确、精准定位，快速反馈周围环境；二是开发高效的数据并行处理算法。虚拟现实技术需要在用户运动中实现大规模的数据模型重建，要求应用系统能处理相对较大的并行视频数据，使现实世界实时在虚拟现实显示中的同步，提升用户体验。

（2）拓展虚拟技术应用范围

虚拟现实技术发展，需要同时结合硬件、应用软件、内容、服务等方面构建完整的生态系统。一是在应用软件方面，由于虚拟现实产品刚刚兴起，适应于虚拟现实的应用软件严重不足，在推动硬件产品销售的同时，要鼓励应用程序开发者研发虚拟现实应用软件；二是在内容方面，虚拟现实的大规模普及应用需要影视、游戏、在线体验等多种内容的支撑，以扩大虚拟现实产品应用领域，丰富应用场景。当前，我国在虚拟现实领域内容供给能力严重不足，适应于多形态、多场景的内容生成服务仍需进一步加强。

（3）解决基础共性问题

作为新的终端形态和产品服务，虚拟现实技术大规模普及应用仍需要解决行业共性问题。一是亟须建立标准化顶层设计，虚拟现实技术标准化研究投入不足，关键技术环节和应用领域的标准化成果不足以支撑行业的大规模应用；二是行业技术力量分散。虚拟现实技术经过几十年发展，各厂商依托研究基础申请了部分专利，但仍分散在各厂商自身，缺少专利合作的平台和渠道，由于专利较为分散，国内厂商的专利仍难以应付国际厂商的专利布局，后续虚拟现实产业发展具有较大隐患；三是市场健康发展的秩序仍未建立。部分虚拟现实产品停留在概念炒作、透支行业发展阶段，用户体验难以满足消费者需求，低质量、高重叠的产品对市场发展造成了不良影响。

以目前来看，虚拟现实技术的重要挑战主要包括以下几项：

（1）数据的智能分析与高效的建模

目前的虚拟现实建模主要集中在虚拟环境与对象的固定拓扑几何建模和动力学物理建模。如何建立其可变拓扑几何模型和更为全面的物理模型，甚至建立可自我演化、具备一定"生命力"的智能模型，使得虚拟现实系统不仅在视觉上有更全面的逼真表达，而且在功能和环境/事件的动态演化和活体对象行为的智能化方面也有较为逼真的体现，是未来虚拟现实技术必须解决的关键问题。现实世界包含了复杂、动态、多源、海量的数据。如何高效采集这些数据并对其进行自动化分析、实时建模，使虚拟现实系统能真实表达瞬息万变的现实世界，与现实世界"同步"发展，是一个智能化建模问题，也是未来虚拟现实需要解决的另外一个关键问题。

（2）提高虚拟现实设备的普适性与经济性

虚拟现实技术可以实现人自由与虚拟世界对象进行交互，使人感觉犹如身临其境，借助的输入输出设备主要有头盔显示器、数据手套、数据衣服、三维位置传感器和三维声音产生器等。随着网络化应用的发展，体验感优秀、经济耐用、便于携带的轻量化高沉浸感虚拟现实设备将成为大规模推广的关键瓶颈问题。

（3）自然的交互方式

合成的感知信息实时地通过界面传递给用户，用户根据感知到的信息对虚拟环境中事件和态势做出分析和判断，并以自然方式实现与虚拟环境的交互。这需要研究基于非完整信息的多通道空间交互模式和个性化的自然交互技术等，以提高人机交互效率，达到虚实感觉一致的空间呈现与自然交互。

（4）多通道感知融合反馈

抽象的信息模型并不能直接为人类所直接感知，这就需要研究虚拟环境的视觉、听觉、力觉和触觉等感知信息的合成方法，重点解决物理世界的动态在线感知、合成信息的高保真性和实时性问题，以提高沉浸感，实现物理世界的动态感知与虚拟环境的演化融合。

2.5 重点研究领域关键科学问题与技术

实现一个 VR 系统，大体需要四方面的技术：数据与获取、分析与建模、绘制与表现以及传感与交互。这四个方面均涉及硬件平台与装置、核心芯片与器件、软件平台与工具和软硬标准与规范，同时 VR 技术应用也需要结合各行业领域的应用技术，因此 VR 技术是学科高度综合交叉的科学技术领域，是存在许多有待解决的科学技术问题、并不断产生新科学技术问题的充满活力的新兴领域。VR 技术中存在众多科学技术问题，是一项可能的颠覆性技术，每一个技术的突破和问题的解决都会导致 VR 技术应用和产业新的巨大进展。

2.5.1 科学问题

（1）智能数据获取

几何属性的获取及生成主要通过光学和立体视觉的方法。基于光学的几何获取设备在几何测量方面精度已经优于 10^{-2}mm 数量级，其中激光扫描和结构光获取较为成熟。立体视差法根据三角测量原理，利用对应点的视差可以计算视野范围内的立体信息。这种方法对于特定物体材质等表面属性的获取也达到非常逼真的程度。基于视觉的几何获取在一些无明显纹理，或者重复性纹理场景下，由于很难找到"像"，具有较大的技术难度。其研究重点在于动态及无纹理（或者重复性纹理）的获取。一些商品化产品（如灰点公司 Point Grey 的立体视觉系统）可以得到场景的大致三维表示。

在表面属性的获取方面，很多学术机构和工业界的团队都在研发相关捕获设备，主要通过不同光照和视点条件的图像获取物体的表面属性。例如美国麻省理工媒体实验室和哥伦比亚大学的 4D Camera。目前对于静态及不透明物体的材质等属性获取较为成熟，其主要难点在于动态物体或半透明物的表面属性获取，另外也尚无商品化产品。

（2）智能化、自然的虚拟现实建模

虚拟现实建模是一个比较繁复的过程，需要大量的时间和精力。如果将虚拟现实技术与自然交互、语音识别等技术结合起来，可以很好地解决这个问题。对模型的属性、方法和一般特点的描述通过自然交互、语音识别等技术转化成建模所需的数据，然后利用计算机的图形处理技术和人工智能技术进行设计、导航以及评价，将模型用对象表示出来，并且将各种基本模型静态或动态地连接起来，最终形成系统模型。人工智能在虚拟世界也大有用武之地，良好的人工智能系统对减少乏味的人工劳动具有非常积极的作用。

（3）物理特征的更多表现与新型物理模型

目前，虚拟对象的物理表现及其物理模型研究主要集中在运动学和动力学方面。物理模型也只有粒子系统、弹簧模型、SPH（Smoothed Particle Hydrodynamics）方法等少数几个。物质的许多物理特征（如材料特征），爆炸、切割等物理现象，柔、黏、塑、流、气、场等物质对象的物理特征与交互响应的实时逼真表现，存在许多理论问题。由于物理模型计算量巨大，因此具体应用时实时性和逼真性之间的平衡也是需要考虑的问题。提出表现某类物理特征和物理现象的新型物理模型，构造其物理引擎及核心算法芯片 PPU（Physics Processing Unit），可以带来原创性、平台工具性成果。

（4）进化演化模型与虚拟孪生

基于化学、生物学和生命科学的人体器官的生理、化学、生物进化演化模型是有待深入研究的科学问题，可能产生新的知识型、概率型等模型类型。现实世界中的每一个（类）对象，均可以构建虚拟孪生，使其与现实孪生在几何、物理、生理，以及进化演化等方面高度相似。人体、城市和复杂装备的虚拟孪生会成为未来发展的重点，并对医疗健康、城市规划管理和装备设计维护领域产生颠覆性影响。构造虚拟孪生，特别是可交互几何类虚拟孪生的理论与方法，既是 VR 技术，也是 AR 技术、MR 技术（Mixed Reality，混合现实）等的基础。

（5）智能行为模型

随着 VR 技术应用领域的不断扩展，虚拟人（或计算机生成的人）操纵实体（如飞机、车辆等）成为 VR 系统的重要组成部分，这些智能体的行为使得 VR 系统所具有的 3I（Immersion，Interaction，Imagination）特征向 "4I" 发展，即 VR 系统将具有更多的智能（Intelligence）特征。该类问题的解决有赖于人工智能技术和人脑科学的发展。

（6）力交互的柔韧感与新型自然交互

人与虚拟对象之间的力／触觉逼真感知的方式、机制及其设备仍然存在大量的问题，特别是柔韧感；此外新的感知通道，如温湿感、嗅／味觉等，有的刚起步，有的尚未涉足。这是一个需要多学科交叉研究解决的问题领域。

（7）VR 的逼真性度量与 VR 心理学、VR 社会学

VR 的逼真性，即虚拟与现实孪生的相似性测度是有待研究解决的一个理论问题。在此基础上研究各类 VR 应用的效果评价，特别是对人的心理影响，以及对人类社会带来的影响，并进行相关约束与法律研究也是必要的，这会形成新的人文学科研究方向。

2.5.2　技术问题

（1）VR 头戴显示的输入与交互

现有 VR 头戴式显示器看不到体验者自身，输入不便，也缺少与景物的交互机制，身临其境的感觉受限。因此，VR 鼠标等便捷友好的 VR 输入方式，能够实时逼真地表现体验者肢体、并能与虚拟场景对象实时交互的机制是需要研究的问题。

（2）头戴式显示的空间计算与 AR 虚实融合及其室外化

头戴式显示虚拟场景的空间计算，包括体验者头部和位置的实时精准跟踪定位，以及 AR 头戴显示中虚拟对象在现实空间中的位置计算与实时表现是需要进一步研究的问题。与此相关，虚实融合是 AR 的基本问题之一，包括视频式 AR 显示中图形对象与视频图像的融合，以及光学透视式 AR 显示中图形对象与现实景物的融合，前者研究的时间比较长，后者随着光学 AR 头戴显示的实用化，逐步成为这一方向的主流，但许多问题有待解决。同时，光学透视式 AR 的室外化，包括室外大场景下的虚实融合是有待探索的一个方向。

（3）VR 视频的采集、制作与交互式播放

VR 全景视频（包括基于桌面、移动终端或 Web 的 VR 视频）的采集、制作、交互式播放技术与设备，以及跨平台 VR 视频播放器，是一个研究发展方向。如何在 VR 视频中引入几何与控制元素，增加 VR 视频的交互类型，提高其交互性是值得研究的问题。

（4）基于移动终端和互联网的 VR

基于移动终端和互联网的 VR 具有巨大发展潜力。对于前者，低计算、低存储 VR 技术，云计算 VR 技术，低延迟大数据传输与新型交互等是可创新技术方向。后者需要全屏 3D 绘制、VR 设备接入与更合适的人机交互机制，以及新型浏览器标准。

WebVR 将对现有浏览器和邮件系统等带来变革和颠覆性影响，成为互联网的新入口。

（5）实时三维图形生成和显示

三维图形的生成技术已比较成熟，而关键是怎样"实时生成"，在不降低图形的质量和复杂程度的基础上，如何提高刷新频率将是今后重要的研究内容。此外，虚拟现实还依赖于立体显示和传感器技术的发展，现有的虚拟设备还不能满足系统的需要，有必要开发新的三维图形生成和显示技术。

（6）VR 内容的智能化生产技术与通用软件开发工具

目前 VR 内容制作生产力低下，其原因一是 VR 建模、绘制、修补等生产环节的工具和开发平台自动化、智能化程度低；二是 VR 硬件不兼容，均采用各自的软件开发工具包（Software Development Kit，SDK）。提高 3D 建模（几何、图像、扫描等）的效率和空洞修补的自动化水平等是需要进一步研究的内容，研发标准应用程序接口和通用软件包是提高共享和研发效率的必然途径。

（7）智能交互技术

智能人机交互把人的认知、计算系统以及物理环境作为一个整体，通过理解人来设计计算系统。在智能人机交互中，计算系统需具备模拟人类感知、认知和反馈呈现的能力，需要有效理解和处理多通道、非精确、动态变化的交互信息。在这种交互方式下，用户只需要通过自然行为来表达其交互意图，而计算机则需要主动地理解用户的交互意图。智能的人机交互方式将彻底释放用户手指与键盘的紧张关系，减轻人们对鼠标、键盘的操控依赖与操控复杂度，淡化计算机工具与技术的界限，使用户更加关注任务本身。

2.6　未来虚拟现实科技领域发展路线图

2.6.1　中国未来虚拟现实科技领域发展路线图的制定

虚拟现实技术是仿真技术的一个重要方向，是一门富有挑战性的交叉技术前沿学科和研究领域。它综合了控制学、电子学、计算机图形学、人机交互和多媒体技术、计算机网络等领域的理论和技术。路线图具有方向性、战略性与一定的可操作性，刻画清楚核心科学问题和关键技术，为更具有前瞻性地思考与谋划未来虚拟技术及应用仿真科技领域发展战略，为这个领域的研究提供发展路线与政策建议。

2.6.2　中国未来虚拟现实科技领域发展目标

综合分析虚拟现实技术在各行业领域的应用，以及行业领域对虚拟现实技术新的技术需求可以发现，一方面，虚拟现实技术已经取得了长足进步，发挥了重要作用；另一方面，虚拟现实技术发展尚存在一些瓶颈问题。例如，建模方法和建模工具的通用性和易用性不强，导致人工建模强度较大，成本高，效率低；虚拟现实技术交互方法和交互装置的自然性不强，缺少有效的可广泛使用手势、表情、步行驱动等自然的交互装置，影响交互的自然性；虚拟现实技术显示设备的空间感受限，已有虚拟现实技术眼镜存在眩晕等问题，缺少裸眼 3D 显示设备；缺少自主可控的虚拟现实技术基础软硬件平台，影响我国军事和航空航天等重要领域的安全发展；虚拟现实技术硬件和软件以及应用系统运行环境的成本较高，一定程度上影响了虚拟现实的普及应用。

综合以上问题与行业需求，一方面应该重点研究与发展关键技术，突破难点，例如获取与建模、展示与交互、虚实融合等；另一方面应该推动重大应用示范。例如，虚拟现实消费级产品、下一代社交网络、医学手术模拟训练、安全监控等行业专用技术应用、云端融合的虚拟现实在线服务应用等。通过以上措施，使我国在智能化、高效建模技术、新型可穿戴移动终端和虚拟现实设备、多感知高沉浸虚拟现实系统及其应用等方面取得重大突破，研究成果达到国际先进水平、部分成果已国际领先，实现引领大众生活方式、满足国家重大需求、促进相关产业产品升级换代并提升行业技术水平的目标。

（1）总体目标

围绕实现"两个一百年"和信息产业与网络强国总目标，以国家信息领域技术与产业发展规划计划为指导，紧密结合国家经济、社会、国防、教育等其他领域发展规划，开展虚拟现实技术产业顶层设计，以虚拟现实产业链供给侧改革与体系化资源统筹为抓手，不断推进虚拟现实技术与其他相关技术深度融合创新，构建基于新一代信息技术、涵盖虚拟现实技术研发、生产制造、系统集成、运营服务的产业发展体系，形成国际领先的"VR+"应用模式，建成国际一流的虚拟现实企业。

（2）近期发展目标

近期，聚焦突破部分关键核心技术，基本形成中国虚拟现实软硬件技术标准与生态体系，中低端市场占有率超过 30%，开始进入高端市场。VR 内容产业有所发展，开始形成与电商消费领域相结合的消费市场新格局。虚拟现实与工业、医疗、教育等行业领域深度融合，开展虚拟现实产业发展与推广应用重大示范工程，垂直应用的数量和质量有质的提升，带动虚拟现实技术自主创新能力显著提升。

硬件设备方面，研发智能化移动 VR 设备、嵌入式 VR 芯片等，在屏幕刷新率、屏幕分辨率、延迟和设备计算能力等关键指标达到国际标准，不断提升更小体积硬件下的续航能力和存储容量，在姿态矫正、复位功能、精准度、延迟等方面持续改善，逐步提高硬件设备的用户体验，逐渐实现虚拟现实硬件设备产业化、规模化。在软件方面，突破360度视频、自由视角视频、三维引擎、位置定位、动作捕捉等关键技术，推动研发国产VR操作系统，形成一批有自主知识产权的软件产品。关注VR内容与分发市场培育，形成完善中国特色的VR内容生产与商业模式，建成一定影响的VR综合平台。

（3）中长期目标

绝大部分核心技术取得突破，形成安全自主可控的虚拟现实技术自主创新与产品研发能力，标准体系基本成熟，虚拟现实产业发展与推广应用重大示范工程取得成功，建成一批国际领先、有重大影响的虚拟现实企业，自主产品市场占有率超过60%，"VR+"在重点行业的应用普及率超过60%。

在硬件设备方面，力觉、触觉、嗅觉、味觉等感知技术取得突破，研发新一代显示技术和产品设备，与人工智能技术深度融合，基本形成虚实不分的自然交互能力，产品小型化、适人化、可穿戴性不断提高，达成无所不在的普适化计算能力，真正成为新一代互联网的交互入口和新一代计算基础平台。在软件方面，国产VR操作系统、VR引擎、应用开发工具、重大应用示范基本完成，VR产品体系化基本完成，自主创新机制与能力基本形成，VR普及率不断提高。

2.6.3　中国未来虚拟现实科技领域发展路线图

中国未来虚拟现实科技领域发展路线图，如图2-9所示。

2.6.4　虚拟现实建模理论与方法发展路线图

目前的虚拟现实建模主要集中在虚拟环境与对象的固定拓扑几何建模和动力学物理建模，如图2-10所示。如何建立其可变拓扑几何模型和更为全面的物理模型，甚至建立可自我演化、具备一定"生命力"的智能模型，使得虚拟现实系统不仅在视觉上有更全面的逼真表达，而且在功能和环境/事件的动态演化和活体对象行为的智能化方面也有较为逼真的体现，是未来虚拟现实技术必须解决的关键问题。现实世界包含了复杂、动态、多源、海量的数据。如何高效采集这些数据并对其进行自动化分析、实时建模，使虚拟现实系统能真实表达瞬息万变的现实世界，与现实世界"同步"发展，是一个智能化建模问题，也是未来虚拟现实需要解决的另外一个关键问题。

2.6.5　虚拟现实系统与支撑技术发展路线图

在物联网、云计算、大数据、智慧城市等背景下，虚拟技术需要更多与互联网相结合，开放、整合现有的数据与计算资源，为用户表达出来符合认知的内容，并按需

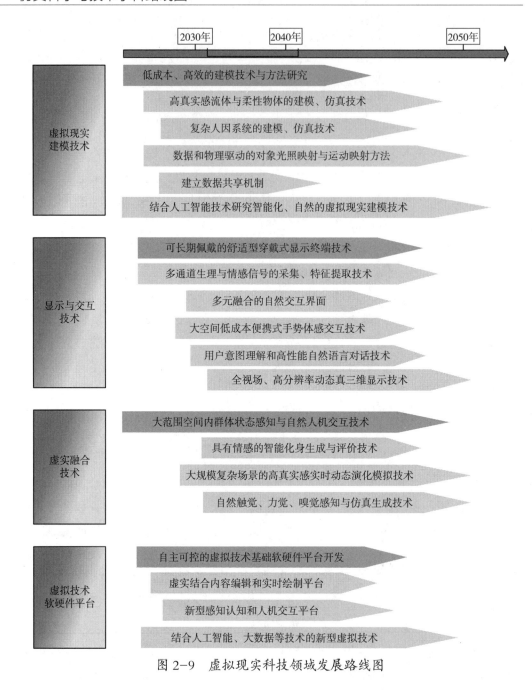

图 2-9　虚拟现实科技领域发展路线图

提供个性化。这实际上提高了对虚实融合的技术要求，只有良好的虚实融合，才能产生出具有飞跃性的新型网络虚拟技术及应用模式。

目前虚拟现实技术也已融入互联网，形成'互联网＋虚拟现实'的模式，开始结合云计算、大数据、移动设备等不断发展，这也从功能、指标等各方面对虚拟现实技

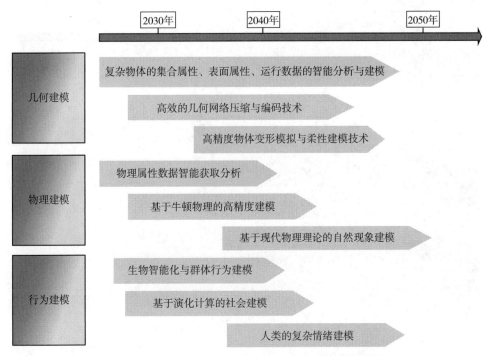

图 2-10 虚拟现实建模理论与方法科技领域发展路线图

术提出了更高的要求。当前的虚拟现实技术能与视觉、听觉、触觉等相结合，但智能化的部分还有所欠缺，人机交互不够自然。新的相关领域技术的发展，可能会为虚拟现实技术提供新的机会和平台，如图 2-11 所示。

虚拟技术及应用仿真系统与技术科技发展路线图是更多的结合互联网，整合现有的数据与资源，与相关技术融合发展，建立更加智能的仿真系统。

虚拟现实与人机交互技术密切相关，云端融合的感知认知和人机交互需要建立以人为中心的交互范式，其关键在于云端设备感知多模态信息，经过智能化分析和加工，最终以自然的方式加以呈现，从而使人更有效地理解大数据的内涵。深度融合和处理多模态感知信息，可以提升感知的精确度和有效性；突破硬件制约并满足人的心理生理要求的无障碍交互手段，可以使得交互更自然。

2.6.6 虚拟现实应用工程路线图

随着虚拟现实技术及应用的不断发展，目前已经在军事、公共安全、工业设计与大型工程、医学和文化教育等领域构建了很多实用的应用系统，如图 2-12 所示。

随着虚拟技术的市场化，目前越来越多具有推广价值的虚拟体验应用出现，例如，虚拟婚礼、虚拟家庭聚会以及虚拟公司会议等。

目前，虚拟技术可以预见的应用领域包括：交通出行、医疗卫生、应急抢险、环

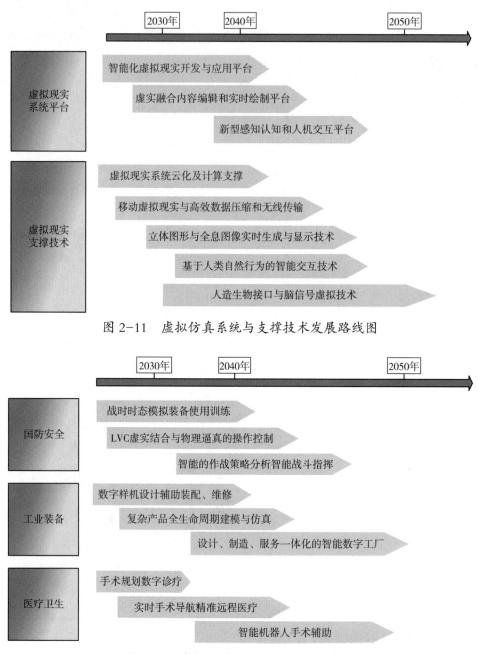

图 2-11 虚拟仿真系统与支撑技术发展路线图

图 2-12 虚拟现实应用工程发展路线图

境污染、自然灾害、人口教育、智能制造、智慧城镇、文化创意、转化医学、电子商务等产业和在线服务、社会管理等行业。目前的虚拟技术设备一直在向轻量化和便携式方向发展。而现在大部分支撑技术都已具备，虚拟技术及应用仿真应用工程科技发展路线图是根据各行业需求，关注用户体验，通过市场化需求推动相关应用的实现。

第3章 网络化仿真发展趋势预测及路线图

3.1 网络化仿真概要

3.1.1 网络化仿真的定义

网络化仿真，泛指以现代网络技术为支撑实现系统建模、仿真运行试验、评估等活动的一类技术。网络化仿真依托网络进行，包含三个层次的含义：一是模型通过网络互联进行仿真运行，这是传统的网络化仿真，以 DIS、ALSP 及 HLA 为代表；二是通过网络协作完成一次仿真实验，以基于 Web 的仿真、HLA Evolved 为代表；三是基于网络形成的领域仿真环境，实现复杂系统建模、仿真运行及结果分析等整体高效的仿真目标，以云仿真、领域仿真工程为代表。当前现实世界趋向复杂，网络化仿真的发展需求源于国家发展中面临的复杂系统问题。

网络化仿真具有丰富的内容，其内涵尚处于不断发展过程中，目前可以归纳出以下基本特征：①基于网络技术的先进仿真模式，在现代网络环境支持下，仿真应用领域用以组织和管理其仿真活动的理论与方法；②覆盖应用领域的所有仿真应用，可以用来支持应用领域的各类活动，覆盖领域活动的各个环节；③以提高仿真活动全生命周期的效率为实施的主要目标，通过网络化仿真，提高仿真的响应速度，进而提高仿真的应用范围；④突破地域限制，通过网络突破地理空间上的差距给应用领域各个部门间协同造成的障碍；⑤强调应用领域各个部门的协作与资源共享，提高领域的仿真应用能力，实现领域设计、分析、评估、生产的低成本和高速度；⑥具有多种形态和功能系统，结合领域不同部门的具体应用需求，网络化仿真环境具有许多种不同的形态和应用模式，可以构建出多种具有不同功能的仿真应用系统。

网络化仿真的核心是构建支持应用领域协作、共享的仿真环境，打造有关利益方共赢的仿真生态圈。网络化仿真环境是在网络化仿真模式、理论和方法指导下，在网络和信息技术支持下，结合领域具体的业务需求，设计实施的基于网络的仿真系统。网络化仿真通过网络，将地理位置上分散的各种仿真资源集成在一起，形成一个逻辑上集中、物理上分散的虚拟环境，并通过虚拟环境的运作，实现对仿真应用需求的快速响应，提高领域仿真能力。

3.1.2 网络化仿真（发展对人类社会）的作用

网络化仿真的作用主要体现在提升人类社会分析研究广泛领域的复杂性问题的能力，在系统论证、试验、设计、分析、维护、人员训练等应用层次达到广泛应用。随着科技不断发展和社会结构深入变革，人类面临着生活、生产、资源、环境等方面一系列需要回答的重大问题，现有的认知水平和治理能力面临着前所未有的挑战。在博弈、识别、控制、预测等专业领域以及城市发展、生态保护、经济管理、金融风险等宏观系统方面，迫切需要一种范围广、集成度高、适应力强的通用智慧，提供从辅助性决策工具到专业性解决方案的升级，显著提升人类阅读、管理、重组知识的能力。而网络化仿真越来越体现出知识综合、协同、集成和共享的特点，随着网络技术的飞速发展，提高系统建模与仿真的集成化水平，扩展系统建模与仿真的应用领域，其带动的普适化仿真发展为此提供了重要的支持。

网络化仿真将引导塑造云仿真、普适化仿真的新业态：成为科学研究的纽带，改进现在的科学研究方式，并推动人类社会发展。

网络化仿真为人类开展科学研究提供支撑环境，提供多学科交叉研究环境，拉动多学科发展，并不断产生新思想、新技术和新经济生长点的重要领域，可以更好地帮助人类认识与改造客观世界。各类用户能通过互联网得到所需的仿真服务，包括范围大的广义仿真模型，求解效率高的智能仿真算法，编程方便的综合仿真语言，多库协同的仿真软件支持环境，图、文、声并茂的人—机界面。使得仿真在工业、农业、国防、商业、经济、社会服务和娱乐等众多领域具有更好的适用性。

随着国防工业和工业系统的发展，被仿真的系统日益复杂，规模越来越大，通过提供分布、异构、协同、互操作、重用等性能的新型网络化仿真环境，实现多单位联合协同来进行大规模复杂系统仿真。网络化仿真将带来应用领域仿真理念和运作方式的变化，包括仿真活动范围和方式上的变化，突破空间地域对仿真运作范围和方式的约束，通过网络化仿真环境协同完成仿真实验，使得大型复杂仿真活动成为可能；仿真资源构建方式的变化，通过环境支持，实现领域仿真资源开发的协作；仿真资源应用方式的变化，各个部门的仿真活动可以应用全领域的仿真资源；仿真资源验证方式的变化，实现类似众包方式的模型、数据校核与验证；组织结构上的变化，在网络化仿真模式下，需要建立应用领域仿真的新型组织结构，对参与人员和部门在责、权、利上进行划分，以网络技术为手段、以创新为原动力，形成有利于加强团队合作精神和共享知识、遵循网络经济规律的新的组织模式；资源观念上的变化，对仿真资源的认识，要从部门内的资源扩展到领域的资源，充分利用全领域仿真资源来提高仿真能力。

3.1.3 网络化仿真里程碑

如图 3-1 所示，20 世纪 80 年代，在互联网技术发展的推动下，提出了分布式仿真系统，但由于当时网络尚处于发展阶段，在扩展性能、应用方向、网络技术的限制，限制了分布式仿真系统的发展。为了满足分布式仿真系统的发展，美国提出了先进的分布式仿真（ADS）技术的概念，从此开辟了 ADS 技术发展的新纪元，并经历了 DIS、ALSP 和 HLA 等几个典型的发展阶段。特别是随着互联网、Web/ Web Service、网格计算（grid computing）等网络技术的发展，其技术内涵和应用模式得到不断的扩展和丰富，目前发展出基于 Web 的仿真、网格仿真以及云仿真。

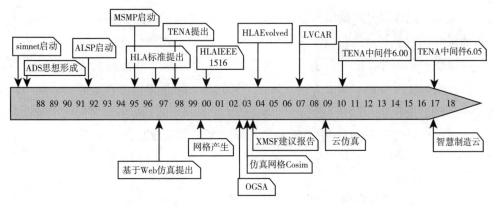

图 3-1 网络化仿真的里程碑

网络化仿真发展有三条线：一是分布交互仿真，始于 20 世纪 80 年代 SIMNET 计划，历经了 SIMNET、DIS、ALSP、HLA 等发展阶段，然后一方面与 Web/Web Service 技术的结合，向 HLA Evolved 发展；另一方面针对应用领域特点，形成如 TENA 一类的分布仿真技术。二是基于 Web 的仿真，始于 20 世纪 90 年代，2002 年提出的可扩展建模与仿真框架 XMSF 标志基于 Web 仿真技术的形成，其后的发展主要是与 HLA/RTI 的开发应用结合，体现为 HLA Evolved 标准与技术，即扩展 HLA 支持基于 Web 的仿真。三是云仿真，始于 21 世纪初，是未来网络化仿真发展的主线。云仿真融合分布交互仿真和基于 Web 的仿真，打破传统仿真开发与应用的封闭式局面，促进仿真应用间的相互操作和仿真人员之间的合作协同，向互联速度更快、互联规模更大、互联类型更广的方向，以仿真普适化为目标发展。

3.2 国家发展对网络化仿真科技的重大需求

复杂系统仿真是国民经济、国防建设、自然科学、社会科学等各个领域的系统论证、试验、设计、分析、运行、维护和人员训练等应用层次的不可或缺的重要科学技术，也是现代科学研究中求解高度复杂问题的重要科学技术，同时也是我国走"技术含量高、经济效益好、资源消耗低、环境污染少、人力资源优势得到充分发挥的新型工业化道路"、开创"创新、绿色、开放、共享、个性"的新时代的通用性、战略性科学技术。

分布式仿真的发展主要由两个问题牵引：一是使得各个领域中的大规模复杂系统仿真成为可能；二是降低仿真整体费用，即考虑经济的因素。前者由于仿真系统规模和结构的扩大和复杂化，以及多单位联合协同仿真，需要构建具有分布、异构、协同、互操作、重用等性能的新型网络化仿真环境，解决领域中规模巨大和结构复杂系统的仿真需求，以及为领域中不同层次、不同角色的人员提供仿真服务的需求。后者的途径是各类用户能通过互联网得到所需的仿真服务，解决通过网络随时随地无障碍地获取所需的建模仿真服务的需求，以及提高仿真全过程效率、降低仿真成本的需求。

3.2.1 经济发展对网络化仿真科技的需求

现实经济中涉及的因素众多，相互关系复杂，经济系统的层次性结构，无法深入了解经济的微观运行过程，宏观、微观相互脱节的理论体系上的缺陷。之所以产生这些复杂性，是因为经济系统本身是一个包含人的复杂适应系统，经济系统中个体的决策和个体的交互产生了经济系统整体的涌现行为。网络化仿真使得经济仿真成为可能。

经济系统已经不是简单的数学方程就能给出结果的，经济学以往的研究方法，以及研究的水平，增加经济学研究的困难程度，因为没有实验室就无法做实验，使得经济学研究耗费了大量时间在不同学派之间的文字争论上。以系统建模来模拟出经济社会中可能出现的诸多复杂内容，把它们纳入研究对象的属性之中，整体调节各属性之间的关系，模拟出实际社会中复杂的关系，是目前较好的解决途径。经济仿真方法作为实验经济学的一种研究手段，可应用于经济、金融各领域的研究。

但经济仿真还没有被广大学者所接受，很多人无法理解经济行为如何能进行仿真，因为其中夹杂着许多人为的因素，因此使得经济系统有巨大的不确定性。多方面因素中的一项，是经济领域还缺乏有效、好用的仿真工具。

对复杂社会经济系统的合理和全面认识，建立完整、系统和正确的经济理论体系需要建模与仿真作为支撑，要建立一个社会经济大系统的仿真模型，把经济模型转化成由一系列相互作用的 Agent 构成的进化系统，成为经济学研究领域的理论实验室，精确和可靠地检验各种理论的正确性。在此实验室中，根据研究意图和目标建立起一个虚拟世界后，让这个虚拟世界去自发演化，再通过运行这个系统去生成数据，直接进行理论检验或提出实证建议。

经济系统建模有两个方面的基本工作：一是建立多种多样能够反映不确定性行为的智能体，二是描述智能体间的关系。对于复杂经济社会中存在的许多人为干预的行为，可以将诸多可能的行为作为研究对象的一种属性加以模拟，从而最大限度地反映出实际社会中对象的行为。例如，建立金融危机观测器和大规模的基于智能体的经济体系模拟仿真系统（large-scale agent-based simulations），来探索现有的全球交易系统。这些工作需要网络化的建模环境支撑。例如，政府经济决策辅助仿真，面对政府的经济决策，按照经济决策问题的分类，包括经济增长、失业状况、物价波动、收入状况、投资增长、消费水平、社会保障、对外贸易、产业结构、科技创新、技术改造、人力资源、流动人口、工业问题、农业问题、财政收支、金融问题、国有资产等数据查询、趋势预测、政策选择、效果模拟等诸多方面，其涉及的模型广泛，需要网络化的建模环境，将各个部门互联起来构建一体化的模型体系。

经济发展使得其各成员间的依赖关系越来越广泛，要进行微观层面的实验，如异质智能体的生态群落演变、个体学习特征、市场交易规律变化等，来揭示市场动态特性以及成因，使得复杂经济系统仿真要考虑的实体因素增加、不确定性因素变多，导致仿真规模巨大，需要网络化的计算环境支撑。

为了探索复杂经济系统规律，经济仿真的应用要求嵌入人机结合、以人为主、从定性到定量的"综合集成研讨厅"方法，把专家们同计算机和信息资料情报系统一起工作的"厅"，即将专家群体、数据和各种信息与计算机技术有机结合起来，这种结合需要网络化环境的支持。

研讨厅支持研讨的主要手段在于"通过计算机仿真分析支持下的专家研讨或对局，有效实现定性定量综合集成，激发创新"。网络化仿真技术是综合研讨厅系统的核心技术之一。网络化仿真为解决仿真资源管理、仿真系统配置与管理、仿真运行控制与管理、仿真结果的分析与管理以及专家与仿真之间的交互等提供了解决方案。

3.2.2　社会发展对网络化仿真科技的需求

社会的快速发展，使得世界在公共卫生、资源的可持续利用和环境保护、安全与和平、关键基础设施的可靠性问题，特别是信息系统、多极世界的平衡权力等方面经常面临诸多社会问题。

数理模型方法早期多用于经典的微观经济学。经济学家从对人性的一般假设出发，运用数学演算、定理证明的方法得到一般性结论，这种方法思路清晰，能够为某类经济现象提供严格的解释，但一般不能精确预言社会整体的行为，虽然在经济学以外，数理模型方法也有越来越广泛的运用，但其局限性是始终存在的。如解释复杂性对象或非线性关系时，传统的以微积分为主要内容的数理模型就难以展开。统计数据实证分析则根据社会宏观统计数据得到整个宏观系统的统计模型，然后运用统计模型对现实社会进行预测和分析，这类方法可以从宏观角度在统计学意义上揭示不同因素之间的联系，然而一般并不关心产生某类社会现象的微观机理，因而不能洞察某类社会现象的本质。同时，统计分析方法主要关注的是各种因素之间的线性关系或者特定的非线性关系，因此，这对于解释人类社会也存在一定的不足。

仿真方法能够解决以往社会科学研究中使用数理模型演绎、统计数据实证和自然语言论证方法难以解决的问题，具有定性判断与定量计算相结合、微观分析与宏观综合相结合、还原论与整体论相结合、科学推理与哲学思辨相结合的特点，不仅能够对事物进行深入描述，而且能够揭示客观事物构成的原因及其演化的历程，并预测其未来的发展趋势。

对于这个巨大的复杂系统，需要的不再是其状态的保存和描述，而是要利用现实社会的数据，结合科学家们对现实社会的理解所建立的模型，而创造一个新的世界——人工社会。需要对社会-科技系统、交通系统、环境系统等全球系统建模，然后再将所有模型结合起来，形成自组织的、自决策的全球模型，由数据驱动，模型运行以预测未来世界。

这项工作需要网络化仿真环境的支持。需要利用团体动力，实现大量仿真数据的获取、清洗，为此需要建立网络化的仿真数据采集环境。

社会仿真容易遗漏影响真实世界进程的某些不为人所觉察的因素，因此要求仿真平台能够为大家所方便应用，使得仿真方法对于社会科学家更加友好，更加方便使用，通过众人的实验尽量发现这些因素，为此需要仿真云的环境。

通过仿真技术模拟复杂社会系统的各个政策节点的作用全过程，可为政策制定者展现一幅政策作用路线图，从而可以在政策制定前模拟政策效果，以便决策者在不同可行路径中权衡选择；在政策实施中模拟进程发展和资源调配，以便合理规划产业布局，高效利用有限资源；在政策实施后模拟调整计划，以便及时监测和纠正现实情境变化产生的政策偏离，并且，还可以模拟突发事件产生的危机影响传递路径及其预防、控制和解决危机之道。通过提供网络化仿真环境，扩大其在社会学科适用范围的需求。

在教育方面，需要利用分布交互仿真，允许受训者参与，增强受训者的兴趣，从而可以充分调动受训者的学习机能的特点，来充分发挥学生创造意识，极大地提高受训者的学习效率。

在购物与娱乐方面，需要为顾客提供分布虚拟环境，充分考察商品的性能。分布交互仿真也可以用于娱乐行业，以便建立高度交互、引人入胜的游戏。

在紧急救援方面，需要充分利用分布交互仿真技术，提供能使各种救援机构进行指挥、控制和通信的人工合成环境并在此环境中进行各种灾害演习，将有利于提高处置各种真实灾害的能力。

3.2.3　国防发展对网络化仿真科技的需求

在军事领域，战争规律研究，作战方案评估，操作与指挥技能训练，武器系统从需求、立项到制造、装备和全寿命管理的过程，都离不开建模与仿真技术的支持。

各个领域复杂系统仿真具有诸多特点，如研究的层次多样、研究目的多种、体系动态变化、各要素高度协同等。以国防领域军事系统为例，现代作战节奏日益加快、协同日渐精准、指挥日趋复杂、数据日益庞大，其中的军事领域体系对抗是一种特殊的复杂系统，包含多元行动力量、多种行动样式、多维行动空间，具有一些鲜明特性：

1）研究的层次多样，对军事体系对抗的研究有基于战略级的决策研究、从战役级的任务角度研究以及战术级的具体装备使用研究。

2）研究目的多种，用于作战能力评估、模拟训练、作战方案开发与装备需求分析，包括不同角度的分析，各种背景下的论证，多种方案的比较等。

3）体系动态变化，无论是军事装备的配置、数量，还是战术决策都在不断地发生互动变化。

4）各要素高度协同，要素协同要求精准，协同关系转换迅速。

这些特性一方面使得军事领域的高端用户——指挥人员对仿真手段的依赖性加强；另一方面也要求普及仿真在体系对抗领域的应用，从而使用户类型和数量扩大。这些要求对仿真平台构建和服务模式进行变革，其基本趋势是基于网络构建领域仿真环境，基于网络构建集成仿真环境来开发先进、复杂的仿真应用系统。

在世界各国都把经济建设放在更加突出地位的今天，研制和生产国防产品时更多地考虑经济承受能力是顺理成章的事。因此，国外国防科技的发展从强调产品的先进能力转向注重产品的经济可承受能力。仿真发展中的经济因素影响体现在两个方面：一方面是要求仿真能降低武器发展和军事训练的费用，这是由仿真技术固有的特点产生的；另一方面要求仿真系统研制本身的费用降低。此外，缩短复杂大系统仿真的时间、降低复杂大系统对人员素质的要求、提高仿真结果的可信性、减少人员投入以及降低管理的难度和成本等也是网络化仿真要解决的问题。

例如，在训练领域，单台训练模拟器解决了单个成员的训练问题，但不能满足协同、分队战术等高级训练任务的需求。为了满足更高层次的需要，必须使仿真器从单台独立运行模式向联网交互运行模式发展，正是这种网络化需求产生了分布交互仿真。大规模军事演习，分布在各地的模拟系统和指挥参谋人员，通过网络环境联成一个统一的作战实体，在规定的时间、统一规定的地区以及统一指挥下，对统一想象敌人进行了协调一致的战区级合同指挥模拟训练。这种需求一直在发展，例如，需要在网络技术的支持下，使相距几千千米的实兵装备、各种虚拟装备模拟器、作战指挥人员、指挥控制系统等连接在一起形成一个高度逼真的合成虚拟环境进行对抗作战演习和训练，效果如同在真实的战场上一样，从而训练高层指挥人员的指挥决策能力。

又如试验与鉴定领域，需要构建 LVC 一体化仿真支撑的联合任务环境，集成地理上分布的实在、虚拟、构造（LVC）各种资源，创建试验与鉴定所需要的各种网络和硬件集成试验环境，提供联合任务试验能力。

再如采办领域，需要基于仿真的采办（Simulation Based Acquisition，SBA）来支撑完成所需武器及相关系统的概念化、立项、设计、开发、测试、签约、生产、部署、后勤保障、改良以及报废的过程。SBA 本质上是关于武器装备采办的全寿命的管理过程，其核心支撑技术就是军事仿真技术。需要由多领域的专家组成一体化开发小组，并发、协同地开展采办工作，分布、交互、并发、协同、系统工程、标准化，因此需要网络化仿真环境的支持。

3.2.4　科学技术发展对网络化仿真科技的需求

现代科学的许多研究对象已经越来越多涉及一些非常复杂的系统，这些系统由于各种原因，根本无法用传统的方法对之进行实验，仿真成为研究这些现象、假设或猜想的唯一手段。随着各领域复杂工程系统相关学科技术的快速发展、专业计算和仿真软件复杂度的提高、复杂工程仿真和计算规模的增大，迫切需要网络化仿真的支持。

各种科技领域的仿真技术均面临以下问题：①仿真系统规模和结构的扩大和复杂化，以及多单位联合协同仿真需要构建具有分布、异构、协同、互操作、重用等性能的新型分布仿真系统；②各类用户能否通过互联网得到所需的仿真服务。

另外，许多复杂系统本身是空间分布的，建立相应的仿真系统所需的资源常常也分布在各个部门的各类计算机上。同时复杂系统仿真需要大量不同类型的资源，单一计算机难以满足要求：如各种要求的显示设备、交互设备以及与实物的接口。随着模型的复杂程度增加和细节、层次的加深，展开模型所需的时间也大大增加，所以需要并行展开各个子模型。因而复杂系统仿真多是网络化的仿真。

在现代信息技术和各种计算科学高度发展的今天，网络化仿真将成为科学家探索科学奥秘的得力助手，成为工程师实施工程创新或产品开发，并确保其可靠性的有效工具。

大数据、人工智能、云计算的研究对网络化仿真也有很强的需求。由于真实世界的不可控性，收集大规模、多样化的真实数据存在着较多困难。因此，产生了通过网络化仿真来获得一些领域的大数据的需求。新型人工智能系统的研究也需要网络化建模与仿真技术的支持。云计算环境的构建和优化也离不开网络化仿真。

3.3　国际网络化仿真科技前沿与发展趋势

网络化仿真不是一个独立、封闭和自我发展的体系，而是通过与仿真的其他领域、其他学科的交叉结合发展的。因此讨论网络化仿真科技前沿与发展趋势，必然会关联到仿真其他方向以及其他学科。

3.3.1　世界网络化仿真发展前沿

现代网络化建模技术始于分布交互仿真技术。其技术内涵和应用模式得到不断的扩展和丰富，目前发展出基于 Web 的仿真、网格仿真以及云仿真。

（1）分布交互仿真技术

分布交互仿真是指采用协同的结构、标准、协议和数据库，用计算机网络将分布在不同地点的仿真应用联结起来，通过仿真实体间的互操作构成一个综合的仿真环境。分布交互的思想起源于 20 世纪 70 年代末。经过 30 多年的发展，分布交互技术历经了 SIMNET，DIS，ALSP，HLA，TENA 等发展阶段。

分布交互仿真技术伴随着网络的发展而发展和变化。网络的发展主要体现在物理网络基础设施和网络协议两方面。数据链路层的发展主要体现在 20 世纪 70 年代开始的以太网（802.3）的兴起以及对 Token Ring，X.25，Apple Talk 和 Frame Relay 等的替代，网络层及传输层主要体现在以 IP 协议为基础的 TCP、UDP 协议的兴起并以 IP v4 协议的最终制定以及 1984 年美国国防部（US DoD）将 TCP/IP 协议作为所有计算机网络的标准为重要标志。

伴随以太网和 IP 协议而诞生的 SIMNET 以及 DIS 协议，自 1995 年 DIS 正式作为 IEEE1278 标准以来，在国外一直持续演变，当前最新的版本是 IEEE1278 V7 版本，其标准内容相比 1995 年最初的版本扩展了两倍以上，增加了大量 PDU 的定义（包括实体管理、精细场、组合环境、带有可靠性的仿真管理、实况实体、非实时协议、信息操作等），至少到 2013 年仍然是美空军模拟训练（DMO）中使用的主流协议。

分布交互式仿真主要用于解决异构、异地、异质仿真系统互联问题，为各类仿真系统提供互联的统一标准，其作用正如以太网为各种网络提供互联标准，IP 协议为各种网络协议提供互联标准一样。分布交互式仿真的用途主要是训练和试验。

分布交互仿真技术为分布于广阔时空领域不同类型（包括人在内）的仿真对象构造一个基本框架，通过计算机网络实现交互操作，在快速、高效、海量的信息通道及相应处理的支持下对复杂、分布、综合的系统进行仿真。这个框架要容纳不同类型的实体：虚拟实体、真实实体和构造实体，这些实体是基于不同目的的系统、不同年代的技术、不同厂商的产品和不同平台所组成，并允许它们交互操作。

美国是最早发展网络化仿真技术的国家。1983 年，美国国防部高级研究计划局（DARPA）和陆军合作的研究计划（SIMNET）于 1989 年完成，为 DIS 的发展奠定了技术基础。分布式仿真包括军事上公认的三类仿真：真实仿真、虚拟仿真、结构仿真，分布交互仿真的核心是仿真技术和网络技术的结合。20 世纪 80 年代中期，为了满足分布仿真的迫切要求，美国国防部提出了先进分布仿真（ADS，Advanced Distributed Simulation）技术的概念。纵观 ADS 的发展历程，按照协议划分，先进分布仿真技术以 SIMNET 为起点，先后经过了分布交互仿真（DIS）阶段、聚合级仿真（ALSP）阶段、高层体系结构（HLA）阶段。

HLA 虽然只是分布式仿真技术发展的新起点，但它必将随着仿真的需求、仿真技术和各种支撑技术的发展而得到进一步的发展。HLA 只是分布交互仿真技术发展的新起点，它还存在不足之处，但它必将随着仿真需求、仿真技术和各种支撑技术的发展而得到进一步的发展。

2000 年以来美国又陆续对 DIS 和 HLA 系列标准进行了更新，DIS 标准方面推出了第七版本的 DIS 标准 IEEE 1278.1 2010，增加了对定向能武器、信息作战等方面的支持；HLA 标准方面推出了 IEEE 1516 2010，增加了对容错、模块化 FOMs、Web 服务、XML、链接兼容性等方面的支持；美国海军研究生院 2002 年提出可扩展建模与仿真框架 XMSF，以扩展 HLA 支持基于 Web 的仿真；在试验与鉴定领域，美军建立了"试验和训练使能体系结构 TENA"，以扩展的 C4ISR 体系结构框架为基础，建立符合需求的逻辑靶场，旨在提高试验与鉴定领域的互操作性、可重用性和可组合性，2012 年 10 月 TENA 中间件 6.03 版本正式发布。IEEE 从 2011 年起相继发布了《分布式仿真工程和执行过程（DSEEP）（IEEE 1730–2010）》和《分布式仿真工程与执行过程多体系结构覆盖的操作规范建议（IEEE 1730.1TM）》，为建立和执行分布式仿真环境的通用过程提供重要基础。美国于 2012 年提出了层次化仿真体系结构 LSA（Layered Simulation Architecture），其目标是通过 DDS 将 DIS、HLA、TENA 等分布式仿真体系结构统一。

HLA 是网络化仿真发展的里程碑，它已成为构建分布仿真系统（联邦）的国际标准（IEEE Std 1516）。最初的 DIS 是为实现联网仿真而被动地发展起来的一种仿真方式，则 HLA 是人们主动追求而建立的一种复杂系统仿真模式。仿真界在先进分布仿真方面开展了大量的理论方法研究和系统开发应用工作，取得了很好的效果。但由于网络资源共享、网络带宽等"瓶颈"的存在，在一定程度上削弱了分布式仿真的效果，限制了它应用的深度和广度。

早期协议普遍受限于对互操作模型的基本假设，即"事先存在一个包罗万象而且一致的模型，所有模型都能够从该模型中抽取出来"，因此缺乏动态扩展能力，难以适应不断变化的复杂环境，从而促使了仿真互操作标准化组织关于新一代建模与仿真架构的思考。

以 HLA Evolved 研究为代表，主要关注在多核计算平台和高速通信网络的环境下，时间同步技术、数据分发技术、系统综合集成方法等方面的研究。Bjorn Moller 等将 HLA 与 Web 服务结合，总结出了 HLA 的三种 Web 使能方式，促成了新一代 HLA 标准 HLA Evolved 版本的产生。Zhiying Tu 根据 HLAEvolved 协议以及开源 HLA RTI 工具 poRTIco 研究了 Web 使能的 HLA 联邦设计，并对网络环境下仿真的数据交换时延和丢包问题做了具体分析和容错设计。

HLA Evolved（HLAE）标准是 HLA1516 标准系列原有功能基础上的进一步发展。它仍然是以互操作和重用为需求进行改进，其改动大都集中在 HLA 接口规范和 HLA 对象模型模板部分，而 HLA 规则基本没有变化。其中，有一些改动不同于规范的简单修订和补充，它们为 HLA 带来了新的功能和特性，无论对成员的开发还是 RTI 实现都有重大影响。HLAE 中的这类改动抽象归纳成五个主要的方面：

1）提供模块化的 FOM 和 SOM，可以实现 HLA 对象模型动态维护；

2）提供 WSDL（Web Services Description Language，Web 服务描述语言）API，实现了通过广域网对 HLA 标准所有功能的访问；

3）提供容错机制，可以处理运行中不稳定或者崩溃的成员；

4）采用智能更新频率，实现在不同成员订阅同一信息时，选择不同的频率；

5）提出动态链接的概念，使联邦可以在不同的 RTI 间切换且无须修改接口。

（2）基于 Web 的仿真

随着分布计算和因特网技术的快速发展，对应用系统互操作性的需求越来越强，Web 服务（Web Services）技术应运而生，仿真领域产生了基于 Web 的仿真。基于 Web 的仿真技术最早由 Fish Wick 于 1996 年在冬季仿真会议上提出。基于 Web 技术架构，Web 仿真模式的目标是改变模型开发方式（组件式协同开发）、记录方式（通过多媒体动态记录）、分析方式（开放的，广域的方式）、执行方式（大规模分布式并行）。随着 Web 技术架构的演化，包括 Web2.0，SOA 和语义 Web 等技术的发展，Web 仿真能力逐渐提升。

基于 Web 的仿真具有操作简便、多用户协同、计算集约、跨平台使用等优点，逐渐成为仿真应用的一个方向。区别于传统的本地化仿真，基于 Web 的仿真有 3 种实现模式，即本地仿真与本地可视化、远程仿真与远程可视化、远程仿真与本地可视化。由于基于 Web 的仿真受到网络带宽和服务器计算能力的双重限制，远程仿真和本地可视化是目前比较理想的实现方式。

应用 Web 技术开发基于 Web 的仿真应用系统的思想和 HLA 差不多同时出现。初期主要研究"WWW"（World，Wide，Web）技术对建模与仿真的影响，仿真界曾致力于将 Web 服务概念和 MDA 中的元模型思想集成到仿真系统的技术框架中。在 20 世纪 90 年代末，先后出现了一批基于 Web 的仿真应用系统和建模仿真开发环境，如 JSIM、Silk、WSE（Web-Enabled Simulation Environment）和 DEVSJAVA 等。这一时期主要研究是否能将仿真应用系统移植到 Web 环境中。但是早期基于 Web 的仿真局限于 Java 和 CORBA 等技术的使用，没能提出一个通用的技术框架或开发模式，因而限制了它的发展。随着 Web 技术的不断发展，仿真技术与 Web 技术的进一步结合，2002 年形成了"可扩展的建模与仿真框架 XMSF"。

DoD 于 2002—2005 年委托开展了名为可扩展建模与仿真框架（Extensible Modeling and Simulation Framework，XMSF）的新型的仿真架构的研究。该组织于 2002 年发表的《通过 Web 服务集成网格环境异构仿真系统》一文可以看作仿真领域与 SOA 结合的萌芽。

基于 Web 技术的网络化仿真平台研究发展的重点是 XMSF 相关标准、技术框架和应用模式等的建立与完善，HLA 中 SOM/FOM 与 BOM 的结合，HLA/RTI 的开发应用与 Web/Web Service 技术的结合，广域网条件下的联邦组织和运行，其重要意义在于推动了分布建模仿真技术向着标准化、组件化，以及仿真嵌入实际系统的方向发展。

XMSF 使用商用的 Web 技术作为共享的通信平台和通用的传输框架，来增强 M&S 的功能，满足训练、分析、采办的需求。一些机构基于 XMSF 开展了相关的项目研究，如国际科学应用公司（SAIC：Science Applications International Corporation）的"基于 Web 的 RTI"项目采用基于 Web 协议来解决 DMSO/SAIC 的 RTI 跨广域网通信的问题。基于 Web 技术实现的 RTI 能够以 Web 服务的形式存在和运行，支持多个成员跨越互联网加入联邦。

XMSF 定义为一组基于 Web 的建模与仿真的标准、描述以及推荐准则的集合。XMSF 以可扩展标记语言 XML 为基础，以主流商用 Web 技术和网络技术为支撑，其核心是应用通用的技术、标准和开放的体系结构，提高 M&S 应用在更大范围的互操作性和重用性，促进 M&S 技术的发展，为未来的 M&S 应用创造一个可扩展的框架。XMSF 并不是单一的体系结构，而是诸多 Profiles 的集合，包括可应用的 Web 技术、协议规范、数据与元数据标准，经选择的现有标准的裁剪集合，以及关于应用实现的建议和指导等。从技术角度而言，XMSF 是提供具体技术解决方案的一组标准，以及利用 Web 服务和技术创建仿真应用的工程过程。XMSF 对建模与仿真的应用上做了有意义的探讨和研究，但仅是技术框架，并不是通用的建模与仿真规范，也不是通用的建模与仿真开发与运行框架或环境因素。随着 DoD 项目于 2005 年结题，虽然仿真互操作标准组织 SISO 专门成立了 XMSF 研究小组，然而其应用进展仅限于研究阶段，没有实质性的具体标准框架和工程实现，关于 XMSF 的研究和应用也就停滞不前。

基于 Web 的仿真结合了先进网络技术和先进 M&S 技术，在其研究过程中发展出一些有特色的技术概念，如支持网络化建模与仿真的全生命周期活动，支持多领域、多粒度模型的开发和集成，通过仿真应用、仿真运行支撑平台与仿真模型的相互分离实现模型的可重用技术，支持异构系统的集成和通过标准化实现仿真互操作与可重用等。这些技术在网格仿真和云仿真中得到继续发展。

（3）基于网格的仿真

网格是前些年国际上兴起的一种信息技术。传统因特网实现了计算机硬件的连通，Web 实现了网页的连通。而网格是基于因特网技术、Web 技术和高性能计算等技术，采用开放标准，将高速互联网、高性能计算机、大型数据库、传感器、远程设备等融为一体，试图实现互联网上所有资源的全面连通、共享和互操作，包括计算资源、存储资源、通信资源、软件资源、信息资源、知识资源等，消除信息孤岛和资源孤岛，为人们提供更多的资源、功能和交互能力。网格化平台体系结构 OGSA 以 SOA 为基础，将成千上万的地理分布计算资源组织起来，利用网格技术支持服务共享、管理和有效访问。网格在 Web 服务的基础上，实现资源的透明仿真访问、容错和负载均衡。

由于网格对于计算等资源的聚合和输出能力契合大规模仿真的需求，因此很早就被应用到分布式仿真系统开发当中，比较典型的案例是 DARPA（Defense Advanced Research Projects Agency）资助的 SF Express 项目。通过与网格工具 Globus 的结合，SF Express 集成 13 台并行计算机（含 1386 个处理器），成功模拟了 100298 个作战实体，实现了其时最大规模的作战仿真。此外，许多协作型的仿真研究，如分布式的地震实验仿真和计算密集型的仿真系统（如气象分析仿真）也通过网格技术的引入在协作效率和系统性能上获得大幅提升。

基于网格的仿真可以充分地利用网格提供的计算能力、存储能力、资源调度能力，大大提升仿真系统的可用性。将网格技术用于仿真领域，基于网格构建大型分布仿真系统，可增强仿真的能力，提高仿真系统的性能，使其发挥更大作用。仿真网格将现代网络技术和现有的分布仿真技术结合，以改善现有分布仿真技术在仿真资源动态调度与管理、自组织与容错能力及安全机制等方面的不足。在仿真网格安全体系的支持下，用户在构建仿真系统时，可通过 Web 终端进行仿真资源的部署与注册，定义任务需求，仿真网格将根据用户定义的任务需求，自动查找和发现所需仿真资源，以基于服务的组合方式动态构造仿真应用系统；仿真运行过程中，仿真网格对仿真资源进行动态管理。

基于网格的仿真本质上是一种分布式仿真，是网格技术在分布仿真领域的应用，所以，DIS 和 HLA 与基于网格的仿真一脉相承。基于网格的分布式仿真在继承 HLA 的优点外，还利用网格技术来解决 HLA 中固有的问题。如网格互操作的实现，会降低对仿真运作支撑机制的要求，使整个系统在技术实现上得以简化，从而提升系统的稳定性和改善系统的容错能力。又如由于动态资源共享的实现，对数据流量的限制将会降低，从而使在更小粒度上的实时仿真成为可能。网格技术的出现将使在更小的粒度上进行仿真成为可能，从而使仿真结果的精度、逼真度发生飞跃。

网格仿真研究仿真网格及其应用，即针对仿真资源利用率低，跨单位、跨部门安全共享困难，局部资源紧张而全局资源闲置并存，难以优化调度运行等问题，研究整合、共享已有仿真资源，充分提高仿真资源的利用率，实现仿真资源跨地域、跨组织的全面、动态、安全共享、集成与优化调度运行，来满足领域广泛的仿真需求。仿真网格为仿真应用领域便捷地应用网格技术，快速开发实施协同仿真应用网格系统提供安全、开放、通用的仿真领域应用框架。

仿真应用网格通过仿真网格运行与支撑环境来构建。后者包括三个部分：仿真网格资源开发与部署环境——应用仿真网格开发工具实现物理资源的开发、存储与资源的虚拟化；仿真网格虚拟资源运行（服务）提供环境——在网格中间件的支持下，以仿真网格服务方式实现资源的共享；仿真网格资源应用（服务）客户端环境——应用网格中间件的服务、面向仿真的网格服务、仿真网格工具、仿真网格门户等实现对网格资源（服务）的使用，以及对使用过程中资源的监控等。

通过仿真技术与网格技术的结合，可以突破资源动态共享与协作开发上的限制，以充分利用各种资源，并弥补一般分布仿真在可控、可观、可测以及安全性等方面的欠缺，促进仿真技术更深入、广泛地应用。

（4）网络化协同建模技术

网络化协同建模是基于网络通信和交互能力，分布在不同地域、不同专业的仿真人员或领域专家通过网络化仿真建模环境协作开发仿真模型。实现网络化协同建模首先需要解决分布式仿真模型组件之间互操作的问题，建立领域的模型框架，实现语义上的模型组合及校验的能力。

目前组合仿真方法研究主要包括基于基本对象模型（Base Object Model，BOM）、基于公共模型库、基于产品线、基于互操作协议、基于有效性准则、基于形式体系、基于模型驱动架构（Model Driven Architecture，MDA）、基于仿真模型可移植性标准（Simulation Model Portability，SMP）、基于本体、基于网格和基于 SOA 等方法。在这些组合仿真方法与标准基础上，已经有多种面向服务的组合仿真框架提出。

1）基于形式化体系的仿真框架，依赖于某种仿真形式体系，具有一定的理论或数学基础，典型代表是基于 DEVS 形式体系的面向服务仿真框架。美国亚利桑那大学一体化建模仿真研究中心 Saurabh Mittal 提出了 DEVS 统一过程（DEVS UNIfied Process，DUNIP），Sarjoughian 等人提出的面向服务软件系统的 DEVS 仿真框架（SOAD），基于 Web 服务的元胞 DEVS 框架等。这些研究将 DEVS 模型作为基本元模型，其他不同模型描述都可统一自动映射为 DEVS 模型，通过特定的 DEVS 模型解释器将 DEVS 模型转换为平台无关模型，最后在 SOA 平台上部署执行。

2）模型驱动仿真框架，直接将高层抽象模型作为面向服务系统分析、设计、开发、部署和维护等软件开发过程中的起点和主线。典型代表是动态分布式面向服务的仿真框架（Dynamic Distributed Service-Oriented Simulation，DDSOS）。DDSOS 采用基于服务过程描述语言（Process Specification and Modeling Language for Services，PSML-S）作为系统建模语言，实现了 SOA 服务到 PSML 模型元素、PSML 结构模型以及 SOA 工作流到 PSML 元素的映射关系，采用 RTI 作为运行支撑平台，建立了 HLA 联邦规则到 PSML 语言的映射。

3）基于互操作协议的仿真框架，利用 HLA 作为仿真服务集成与信息交互的仿真总线。目前对 HLA 进行 Web 使能的方法包括 Web-Enabled RTI、HLA 演化的 Web Service API、HLA 连接器等。HLA 进行 Web 使能化改造面向服务的高层体系结构的优点是 HLA 是 IEEE 国际标准，具有广泛的应用基础。不足之处包括：HLA 演化是对 HLA 的修订而不是变革，基本的 HLA 规则和语义并没有改变。HLA 的某些基本思想（例如单一的 FOM）在一定程度上可能会限制 HLA 的进一步发展。HLA 仅仅涉及仿真互操作而没有涉及更高层次模型的服务化和可组合。

4）可扩展建模仿真框架，XMSF 定义为一组基于 Web 建模和仿真的标准、概要（Profiles）和推荐应用实践的集合，XMSF 利用 Web 服务和相关技术为 M&S 应用建立了一个公共技术框架，利用 Web 技术的开放性、标准性、动态性、成熟性、扩展性、友好性，实现建模仿真与作战系统在 GIG 上的无缝集成。仿真互操作标准组织 SISO 为此专门成立了 XMSF 研究小组，然而其应用进展仅限于研究阶段，没能有实质性的具体标准框架和工程实现。

5）基于开放网格服务体系结构的仿真框架，新加坡南洋理工大学提出了在网格环境下使用 SOA 开发基于组件的分布式仿真和执行仿真的框架 SOAr-DSGrid。Katarzyna Rycerz 等设计的网格 HLA 管理系统 G-HLAM、Ke Pan 等提出的面向服务的 HLA RTI 框架 SOHR 以及 Yong Xie 等的研究工作目的都是将 HLA/RTI 服务实现为网格服务。张卫研究了 OGSA 环境下的 HLA/RTI 服务，资源发现服务，仿真执行服务以及仿真任务迁移问题。李伯虎院士提出了面向服务的仿真网格 Cosim，是一种基于 HLA、产品生命周期管理和 Grid/Web service 的面向服务的仿真网格框架，主要改善 HLA 在动态共享、自制、容错、协同和安全机制等方面的性能。

6）协同化的模型驱动软件工程技术，以支持 MDSE 技术在规模上的可拓展性，使得不同地域的领域专家、仿真专家、系统管理人员等用户，通过 Web 门户协同化地构建模型资源。主要解决三个方面问题：一是模型管理架构；二是协同；三是通信。Izquierdo 等人设计了面向协同的特定领域建模语言定义过程。CDO（Connected Data Objects）为 EMF 提供了一个面向协同的模型库和实时一致性框架。现有的协同建模平台包括 SLIM、AToMPM 和 WebGME。SLIM 是一个基于 Web 的协同建模环境原型系统。AToMPM 和 WebGME 都是基于 Web 或云平台的面向多范式建模的多用户领域建模工具。WebGME 通过构建了一个多级实时动态原型继承树，实现了对元模型及对应的领域模型紧耦合管理。

（5）LVC 仿真

自 20 世纪 90 年代，美国军方提出试验训练使能体系结构（TENA）以来，各军兵种不断发展其联合任务环境试验能力（JMETC），以实现地域上分布的试验靶场、训练基地、实验室，以及演习部队互联，推动研、试、训、评一体化联合仿真水平不断提升。LVC 联合仿真试验训练在美军得到广泛重视，重点研究方向包括新型联合仿真试验训练系统体系结构、约束条件下 LVC 仿真实时互操作技术、复杂仿真试验训练共用资源服务化技术、联合仿真试验训练平台安全性技术，以及多体系结构仿真互操作和跨领域支撑技术等。

近年来，他们非常重视 LVC 训练方式的发展和应用，把构建 LVC 的训练环境作为推动军事训练转型和提高军事训练水平的使能器，在人力物力上给予了大力支持。美国联合兵力司令部于 2007 年提出了基于真实、虚拟和构造相结合（live, virtual and constructive，LVC）仿真体系结构的技术路线图（LVCAR），其目的是对下一代分布式仿真试验体系结构的发展做出规划，实现 LVC 仿真环境互操作性的重大提升。OpenMSA、OSAMS、CONDOR 等国外研究机构也对 LVC 仿真体系结构进行了大量研究，并在互操作方面提出了一些重要建议。

2014 年，洛克希德·马丁公司成功将 LVC 仿真用于 F-16 作战训练，实现了空中驾驶 F-16 的飞行员和在地面模拟器内"做僚机飞行"的操作员的协同作战训练，对抗计算机生成的敌军，并于 2015 年将 LVC 仿真技术用于 F-35 的测试和训练。

2015 年，Rockwell Collins 公司启动了"靶场公共一体化仪器系统（CRISS）项目"，为安全的基于 LVC 的试验提供新一代仪器系统，并在佛罗里达州 Eglin AFB 基地进行试用，满足美国国防部关于时间、空间、位置，以及平台其他数据采集的需求。

TENA 起源略晚于 HLA，主要应用在美军靶场领域，提供 LVC 互联集成并支持基于仿真的作战试验鉴定和评估。相比于 HLA，TENA 应用范围较窄，仅关注实时分布式领域，重点是 LVC 的互联，TENA 本身并没有替代 HLA 的目的，两者在技术上既有一定的相似性，也有区别。按照 TENA 自身的宣传材料来看，其相比于 DIS 和 HLA，有巨大的技术优势，如图 3-2 所示。

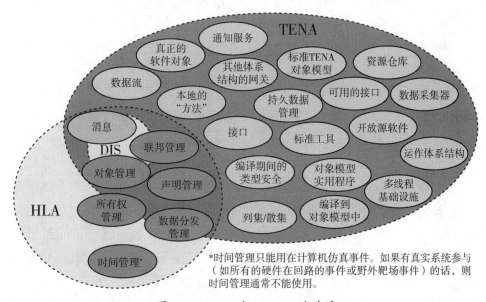

图 3-2　HLA 与 TENA 的关系

按照上述的描述，TENA 应该可以完全替代 DIS，在实时分布式领域可以替代 HLA，而事实上据 SISO 于 2009 年的数据来看，即使是在 LVC 领域（即实时分布互联），DIS 和 HLA 仍然占据了各 37% 的份额，除了面向的应用领域的区别，从技术上来讲，TENA 确实有值得 DIS 和 HLA 学习的地方，例如标准对象模型、编译而非解释性的对象模型和数据打包解包、集中的标准对象模型管理、本地方法等。

TENA 充分借鉴了 HLA 的诸多优点，而且 HLA 本身也可应用试验与训练领域，能将分布在各地的构造的、虚拟的和真实的仿真集成起来互操作。因此，TENA 的思想可以基于 HLA 并通过扩展加以实现。而 TENA 扩展 HLA 的关键功能包括以下几个主要方面：①标准的对象模型；②高性能、高可靠性；③管理持久数据；④支持数据流；⑤支持更复杂、更有含义、用户定义的对象模型；⑥ TENA 中间件提供数据的列集 / 散集，而不依赖应用自身完成；⑦ TENA 支持远程激活；⑧基于 CORBA 的安全机制支持对象级的安全；⑨明确包括代理与服务器的对象缓存，从而给应用提供面向对象的一致接口。

从 TENA 自身的发展来看，2010 年发布 V6.0.0 版本以来，截至 2017 年，其版本仅升级到 V6.0.5，并且社区非常不活跃，其宣布的部分计划（如移动版本）也未见实现。我们分析认为，TENA 自身存在技术或应用方面的一些弱项，其未来发展尚待观察。从对 TENA 中间件实现情况来看，其 V5 版本以来 ACE+TAO 实现，技术选型不合理，软件实现累赘，部署使用不方便，性能不高，而 V6 版本虽然完全重写了底层实现，但从 V6.0.0 到 V6.0.5，每个版本都不向前兼容，表明 TENA 在技术发展上还有一些问题需要解决。

（6）基于 DDS 的仿真

DDS 起源于 2001 年，由美国 Real-Time Innovations（RTI）和法国 Thales 集团联合为美国国防部制定的数据传输服务标准，并且于 2004 年作为 OMG 组织的标准（OMG DDS V1.0），最新的版本是 2015 年 V1.4，DDS 广泛应用于健康、能源、交通运输、工业、通讯和国防领域，在美军各军种装备以及模拟仿真领域都有应用。

随着网络技术的突飞猛进，如果说 DIS 诞生于同轴电缆、10Mbps 以太网，HLA诞生于双绞线、100Mbps 以太网，当网络已经发展到万兆、十万兆阶段，底层的基础设施脱胎换骨的变化必将影响到上层建筑，换言之，上层建筑能否充分利用底层基础设施所提供的能力并进一步解决更具挑战性的应用问题，是值得深入研究的。具体而言，在万兆以上以太网局域环境下，TCP 协议为保证可靠传输所采用的滑窗确认机制已逐渐成为约束性能的瓶颈，而局域网下的较好的网络质量保证了 UDP 极低的丢包率，考虑到广域网传输的问题，结合各种 P2P 协议的涌现和大量应用，在分布式网络化仿真领域，新的技术手段是可能且必需的。

未来 DDS 将为网络化仿真提供非常好的基础，首先体现在作为 OMG 标准，其拥有多个厂商和开源组织的支持，有不同的软件实现可供使用；其次在服务能力上，目前最好的 DDS 软件提供了数十种 QoS 实现，包括 TCP 的可靠传输服务能力；在性能方面，千兆网络下可以提供高达 90% 的网络利用率；在开发方面，和 TENA 一样提供了编译期的对象模型数据打包解包，并且提供跨语言和跨平台支持。

但 DDS 也不是万能的，至少在以下几个方面针对分布式仿真存在改进的必要，首先 DDS 的数据主题（类似 DIS 的 PDU 和 HLA 的 FOM）不支持继承，对于 LVC 领域互联集成不适用，必须改造；其次 DDS 不提供标准的对象模型，可以借鉴 PDU 或 LROM，建立适用于 LVC 的对象模型；如果 TENA 的远程方法（RPC）是必需的，也需要在 DDS 基础上改造实现。

（7）云仿真

"云"是一些可以自我维护和管理的虚拟计算资源。云计算将所有的计算资源集中起来，由软件实现自动管理，无须人为参与并为人所用。

云仿真指通过网络以按需、易扩展的方式获得所需的仿真服务。云仿真是仿真技术在"云计算"提供的基础设施即服务（IaaS）、平台即服务（PaaS）、软件即服务（SaaS）基础上的延伸和发展。云仿真是利用网络和云仿真平台按需成各种仿真资源——"仿真云"，以提供用户各种建模与仿真服务的新仿真模式。云计算环境下的仿真主要用于解决高性能计算环境为复杂系统仿真提供资源的共享和支持问题，既可以采用各种虚拟化技术为仿真提供计算资源，也可以通过高性能计算机的任务管理为仿真提供计算服务。

在资源和能力共享方面，云仿真使用户能够共享软仿真资源（仿真过程中的各种模型、数据、软件、信息、知识等），硬仿真资源（各类计算设备、仿真设备、试验设备等），以及建模与仿真能力（支持虚拟、构造、实装三类仿真所需的建模、仿真运行、结果分析、评估与应用等各阶段活动的能力）；在服务模式方面，云仿真能够提供用户网上提交任务以及交互、协同和全生命周期仿真的服务，包括支持单主体（用户）完成某阶段活动，支持多主体协同完成某阶段活动，支持多主体协同完成跨阶段活动，支持多主体按需获得各类仿真能力。

基于云计算的仿真研究和应用根据其服务化形式主要分为三类：一是 IaaS，这类云仿真，如对气象模型的仿真，其主要目的是利用云计算平台强大的计算存储能力；二是 PaaS，主要基于云计算的思想虚拟化仿真平台，并通过仿真服务提供给研究人员，如 G. Polhill 等开发的 Simulation Box 和 Shaun Murphy 等研究的美国军方建模与仿真配置和运行云服务 EASE；三是 SaaS，主要基于云计算的思想设计仿真架构，提供综合型仿真服务的，如北航开发的云仿真平台 CoSim-CSP CCoSim Cloud Simultion Platform。

云仿真平台是一种网络化建模与仿真平台，以服务的形式向用户提供各种仿真工具，是一种 SaaS 类型的云。它以应用领域的需求为背景，基于云计算理念，综合应用各类技术，实现各类资源安全地按需共享与重用，多用户按需协同互操作，利用仿真应用系统动态优化调度运行，进而支持复杂系统的仿真活动。各类用户首先通过网络环境中的云仿真平台门户进行资源的部署注册（仿真云部署）和仿真任务需求的定义；然后云仿真平台便能按用户需求自动查找和发现所需资源（仿真云），并基于服务的组合方式按需动态构造仿真应用系统（仿真云群）。该系统将在云仿真平台对资源的动态管理下，进行网络化建模仿真系统的协同运行，完成"云仿真"。

因此，在云仿真平台支持下，通过解析仿真任务需求，可自动为用户动态构建出需要的运行环境，仿真任务在该环境中可立即执行。理想情况下，仿真应用系统构建和运行过程都不需要仿真人员的参与，可以实现非仿真人员参与下进行仿真应用活动，使得仿真方法普适化具有可能。由于构建的仿真系统运行环境完全以仿真任务需求为依据，对每个仿真任务都是相对独立，从而可安全高效地支持仿真任务需求。

在云仿真中，面向多用户的仿真应用系统的动态构建，也是以虚拟化技术为基础。虚拟化技术解耦了仿真模型、仿真工具和计算节点的耦合关系，虚拟机取代原来的物理计算节点，仿真应用系统可以部署在为其动态构建的虚拟计算环境中。一般云仿真平台中还需要仿真知识库来提供构建仿真应用系统所依赖的基础知识，并要求在仿真应用过程中不断地积累仿真应用案例，并通过自学习不断扩展知识容量，增强构建能力。

正如网格计算和云计算的区别，仿真网格构建大多是为完成某一种特定的仿真任务需要，而仿真云是为了领域的通用仿真而设计的。

云仿真在物联网和智慧城市中有重要而广泛的应用前景。对于智慧城市，云仿真可用于支持智慧城市中基于仿真的方案论证和决策分析，将真实世界建模得到的模型联合运行，进行跨学科、跨单位、跨地域的联合仿真。这一方法可以广泛应用于包括智慧城市中基于决策的预案推演、应急指挥控制仿真、建设规划验证、智能交通模拟和趋势预测等各类应用，帮助智慧城市各层次的用户以最小的代价完成方案论证和智能化的决策处理。物联网把所有物品通过射频识别等信息传感设备与互联网连接起来，实现物品信息的实时采集和获取。在物联网中，融合了真实世界中物品的信息。在此基础上，云仿真可以实现在更加广阔范围内真实、虚拟相结合的一体化仿真，有效地支撑了物联网中各种应用决策的论证、分析等活动。

国内云仿真在 2009 年下半年由李伯虎院士提出；国外 Richard M. Fujimoto 几乎也在同一时间开始云仿真方面的研究。美国军方从 2010 年起也开始了云仿真方面的研究，美国陆军项目执行办公室等部门建议将云计算尤其是私有云引入国防仿真领域，以提高军事相关的训练、测试、分析的规模和效果，目前在美国陆军的主导下，美军正在建立军队内部的私有云以满足这种需求。与此同时，美国国防部 2012 年 7 月推出了国防部云计算战略，用于指导包含计算机仿真在内的所有 IT 活动。

目前云仿真研究还处于起步阶段，是建模与仿真领域内的一个前沿方向。要进一步提升服务能力，云仿真模式面临以下两个问题：一是面对海量分布式仿真资源，对资源的有效组织和整合能力不足，难以提供敏捷地服务响应能力；二是面对跨领域、跨地域用户的协同仿真需求，高效无歧义地互联互操作能力不足。为解决以上问题，基于大数据、人工智能等技术手段，云仿真模式正不断向着个性化、智能化、协同化方向发展。

3.3.2 国际主要网络化仿真科学研究计划

国际上网络化仿真科学研究前期主要由美国牵引，主要科学和研究计划多于美国发起。近年来，以李伯虎院士团队提出云仿真为代表，我国的网络化仿真研究也进入国际前列，结合智能制造，也开始筹划相关研究计划。

（1）建模与仿真主计划（MSMP）

美国国防部一直将建模与仿真列为重要的国防关键技术。1992年公布了《国防建模与仿真倡议》，并成立了国防建模与仿真办公室，负责倡议的实施；1992年7月美国国防部公布的《国防科学技术战略》中，综合仿真环境被列为保持美国军事优势的七大推动技术之一；1995年10月，美国国防部公布了《建模与仿真主计划（MSMP）》。美国国防部的MSMP计划是原DMSO（Defense Modeling & Simulation Office，国防建模与仿真办公室）根据美国国防部1994年1月4日颁布的5000.9号"国防部建模与仿真管理"条令建立的。MSMP的目的是组织及集中美国防部的建模与仿真能力用于解决建模与仿真中的共同问题。这一计划明确了建模与仿真工作的目标，介绍和定义了建模与仿真的标准化过程，从而确保此过程的通用性、可重用性、共享性和互操作性。这一目标不仅代表了美国军方建模与仿真的发展方向，同时也客观地反映了建模与仿真技术发展的趋势。MSMP提出的HLA，成了分布式仿真技术发展历史上的一个里程碑。

2006年，美国防部颁布了《采办建模与仿真主计划》，对装备采办领域建模与仿真技术的发展做出了整体规划。整个计划包括5项目标和40项行动。

（2）国家网络靶场

2008年5月1日，美国国防高级研究计划局（DARPA）发布关于展开"国家网络靶场"项目研发工作的公告，该靶场将为美国国防部模拟真实的网络攻防作战提供虚拟环境，针对敌对电子攻击和网络攻击等电子作战手段进行试验。"国家网络靶场"项目将分4个阶段实施。第一阶段为期6个月，主要目标是进行靶场的初步概念设计，形成详细的工程计划和系统演示验证计划，并制定实施方案。第二阶段选定承包商，建立并交付靶场原型。第三阶段交付基础设施，进行靶场管理和试验管理。第四阶段是运行，承包商应做好将"国家网络靶场"作为国家研究与开发资源予以运行的各项技术准备。

英国也启动相当于"网络战靶场"的国家级网络实验场。这个实验场与美国网络战靶场连接，进行高烈度网络战的全球演练。英国副国防大臣杰拉尔德·豪沃斯表示，网络安全已经成为英国的重大挑战，该网络实验场将在研究网络威胁、保护基础设施安全方面发挥重要作用。

日本为了提升自身的网络防御能力，日本国立信息通信技术研究院（NICT）已经设计了一个类网络靶场的蜜罐网络，相当于网络攻击的晴雨表，专门研究网络攻击的发生率和特点。而他们的观察结果发现，针对日本的网络攻击正在急剧上升。在2012年，日本遭遇了78亿次网络攻击。

这些项目依托于网络化仿真，也推动了网络化仿真的发展。

（3）国家基础设施仿真与分析中心

国家基础设施仿真与分析中心（The National Infrastructure Simulation and Analysis Center，NISAC）是Sandia国家实验室和Los Alamos国家实验室于2000年联合成立的，旨在为美国国土安全部进行国家安全问题的评估提供支持。NISAC的研究方向包括：利用系统动力学模型开发的动态基础设施关联的仿真与分析；基于Agent的经济学实验室；铁路网络分析系统，利用非线性优化技术研究铁路网；资产优先度区分方法；高级建模与技术研究；相互关联的能源基础设施仿真系统和城市基础设施综合仿真系统。其中的城市基础设施综合仿真系统包括交通、通信、公共卫生、能源、金融（消费品市场）和水利等模块，模块之间通过信息流连接到一起。相互关联的能源基础设施仿真系统（IEISS）是由NISAC开发的仿真系统，该系统对能源输送网络（例如，电力、石油和天然气网络等）中的各类对象进行建模，描述对象的实际物理行为和它们之间的相互依赖关系，从而可以对国家和地区级的能源基础设施之间的复杂、非线性和涌现交互行为特征进行分析和可视化，可以评估突发事件对整个网络的影响，评估基础设施失效造成的经济影响，评估未来系统的鲁棒性以及识别那些支持系统运行的关键节点。

该中心国家安全方面的复杂问题，构建网络化的仿真基础设施，进行复杂系统仿真研究。

（4）近战战术训练系统

美陆军研制的"近战战术训练系统"（Close Combat Tactical Trainer，CCTT），投资近10亿美元。利用许多先进的主干光纤系统网络并结合网络化仿真，建立一个虚拟作战环境，供作战人员在人工合成环境中完成作战训练任务。该系统通过局域网和广域网联结着从韩国到欧洲的大约65个工作站，各站之间可迅速传递模型和数据。它包括"艾布拉姆斯"坦克、"布雷得利"战车、HUMVEES武器系统，使士兵能在虚拟环境的动态地形上进行近战战术训练。

（5）金盾学习计划

2007 年和 2008 年，美国国土安全部在加利福尼亚州连续实施了面向恐怖袭击和地震巨灾的金盾学习计划（Golden Guardian），其关键部件是支持场景生成、学习训练、组织重构等的模拟仿真环境（Exercise Control System，ECS）。2005 年，基于对高性能与高仿真模拟系统的综合研究，美国亚利桑那州立大学构建了一个 8000 平方英尺（1 英尺＝0.3048 米）面向突发事件场景辅助决策支持的决策剧场，其核心思想是使决策者沉浸于可视化数据中，并通过先进的可视化、建模与协作工具进行交互，由此，探索各种可能的情境。

该决策剧场的基础之一是一个网络化的仿真环境。

（6）"虚拟之旗 2006"

美军 2006 年举行的"虚拟之旗 2006"（Virtual Flag 2006）就是一个实兵装备、虚拟兵力、武器装备模拟器和高度逼真的三维可视化的虚拟地理环境的大规模联合作战演习。演习构建了一个跨越全美计算机仿真的大规模虚拟环境，连接了 31 个模拟地点，包括 34 个仿真系统和超过 18 个虚拟模拟器与武器战术训练器，地域已经覆盖整个美国本土。该演习的技术基础是 LVC 仿真。

（7）面向分析和仿真的综合环境

面向分析和仿真的综合环境（SEAS）由美国普渡大学的国土安全研究所开发，由国家自然科学基金、美国国土安全部和国防部等资助。SEAS 采用基于 Agent 建模方法自底向上地进行建模，涵盖了政治、经济、军事、社会、信息以及关键基础设施等领域，可以对军事行动对社会经济、舆论的影响效果进行仿真分析，为战场提供实时决策支持，对国土安全（涉及核生化、农业和爆炸品等）问题进行仿真分析和提供实时辅助决策。在基于 SEAS 平台开发虚拟国际系统（VIS）中，建模了全球 62 个重点关注国家（包括伊拉克、阿富汗和中国），能够支持超过 1 亿个 Agent 实体的实时仿真。SEAS-VIS 可以实时获取来自全球真实新闻媒体的人口数据、经济运行状态以及各种重大的危机事件，从而对系统中的相关的实体数据进行更新。SEAS 已用于美国联合部队司令部的 Muti-National Experimetn4 演习和 Urban Resolve2015 演习和 Purdue 大学国土安全研究所的 Measured Response 系列演习。

（8）可感知的世界仿真

2006 年，美国联合部队司令部提出了 SWS（Sentient World Simulation）概念，即可感知的世界仿真，实际上是要建立一个可以感知真实世界各种数据变化的虚拟平行地球仿真。SWS 将映射真实世界中各个关键部分，涵盖政治、经济、军事、社会、信息和基础设施等领域，包括个人、组织、机构、基础设施和地理实体。SWS 的目标是成为一个可以连续运行和更新的现实世界模型，感知真实世界中的最新数据，对世界各地发生的真实事件作出反应，从而涌现出类似真实世界发生的行为和趋势。利用 SWS，可以预测和评估未来事件和行动方案，可以进行行动方案分析、辅助决策和训练模拟。在美国军方 Muti-National Experimetn4 演习中已经实现了一个 SWS 的原型系统。

（9）TENA

美国国防部认为未来的作战概念依赖于网络中心战（NCW）能力，它需要基于互操作与重用为试验和训练界提供一种新的技术基础。美国不可能完全重建整个试验和训练靶场，必须建立一种途径来保证已有的靶场能力得到重用，并且未来的投资能支持互操作。这就是美国国防部通过作为"试验与训练投资核心项目（CTEIP）"之一的基础计划 2010（FI2010）工程来开发 TENA 的原因。

TENA 设计的主要目的是给试验和训练靶场及其用户带来可负担的互操作。TENA 通过使用"逻辑靶场"的概念来促进集成的试验和训练，促进基于仿真的采办（SBA），支持 2020 年联合设想（JV2020）。

一个逻辑靶场将分布在许多设施中的试验、训练、仿真、高性能的计算技术集成起来，并采用公共的体系结构将它们联结在一起互操作。在一个逻辑靶场中，真实的军事装备及其他模拟的武器和兵力之间能彼此交互，而不论它们存在于世界上什么地方。TENA 作为一种体系结构，可以从运作、技术、应用和系统等方面来分析。

TENA 运作体系结构（OA）主要是描述一个逻辑靶场的运作概念，用于指导规划、建立、测试和使用一个逻辑靶场。TENA 通过考察各种靶场运行中使用的大量系统，从功能上将这些系统分为六大类，它们精确表示了当今靶场使用的各种系统的类型，从而确定了 TENA 逻辑靶场必需支持的系统。

TENA 技术体系结构（TA）主要说明使用 TENA 的规则，以及辅助 TENA 应用来实现技术需求和目标的相关标准。TENA 规则分为三种不同的类别，分别代表某个应用可在三个不同层次与 TENA 兼容。

TENA 技术体系结构参考了大量的商业标准。TENA 与两个最重要的外部标准的关系是：与 JTA 兼容，与 HLA 互操作。它本身也定义了一些新标准，包括 TENA 中间件 API、TENA 元对象模型和 TENA 对象模型。

TENA 应用体系结构的焦点在于如何建立一个应用。靶场资源应用由靶场开发人员建立并配置到每个靶场以执行试验和训练所需的所有重要功能。这些应用包括显示系统、传感器系统、硬件在回路试验床及其他系统。

TENA 系统体系结构描述了五类基本软件：① TENA 应用；②非 TENA 应用；③ TENA 公共基础设施；④ TENA 对象模型；⑤ TENA 实用程序。这种区分是为了实现 TENA 的驱动需求而设计的。

（10）北约和美国联合部队司令部联合开发建模仿真训练能力

2008年12月，北约和美国联合部队司令部（USJFCOM）官员首次应用了"联盟"建模仿真训练能力。"坚定的参与者"演练（SteadfastJoiner Exercise）是一种电脑辅助指挥岗位训练，用于对北约反应部队（NRF）12的训练与评估，首次使用了联合多分辨率模型（JMRM）联盟、北约构造仿真训练能力与北约训练联盟（NTF）中的核心组成。据美国联合部队司令部联合作战中心技术开发与创新部负责人透露，美国联合部队司令部帮助北约进行建模仿真的关键能力开发。"'雪豹'计划是北约开发的一种分布式网络，旨在通过该网络将北约各机构、国家与伙伴进行连接以增强分布式训练、教育与实验的能力。""我们的小组同北约联合指挥转型和联合作战中心紧密合作，历时两年多对该训练能力进行了开发、试验与部署。"

美国空军计划大规模连接各种分布式模拟飞行训练平台。美国空中机动司令部（AMC）在训练飞行员的同时，一直在改善训练的效果。AMC通过连接各个基地的大量飞行训练模拟器，训练出更好的机组人员。这种训练模拟器的连接是空中机动司令部为适应21世纪的作战行动提出的"空军智能作战行动计划"的一部分。这项工作可以改善效率、节约时间与费用。空中机动司令部正式将所有C-77 Ⅲ型飞机模拟器连接在一起，它们通过分布式任务作战中心或新墨西哥州的柯特兰空军基地的DMOC相连。目标是到2012年，让所有10个C-17模拟器通过分布式训练中心司令部相连，到2017年，将所有空中机动司令部的主要飞机武器系统连接到DTC。

3.3.3　国际网络化仿真科学与技术发展趋势

仿真技术是一门多学科综合的应用技术，其发展与各学科的发展互相促进，特别是跟计算机技术的结合尤为紧密。计算机技术是仿真技术的基础，是仿真的物理平台，由于计算机数据处理能力的不断增强及网络的出现，仿真技术从基于单机的集中式仿真到基于网络（局域网或广域网）的分布仿真的发展，仿真平台的每一次进步都会带来仿真技术的革新，使仿真功能和性能发生跃变。而仿真网络化的潮流将由机-机网络化仿真向人-机-物网络化仿真发展，其长远发展趋势将由基于网络构建类似于矩阵（Matrix）的虚拟世界所牵引。

（1）分布交互仿真技术趋势

分布交互仿真技术的发展趋势是向互联速度更快、互联规模更大、互联类型更广的方向发展。

分布交互仿真技术伴随着网络的发展而发展和变化。两种特殊的网络技术将促进分布交互仿真技术。一是起源于服务器高速互联的InfiniBand（IB）网，即将投入应用的最新一代IB技术，其带宽可以高达600Gbps（即60万兆bps），同时延迟到低至

600ns，已经接近目前最快的反射内存网的性能；二是专用于苛刻实时互联的反射内存网（RFM），其带宽为1.3Gbps，延迟为400ns，且延迟性能非常稳定。由于市场方面的原因，反射内存网价格昂贵，支持厂商数量非常少，设备供应较难保证。IB网由于互联网的发展其技术进步较快，特别由于其突出的带宽优势和仅次于反射内存网的延迟性能，可作为高速实时分布式仿真的支撑技术，并且出于对占据主流的TCP/IP协议的支持，IB相关厂商以牺牲部分性能为代价在原生IB协议栈基础上提供了IP协议支持，一方面降低了IB技术的使用难度，同时也为其赢得更大市场份额奠定了基础。

1）新型超高速模拟仿真网络技术。发展新型超高速模拟仿真网络，是未来分布交互仿真技术发展的重要内容和基础支撑，涵盖光纤网络（训练基地及部队）、卫星网络（针对航母、太空、卫星）、战术无线网（机动作战）等多种接入方式。随着仿真规模急剧增加，没有可靠的高速仿真网络支撑，就谈不上实施大规模联合训练。在新型超高速仿真网上的基础上，可实现全军联合训练网络化、可视化和远程化。进一步统一分布交互仿真技术体制和标准，实现系统的"互联、互通、互操作"，为联合训练提供"资源丰富、通信快捷、功能完善、安全可靠"的信息高速公路，达成"一网联三军""一网训三军"的目的。

2）综合仿真训练环境构建技术。未来将逐步建成支持部队联合训练的基础高速网络，建设国家级分布交互仿真综合训练环境，包括陆、海、空、天、电全维模拟，各军兵种联合参与、辐射全军、一体联合的综合训练环境。利用网络技术整合训练资源，将各军种模拟训练中心联网，提供各参训作战单元、作战模块和要素通过分布交互仿真技术设计一体化联合训练环境，使分布在各地的指挥机构、训练基地和各种作战平台都可加入进行联合训练。构建网络化"实兵、虚拟和推演"相结合的联合训练环境，形成全军联网、全军通用的训练体系。

3）分布交互协议标准化技术。未来部队联合训练，不仅是传统的实兵、模拟器、推演系统互联，还有新型作战力量太空战、网络战互联，是一种"实兵 – 虚拟 – 推演"相结合的联合训练。参与互联的实体数量空前扩大，种类异构复杂。这就对各种仿真应用的互联提出了很高的要求，既能够支持实时仿真、构造仿真、实兵，更要支持嵌入式仿真，如指控系统直接接入。急需一种高速、兼容、互操作性强的协议，能够以将各类仿真实体、真实兵力、新型作战力量，较好地融入大仿真环境中，产生在现实训练场上无法感受到的庞大虚拟战场空间，从而进行更加复杂的综合性联合训练。

（2）云仿真模式的趋势

云计算的发展为云仿真提供了推力。网络化仿真的发展一个主要趋势是云仿真，通过云仿真将分布在应用领域的人员和资源集成为一个大型仿真环境，打破领域中各个专业、阶段的界限，使人们在仿真环境里对拟定的设想和任务进行研究、分析，形成云仿真模式。

未来的仿真对象日益复杂化，不再为单个物理对象，可能是分布在不同地点、不同楼层、不同房间的多体物理对象，要求未来仿真机须具有对多体物理对象的分布式处理能力；随着计算机和网络技术的发展和成熟，特别是云计算、基于服务的网络技术的出现，仿真机与网络的互联，使其成为仿真云，成为计算机网络的共享资源，将大大扩大仿真应用范围。

云仿真技术的进一步发展将以应用需求为牵引，融合现有建模与仿真技术及云计算、物联网、新一代网络、高效能计算、服务计算、人工智能等热点／新兴信息技术，为用户的建模与仿真全生命周期活动提供可随时快速获取、按需使用、安全可靠、优质廉价的智慧云服务。

云仿真技术将促使形成一种新的仿真模式——"云仿真"模式。这是一种利用网络和云仿真平台按需组织各种仿真资源（仿真云），以提供用户各种建模与仿真服务的新仿真模式。这种模式的实现涉及云的构造和使用技术。云由"云服务"提供商的云和用户注册的云构成。在"云仿真"模式的支持下，各类用户首先通过网络环境中的云仿真平台门户进行仿真任务需求的定义；然后云仿真平台便能按用户需求自动查找和发现所需资源，并基于"服务"组合的方式按需动态构造仿真应用系统（仿真云群）；进而该系统将在云仿真平台对资源的动态管理下，进行网络化建模仿真系统的协同运行，完成"云仿真"。

（3）与网络融合的趋势

网络技术促进了仿真技术不断发展。从 DIS、HLA 到面向服务的仿真，仿真的聚合和协同的规模不断增大、能力也不断增强。网络技术的不断发展推进了仿真资源的共享和获取技术的发展。资源共享是资源得到重用的前提，而获取方式则影响到资源重用的（经济和时间）成本。网络化的共享意味着资源的共享范围加大，潜在的重用性提升，特别是仿真依赖的计算技术也在网络化的环境下迅猛发展，网络的每一次发展在给仿真带来了发展机遇的同时，也指明了发展的趋势。

未来网络化仿真将从基于互联网向基于物联网、智联网拓展，仿真将与各种网络有机融合。网络化仿真支撑技术要与云计算、虚拟化、高效能计算、物联网、智能科学等进行融合。

人类一直在围绕着世界建立 4 张"网"（Grids），即交通网、能源网、信息网或互联网、物联网；现在即将开始第 5 张网的建设：智联网（Internet of minds，IoM）。智联网将整合 4 张网的特性和功能，形成一个合一的网。这些新出现的技术，将促生智能化的网络化仿真技术。

在与网络融合中，仿真物联化将是重要的发展趋势。仿真物联化的雏形是 LVC 仿真。LVC 训练方法结合实兵训练、虚拟模拟器训练和推演模拟训练三种训练样式的优势，是一种发挥不同训练样式优点的综合训练方法，使得训练效果"准战场化"。LVC 虚实结合的方法，是综合虚拟训练和实兵训练的优点以抵消各自的缺陷，达成虚拟训练和实兵训练互补的效果。采用 LVC 虚实结合和虚拟现实、智能化技术，能使部队训练效果不断向准战场化接近，做到环境逼真、对抗逼真、效果逼真。

仿真物联化的进一步发展是面向智联网的仿真——通过仿真支持知识生成自动化以及使得仿真智能化。互联网完成的是信息的互联互通，物联网完成了万物互联的信息采集和驱动控制。智联网建立在互联网（数据信息互联）和物联网（感知控制互联）基础上，目标是"知识智能互联"，达成智能体群体之间的"协同知识自动化"和"协同认知智能"，即以某种协同的方式进行从原始经验数据的主动采集、获取知识、交换知识、关联知识，到知识功能，如推理、策略、决策、规划、管控等的全自动化过程，因此智联网的实质是一种全新的、直接面向智能的复杂协同知识自动化系统，网络化仿真将是智联网的主要支撑技术。

（4）软件定义仿真的趋势

我们正在从 SDN 走向一个软件定义不断延伸和泛化的时代，现在可以看到软件定义的一系列发展。首先是横向的延伸，IT 领域出现了软件定义硬件，比如软件定义的存储、软件定义的计算、软件定义的环境以及软件定义的数据中心，这是我们在计算机的硬件领域被软件定义的，还有很多软件定义的 X。随着人机物融合的发展，软件定义也开始向物理世界延伸，比如软件定义的城市，实现城市各类的信息设施、物理基础设施的开放共享和智能化的互联互通，可以支持动态高效精细化的管理。城市操作系统同样可以分成三个层次：设备层、控制层和应用层。

未来我们正在进入一个软件定义的时代，其基本的特征表现在万物皆可互联，一切均可编程，在这个基础上支撑人工智能应用和大数据应用，软件定义迅速蔓延到网络化仿真。未来的网络化仿真将通过开放的软件定义的系统接口实现仿真功能的灵活重构，使得未来仿真系统成为智能实体的联合体，极大地改善了仿真系统的扩展能力和灵活性。通过软件定义仿真，使仿真组织、过程、功能等软件化，变为可操作、可计算、可试验的流程和系统，从而能够进一步落实复杂系统仿真自动化的构想、设计、实施、运营、管理与控制。

通过一个应用编程结构对仿真资源进行编程，把领域仿真环境中的仿真资源变成部件化，通过管控软件对虚拟的部件实现按需管理、按需使用，进而可以实现整体系统功能的灵活定制和灵活扩展。

（5）与大数据结合的趋势

随着战争信息化程度的提高、新的作战形式的出现，无人机、传感器、各型信息系统的投入，导致未来战争信息化达到前所未有的高度，陆、海、空、天电、网、核全域多维一体联合作战成为未来战争的基本形态，这一方面改变了战争的作战样式，另一方面也给仿真与模拟未来战争提出了挑战。未来军事仿真一方面会因为需要模拟大数据时代的新兴战争而逼迫引入大数据思维或大数据模型，另一方面会需要处理仿真模型的日益精细、仿真样式的多样化、仿真历史数据的堆积而产生专门的大数据，而大数据必将对军事仿真产生深刻的影响，以及相关分析技术也必然成为未来军事仿真数据分析中的一个关键技术。

近些年，伴随着计算机图形学、虚拟现实等技术的发展，通过游戏开发引擎等工具来搭建逼真的虚拟场景，进而展开各种科学研究逐渐引起人们的重视。相比于真实世界，虚拟场景在可控性方面有着巨大优势。我们可以借助计算机图形学软件提供的指令和接口对场景参数进行改变，来满足个性化的需求。此外，由于虚拟场景的生成建立在数学模型的基础上，因此可以利用图形学机理来对感兴趣信息进行获取，从而解决像数据标注这样的棘手问题。

大数据方法的核心在全维数据分析，也就是所谓的"数据优先"方法。首先获得尽可能多的数据，为将来处理做好数据准备。其次对应到仿真分析上，就是在仿真开始并不关注研究的问题，先把全部仿真数据采下来，之后再根据研究的需要进行深入分析挖掘。这种方法颠覆了传统的"先确定问题再去进行仿真"的理念，因为演习并不是完全针对研究而设的。

（6）普适化仿真趋势

未来仿真技术的长远发展方向是普适化仿真，普适化仿真是网络化仿真的自然延伸。普适化仿真源于普适计算的概念，是指无所不在的、随时随地可以进行仿真的一种方式。普适化仿真的趋势，是让仿真进入社会生产生活的各个层面，综合利用人类社会（人）、信息空间（机）、物理世界（物）的资源，通过云计算、物联网、移动通信、光子信息等技术支撑，综合利用物理世界、赛博空间、人类社会的资源，通过人机物融合协作完成个性化仿真，满足用户复杂多变的实际需求。其目的是建立一个充满仿真能力的环境，使仿真能力广泛分布在领域的各个工作场所，并使这个环境与人们逐渐地融合在一起，依赖"自然"的交互方式获得仿真服务。

实现普适仿真的基本条件是网络的泛在连接，方便人们随时随地连接领域仿真云，普适仿真才有可能实现。

3.4 中国网络化仿真科技发展现状和机遇

3.4.1 中国网络化仿真科学和技术研究现状

随着仿真技术的发展，中国仿真市场增长异常迅猛，在国防科技领域内得到了非常广泛的应用，网络化仿真技术在军事等重大领域接近国际先进水平。我国经济、社会、国防和科学技术等领域的发展都对网络化仿真技术提出了更高的应用需求。目前分布仿真虽然逐步进入了标准化阶段，但网络化仿真应用还是处于"烟囱式"方式，面临着仿真技术使用代价较高、硬件资源浪费严重、仿真系统建设过程繁杂、仿真精度难以满足要求、联合仿真难度较大等困难，与发达国家相比还有差距。

（1）分布交互仿真技术

国内主要在 20 世纪末和 21 世纪初的几年间，对 DIS 技术有一段时间的研究和使用，但很快即被 HLA 所替代，目前只有少数系统使用了 DIS 技术。20 世纪 90 年代末期，在国家"863"计划的支持下，北京航空航天大学作为系统集成单位和有关单位一起研究开发了我国自己的 DIS 环境——DVENET 分布式虚拟环境网。装甲兵数字化部队作战仿真实验室中的作战仿真系统是我国第一个战术级 DIS 系统，该系统自主研发坦克模型和武装直升机模型来进行作战模拟演练。

虽然 DIS 技术诞生于 20 世纪 80 年代，但其思想至今仍有借鉴意义，华如科技公司用 IDL 方式对 IEEE1278 V7 的 DIS PDU 协议进行了实现并作为其中间件 LinkStudio 附带标准交互协议之一，是一种有益的尝试。

高层体系结构 HLA 技术在国内的认知和接受程度非常高，美国于 1995 年提出该技术，国内于 1999 年开始跟踪和研究。由于实际需求较大，国内许多单位开展了 HLA 相关技术的研究，并很快研制出相关的软件工具。与国外比较，国内在 HLA 分布仿真支撑软件技术的研究方向、关键技术攻关等方面与国外相比的差距不算很大，研究开发了多个分布式网络化仿真平台：SSS-RTI、COSIM、KD-HLA、StarLink、AST-RTI 等，开发了基于 HLA++/MSLM 的仿真支撑平台 / 工具集。国外的软件（如 DMSO RTI、pRTI、MAK RTI）也在多个系统建设中得到应用。

近年来，为适应新的应用需求，KD-HLA 分布式仿真平台以数据为中心，开发了作战概念设计、目标体系分析、模型体系构建、多层次组合建模及远程实验管理等新的工具软件，并根据国产化应用需求，进行了支撑平台的改造升级。

经过几年的热潮之后，由于 HLA 自身存在一些缺点并且不再被视为先进技术，加上国内骨干团队研究转向，关注和应用热度下降比较快。

系统总体技术方面。已掌握分布仿真应用系统的规范化体系结构和数据标准与协议（如 DIS IEEE 1278 标准、HLA IEEE 1516—2000 标准等）、系统信息集成与控制流集成技术（如 DIS 系统中，实现各分系统的信息集成的 PDU 标准实现技术，DIS 系统与 HLA 系统之间的信息集成技术；系统演练管理对仿真想定、模型监控仿真运行技术）、系统的测试技术（如分系统标准兼容性测试、交互性测试、时空一致性测试）和系统联调技术（包括实体交互、DR 算法、毁伤计算，系统控制流、情报信息流、指挥控制流联调技术等）。

在软件框架和平台技术方面。已突破支持各类仿真系统综合应用、集成的软件框架技术和支持仿真构件开发及集成的支撑平台技术。包括 HLA 中联邦开发过程中涉及的支撑工具集、数据库工具集、网络管理工具集、人机界面生成工具、视景生成工具、工作流管理工具及团队活动工具等。其中，涉及面向对象技术、软件工程技术、分布计算技术、Web 技术、嵌入式软件技术、VR 技术及人工智能技术等的应用。

在网络通信技术方面。突破大规模分布仿真系统的组播方式。组播方式较单播和广播方式更具有优点，可实现数据被发送传输到真正需要它的结点，从而优化分布仿真主机上的计算负载，降低对网络带宽的要求。

在分布数据库技术方面。建立了分布仿真开发过程所需的模型库、联邦对象模型／仿真对象模型库、数据字典、仿真／联邦目录和仿真工程中所需的与应用领域和仿真目的有关的资源库，制定和完善了相应的模型数据标准，建立了标准的数据交换格式，对仿真系统全生命周期各个阶段所涉及的相关数据加以定义、组织和管理，以使这些数据在整个仿真工程中保持一致、最新、共享和安全。

在虚拟环境技术方面。逐步完善和建立了各种环境数据库，利用虚拟现实（VR）技术，开发分布虚拟环境（DVE）技术，以满足大规模分布仿真的需要。解决了高速网络和数据的实时交互与显示，数据融合与挖掘，3S（遥测、地理信息系统、全球定位系统）技术以及地形绘制、天气描述、运动和传感、武器系统与效应、计算机生成的半自主兵力等的逼真性。

（2）基于 Web 的仿真

随着分布式仿真的发展应用以及 XMSF 的推出，国内基于 Web 的仿真研究也随着持续深入，从最初的基于 B/S 架构及网页式人机交互的建模与仿真技术，慢慢发展到面向服务的软件组件设计、面向服务的模型组件设计、组合式仿真框架等相对比较完善的多个方面。主要的研究工作有：

黄显东等借鉴 XMSF，提出了一种基于 Web 服务的 RTI 平台架构，与 Web RTI 方法类似，属于通信层 Web 使能方法。陈忱等为了增强仿真引擎在仿真系统中的开放性、灵活性与可扩展性，提出了一个基于 SOAP/Web Service 的仿真引擎解决方案。贾丽等将领域模型 Web 服务化并使用 HLA/RTI 实现服务集成。张卫等设计了 Web 使能 RTI 的体系结构，分析了具体的技术问题及解决方案，实现了原型系统。何明等在分析 HLA 缺点的基础上利用 XMSF 思想对 HLA 进行了完善，并且就如何利用 XMSF 进行大规模仿真开发给出了启发性的指导。黄继杰等对网格环境下的 Web-Enabled RTI 进行了研究。高武奇等针对现有 HLA 仿真资源难以与互联网共享使用的问题，借鉴云计算的思想，采用 HLA Evolved 相关的技术改进，研究了用于 Web 服务的 RTI 组件、模块化 FOM/SOM 对象模型和 WSDL API 函数等 HLA Evolved 技术，解决了基于多层语义的服务注册、发现、组合和平台的监控、预测及基于 Hadoop 的分布式存储、仿真技术。钟蔚等综合比较了 XMSF 与 HLA 两种仿真框架的特点，提出通过使用 Web-RTI 支撑平台，在继承 HLA 体系优点的基础上使能 XMSF 下 HLA 大规模应用，并利用 XMSF 思想对 Web-RTI 支撑平台进行了研究和开发。周辛等针对现有 RTI 的容错能力差的问题，提出基于 Web 服务（Web Services）的 RTI 设计思想，解决了 Web 服务额外带来的管理和调度问题。谭娟等介绍了 XMSF 研究的几项关键技术。王文广等分析了面向服务的 HLA 研究进展。温睿等从作战仿真平台的 SOA 架构入手，提出信息交互服务总线概念模型和实际网络拓扑。辛怀声等设计了一个软网关程序用来解决不同体系架构的仿真网络之间集成互联的问题。曾艳阳等针对指控仿真系统体系结构对中心服务器的依赖问题，提出了一种基于 SOA 的分层体系结构。徐丽娟等讨论了仿真服务总线的实现策略，并通过一个基于广域网的多联邦原型系统实现，验证了该体系结构是现有 HLA/ 并行 RTI 仿真支撑平台的一种良好的扩展方式。

基于 Web Service 技术的仿真资源管理技术、基于语义的模型资源发现技术、仿真资源服务调度技术、资源服务自动组合技术和仿真系统容错迁移技术。

（3）基于网格的仿真

仿真网络研究在国内有一定的进展，主要由中国航天科工集团第二研究院、清华大学等单位合作进行仿真网格研究，解决了仿真系统网格化的一系列技术，使得网格效能最大的发挥以支持仿真应用。

国内由李伯虎院士在 2003 年首先提出了"仿真网格"（Simulation Grid）的概念，并讨论了网格在 SBA 及建模仿真领域的应用前景。之后，中国航天科工二院、国防科技大学、清华大学、北京航空航天大学、西北工业大学和西安电子科技大学等科研单位也陆续对网格仿真进行了研究，并取得了一定的成果。李伯虎院士提出了面向服务的仿真网格 Cosim，是一种基于 HLA、产品生命周期管理和 Grid/Web service 的面向服务的仿真网格框架，主要改善 HLA 在动态共享、自制、容错、协同和安全机制等方面的性能。OGSA 从服务资源的角度为面向服务仿真框架研究提供了借鉴。但在 2010 年之后，国内的网格仿真研究变得不再活跃，目前很少有团队对网格仿真进行专门研究。

　　张传富等研究并实现了一个仿真网格原型系统，该系统利用 SGE（Sun Grid Engine）网格引擎来构建基本的网格平台，根据 HLA 仿真任务的特点，对分布式仿真网格的原型系统进行了研究和设计。该系统采用双通道通信机制，分别负责仿真网格组件的通信和 HLA 仿真任务之间的通信，提供以进程为单位的调度、以联邦成员为单位的调度和以联邦为单位的调度三种调度模式。张灏龙等针对基于 HLA 的分布交互仿真存在的主要技术问题，将桌面网格技术与基于 HLA 的分布交互仿真技术结合起来，研究了桌面网格技术在复杂仿真系统的应用过程，设计了四层桌面网格系统架构，建立了两者的四层映射关系，设计并实现了支持分布交互仿真的桌面网格系统，解决了分布交互仿真的资源动态迁移和模型负载均衡问题，为提高基于 HLA 的复杂仿真系统运行效率提供了一种技术途径。肖振等为解决已有仿真资源在广域网上重用的问题，针对建模 / 仿真资源的特点对其网格化进行结构划分，提出了仿真资源网格化三层（模型层、网格服务封装层和网格服务应用层）结构框架，开发了网格服务自动部署开发工具，实现服务封装的自动化，构建了通用的建模仿真资源网格化支撑环境。李晓峰等介绍了一种网格增强的 HLA/RTI 架构和将 HLA 向网格的三层移植方法。魏洪涛等提出了一个基于网格的仿真体系结构，然后描述了如何将网格应用于虚拟、构造和真实等军事仿真领域中。张卫在其博士论文中研究了 OGSA 环境下的 HLA/RTI 服务，资源发现服务，仿真执行服务以及仿真任务迁移问题。

　　在国内的网格仿真研究中，代表性的项目为：中国航天科工二院、清华大学、中国科学院、北京航空航天大学等单位合作的国家"863"计划项目，该项目的研究成果也代表着国内网格仿真研究的最先进水平。该项目的主要研究成果有：①论证了仿真网格的技术内涵，提出仿真网格是一种新型的分布建模与仿真系统，它综合应用各类技术实现网格 / 联邦中各类资源安全地动态共享与重用、协同互操作 / 求解、动态优化调度运行，进而支持仿真系统工程；②给出了仿真网格体系结构，它包括资源层、网格资源管理中间件、面向仿真应用的核心服务层、仿真网格应用门户层和应用层等；③设计了仿真网格应用模式，仿真资源提供者进行仿真资源的部署与注册，仿真资源使用者登录仿真网格门户，查找和发现仿真资源并构造成仿真应用系统，最后进行仿真应用系统的运行；④提出了仿真网格原型系统 Cosim-Grid 1.0v 的实施方案，该原型系统由北京仿真中心节点、清华大学节点、中科院计算所节点、北京航空航天大学节点等组成，基于 URL 实现了与中国国家网格门户网页链接，基于 GOS 实现了与仿真网格资源的集成与共享；⑤攻克了一系列关键技术，主要有仿真网格问题求解环境技术、广域网上 HLA/RTI 服务化技术、资源服务中间件 GOS 技术、仿真资源服务化技术、基于语义的仿真模型资源发现技术、仿真模型资源服务组合技术、仿真网格 Cosim-Grid 1.0v 的安全机制与用户管理技术等；⑥开展了仿真网格典型应用示范，主要有基于仿真作业调度模式的仿真网格应用、基于仿真网格 COSIM—Grid1.0v 的体系级协同仿真应用系统、基于仿真网格 COSIM—Grid1.0v 的多学科虚拟样机协同仿真应用系统。

李伯虎院士团队对仿真网格技术进行了深入研究。李伯虎院士将"仿真网格"的技术内涵概括为："它以应用领域仿真的需求为背景，综合应用复杂系统模型技术、先进分布仿真技术 /VR 技术、网格技术、管理技术、系统工程技术及其应用领域有关的专业技术，实现仿真网格 / 联邦中各类资源（包括仿真系统 / 项目参与单位有关的模型资源、计算资源、存储资源、数据资源、信息资源、知识资源、与应用相关的物理效应设备及仿真器等）安全地共享与重用、协同互操作、动态优化调度运行，从而对工程与非工程领域内已有或设想的复杂系统 / 项目进行论证、研究、分析、设计、加工生产、试验、运行、评估、维护和报废（全生命周期）活动的一门多学科的综合性技术与重要工具"。

在国内仿真网格的研究代表性的是北航开发的复杂仿真网格 CoSim-Grid。针对虚拟制造所需的仿真协同开发环境，CoSim-Grid 提出了一种面向服务的层次化仿真网格体系结构，将复杂系统建模与仿真的开发、执行和相应的支撑环境分离，其原型系统 CoSim-Grid V1.0 成功部署在北京仿真中心等四个节点上，并基于自主开发的网格中间件 GOS 实现了与仿真网格资源（包括中国国家网格资源）的集成与共享。

国内在仿真应用网格方面重点研究了集成问题，包括系统资源集成、信息集成、功能 / 服务集成、过程集成与界面 / 门户集成等不同层次的集成，以及这些集成的实现依赖的互操作支持能力，包括人员之间的互操作、工具 / 应用系统之间的互操作、模型 / 资源之间的互操作、服务之间的互操作，以及数据通信之间的互操作。

仿真应用网格包括应用层、应用门户层、面向应用的核心服务层、网格核心服务层和资源层。

（4）云仿真

国内的云仿真开始于 2009 年李伯虎院士团队提出的一种基于云计算理念的新网络化建模与仿真模式，即通过网络、云仿真平台，按需组织网上仿真资源与能力（仿真云），为用户提供各类仿真服务的一种新的仿真模式。

李伯虎院士团队基于仿真网格的研究成果，进一步融合虚拟化技术、普适计算技术和高性能计算技术等，引入"云计算"理念，构建一种基于云计算理念的网络化建模与仿真系统——"云仿真系统"，以加强网络化建模与仿真平台的细粒度，各类资源（包括节点内的 CPU 核、存储器、软件等子资源）按需共享能力，充分支持多用户能力、协同能力、容错能力及安全应用机制。

在学术上研究，杨晨、李伯虎等人提出了面向云制造的云仿真支撑框架及应用过程模型，涵盖了建模、仿真运行、结果分析与评估等过程的 16 项核心服务，并攻克了云仿真资源管理关键技术，提出了协同仿真应用过程模拟以促进仿真应用过程自动化、仿真资源共享和敏捷使用、按需获取持续稳定仿真服务以及两种类型的高效协同。通过典型的应用案例，初步验证了云仿真环境中协同仿真支撑框架及应用过程模型的可行性和有效性。

在平台研究方面，李伯虎院士团队研制开发了一个云仿真系统的原型 COSIM-CSP 并已经在多学科虚拟样机协同仿真、大规模体系级协同仿真及高性能仿真等领域开展了初步应用，验证了三种云仿真应用模式，包括虚拟交互模式、批作业模式及分布互操作模式。

在应用研究上，李伯虎院士团队对于云制造仿真所涉及的制造资源和制造能力虚拟化、仿真化、仿真资源的体系化智能分配等方面，展开了深入的研究和探索，提出了"云制造"的概念。2010 年，国家高技术研究发展计划（"863"计划）先进制造技术领域启动了"云制造服务平台关键技术"项目，主要是在互联网环境下，研究有关制造资源和制造能力共享与协同的关键技术和核心技术，进行仿真云的研发，实现了面向协同设计与仿真的 COSIM-CSP 平台，应用到飞行器多学科虚拟样机的协同设计中。

其他相关工作包括：

1）航天科工集团二院的云仿真平台将建模与仿真技术与云及计算技术相结合，利用云计算的分布式数据存储能力和数据共享能力，以及分布式计算能力，解决仿真领域内资源存储和计算密集型的仿真问题。

2）中科院计算所开发的 VEGA GOS，其自下而上从逻辑上分成三层，即底层的 VEGA Device 层，提供对网格资源的支持；中间的 VEGABus 层，提供对基本资源信息的管理功能；上层的 VEGA VOE 层，提供对用户使用环境的支持，包括基本的 GOSAPI（类库）和网格批作业处理客户端。

3）北京航空航天大学开发的 CROWN，CROWN 采用面向服务的体系结构，遵循 WSRF 规范，将服务化的纪元按照其物理隶属关系组织起来，在已有的网络互连的基础上构造可控可管的资源层叠网，利用资源定位发现服务实现资源能力的描述与发布、自动的服务发现和服务交互，在广域网络中实现对资源能力的共享和综合利用。

4）湖南大学提出的基于 CPN 和 SOA 的服务组合技术在超算仿真平台的应用，给出了"超算仿真云"总体设计方案，系统地研究了基于 CPN 和 SOA 的语义服务组合技术，在研究基础和技术支持的基础上，研发了"超算仿真云"的原型。

5）西南交通大学，在研究高速列车数字化仿真平台系统体系结构的基础上，设计并开发一套专用的资源管理及任务调度子系统。该系统采用图形化建模方式对整个系统进行建模，并对建模后的系统进行分布式系统仿真。该仿真系统为客户 / 服务器模式，其中包括：资源管理及任务调度服务器、耦合器、执行机。

6）赵彦庆、程芳等人提出了海量空间储存于管理云平台设计，针对分布式海量空间数据在可扩展性、容错性和成本等方面的需求，基于云计算和服务器集群技术，提出了海量地理空间数据的一体化存储与管理方案，解决了海量影像和矢量 / 属性数据的不同存储管理要求。

7）北京理工大学在以仿真资源的特点、Eucalyptus 云计算平台、Java 内容仓库技术和 LDAP（Lightweight Directory Access Protocol）目录服务，设计了在网络环境下以 LDAP，Jackrabbit，Walrus 为技术中心，将仿真资源通过 Jackrabbit 对 Walrus 的底层封装存储到 Eucalyptus 云计算平台的研究与实现。

8）企业方面有浪潮开发的浪潮云海，浪潮云海主要包括基础资源、资源管理、运维管理和业务应用四层结构。采用了智能的仿真资源管理技术，实时监测服务器的状态，通过调度仿真资源实现负载均衡，同时依据仿真资源的需求，可以启动和休眠物理资源，做到节能减排。系统的可扩展性强，支持远程管理技术，实现系统的自动化和远程化运维。

李伯虎院士近期又进一步提出了面向新型人工智能系统的智能仿真云。它是一种基于泛在网络（包括互联网、物联网、窄带物联网、车联网、移动互联网、卫星网、天地一体化网、未来互联网等）、服务化、网络化的高性能智能仿真新模式。它以应用领域的需求为背景，基于云计算理念，融合发展了现有网络化建模与仿真技术，云计算、物联网、面向服务、智能科学、高效能计算、大数据等新兴信息技术和应用领域专业技术三类技术，将各类仿真资源和能力虚拟化、服务化，构成智能仿真资源和能力的服务云池，并进行协调优化的管理和经营，使用户通过网络、终端及云仿真平台就能随时按需获取（高性能仿真）资源与能力服务，以完成其智能仿真全生命周期的各类活动。如作者团队的初步研究成果：支持基于智慧云仿真 / 边缘仿真模式的仿真资源 / 能力接入技术、基于容器的仿真资源虚拟化技术、智能化资源调度与迁移方法和高性能 RTI 技术以及云仿真平台安全技术。

结合具体仿真技术尤其是 HLA 分布式仿真技术建立云仿真系统是云仿真框架研究的常见形式。高武奇等借鉴云计算的思想提出了一种基于 HLA Evolved 的云仿真的体系结构和框架实现方案。S. Feng 等研究了在商用 PaaS 云中如何重构传统 RTI 软件。张雅彬等针对云仿真平台对云仿真资源容错能力的需求，实现了一种面向 HLA 仿真应用的基于硬件虚拟化技术的云仿真资源迁移技术。

3.4.2　国家重大科学研究计划涉及网络化仿真项目

国内没有专门的网络化仿真研究计划，但有一些大型项目与此密切相关，这些项目基于网络化仿真，也推动了网络化仿真的发展。这些项目研究的内容包括：将虚拟现实技术与分布仿真技术相结合，应用于战略战役研讨与训练；研发 LVC 仿真环境，支持实物、半实物仿真以及高逼真度原型仿真在我军武器装备系统论证与研发方面的应用；集成陆、海、空、天装备及武器平台的模拟训练器，形成联合模拟训练场景进行逼真度训练；引入分布仿真的手段深入开展对国家关键基础设施的安全与保护的研究等方面。

在国家"863 计划"的支持下，由北京航空航天大学、杭州大学、中国科学院计算所、中国科学院软件所和装甲兵工程学院等单位共同开发的分布虚拟环境基础信息平台，为我军开展分布式虚拟现实的研究与训练，提供了必要的网络平台和软硬件基础环境。

国防大学在综合集成研讨厅理念的指导下，通过创新虚拟新闻、虚拟新闻发布会、多人虚拟研讨等虚拟现实技术，构建了一个可用中高级指挥员指挥训练的战略战役演习环境，并成功组织了多次沉浸式战略对抗演习活动。2006 年，建立了我军首个战略模拟系统——沉浸式战略对抗演习系统，成功实现了解放军战略指挥和战略训练从单纯理论研究、静态思辨到实际模拟对抗多方互动的演练。通过分布仿真环境支持，在一场"模拟战争"中，多个国家因为利益博弈卷入"红""蓝"冲突，战争态势若明若暗；各国之间不仅仅是军事对抗，还包括政治、经济、外交的明枪暗箭、攻防转换；打击其战争潜力，摧毁其战争意志等。国防大学先后建立了危机条件下的民意演化模型、经济演化仿真模型、国际政治生态演化仿真模型和舆论传播模型等，这些模型已经成为国防大学用于高级军官训练的"沉浸式战略对抗演习"的核心支撑软件。

3.4.3　中国网络化仿真科技发展面临的机遇与挑战

中国网络化仿真科技发展面临的机遇来自两个方面：一是国家社会、科技全面发展大环境提供的环境机遇，即强烈的需求牵引带来的机遇；二是信息技术，特别是网络技术发展带来的技术推动的机遇。

中国网络化仿真科技发展面临的挑战来自两个方面：一是观念和机制方面的挑战；二是技术方面的挑战。

（1）网络化仿真跨越发展的机遇

一是仿真模式变化带来网络化仿真跨越发展的机遇。互联网时代，需要对仿真的发展进行重新审视，仿真的模式将发生巨大的变化，抓住这个时机，我们将和世界仿真强国站在同一起跑线上。充分利用我国在互联网方面的优势迅速进入国际领先水平。

二是应用领域跨越发展的仿真需求，带来的网络化仿真跨越发展机遇。例如落后国家的社会科学赶超发达国家，自然要遵从科学前进的一般规律，但不必亦步亦趋。仿真手段的全面引入和运用很可能是中国社会科学在未来若干年里取得跨越式进展的重要途径。

三是仿真产业发展带来的网络化仿真跨越发展机遇。根据我们国家中长科技发展规划，仿真产业应针对国家科技发展的新形势，自主创新，下大力气开展关键技术研究和仿真平台开发，培育和提高仿真产业发展的内生动力，快速形成世界先进的产业技术优势，推动社会经济转型升级，带动国家战略新兴产业和国民经济科学发展。仿真产业发展依赖于仿真科技发展，国家队仿真产业的支持将带给网络化仿真跨越发展的机遇。

（2）网络化仿真能力提升的机遇

大数据、云计算以及人工智能与仿真结合，为网络化仿真能力提升提供了机遇。例如，社会领域仿真使用的自下而上的底层建模方法，从根本上顾及了政策影响主体的方方面面，但需要大量数据的支持。

大数据为仿真提供了技术手段：大数据中包含的信息能揭示事物的关联，为建模提供新的途径。往往以复杂关联的数据网络形式进行组织，相关技术为 SBE&S 的模型数据组织、仿真结果组织及其可视化提供了有效的技术手段。大数据促进了仿真方法发展：大数据的搜索、比较、聚类、分类等技术，去冗降噪、挖掘分析，把大数据变成小数据，有利于 SBE&S 对复杂系统的不确定性、适应性、涌现性的理解，进而有助于基于演化的复杂系统的建模与仿真方法学的发展。大数据为仿真模型的校验与验证提供了有力支撑：提供了有力的信息基础设施，弥补了长期以来因缺乏数据验证而制约仿真可信性的难题。

云计算作为一种新型的计算方式，不仅提高了计算效率，而且促进了资料情报的共享、拓宽了计算机处理作战信息的能力，为快速拟制作战计划方案提供了条件：一是为网络化仿真提供计算环境、资源存储环境以及综合研讨环境；二是为网络化仿真提供数据准备、模型开发等方面的技术支持；三是为网络化仿真提供流程管理、权限管理以及安全保密等方面的解决方案。

人工智能可为仿真推演提升态势认知水平：通过人工智能技术构建态势认知的基础框架及样本空间，可以形成态势理解分析工具，实现认知层面态势理解产品的自动生成和可视化呈现，辅助受训人员提高对态势的认知速度和准确度。为智能体提升筹划决策水平：运用人工智能的控制策略技术，形成自动按需集成、多分辨率尺度、包容不确定性的计划表示，构建多目标的满意估计和验证评价标准，实现多种优选优化和面向博弈的滚动迭代，使网络化仿真活动能灵活适应任务环境变化，灵活应对战场不确定性。提升仿真推演水平：在人工智能技术的支持下，可有针对性地对人员进行训练；可以自动地记录信息交换和决策制定的全过程，以便在事后总结时重放记录，复盘分析，并作为有价值的案例大数据保存起来，从中抽取知识或规则。

（3）网络化仿真观念方面的挑战

网络化仿真的发展要求转化观念：一方面需要将网络化仿真的重点从通过网络互联模型进行仿真运行或实验，转变为依托网络进行领域发展活动，其实质是引入互联网思维，通过网络实现来实现普适化仿真。仿真技术和网络技术、虚拟环境技术不断融合和相互促进，实现全领域联合协同，高效构建具有分布、异构、协同、互操作、重用等性能的新型分布仿真应用系统，将使得仿真技术最终走出实验室，走进人们的生活，成为人们工作、生活、娱乐中不可缺少的一部分。

要求其支持环境能够对仿真的全生命周期——从仿真所需的资源发现、集成、部署、运行控制，直至结果分析提供全过程（自动化、智能化）支持。因此，对于以快速协同为需求的仿真应用，高性能的仿真计算平台固然重要，支持快速集成和仿真全生命周期管理控制的环境同样不可或缺，这对仿真支持环境提出了更高的要求。

另一方面，网络化仿真发展还要求引入仿真游戏化的观念。仿真游戏化的核心是让仿真像游戏那样好用和吸引用户，成为探究科学知识的重要认知工具。游戏化的仿真技术将使人们工作和学习的方式发生重大变革，使新知识和新技术学习的难度大大降低，将有力地促进科学技术水平的提高。

（4）建立成果共享机制的挑战

复杂系统仿真，一方面由于专业分工细化的原因各个学科渐行渐远，另一方面又在具体的应用领域呈现出融合的趋势，因此需要多学科的协同、综合和相互支持。网络化仿真用于研究仿真系统，需要在领域建立成果共享机制，包括仿真资源的获取、使用和管理机制；网上各种资源（如计算资源、存储资源、软件资源、数据资源等）的动态共享与协同应用的机制；成果知识产权机制；成果安全管理机制等。这些机制的建立，对每个领域都具有很大的挑战性。

（5）建立通用、标准和开放体系结构的挑战

网络化仿真的目标是在各个仿真应用领域，如经济、社会、军事领域，建立云仿真环境，支持构建具有统一时间、空间和环境的虚拟世界，实现跨专业多学科对各类复杂系统全生命周期进行协同仿真研究，形成普适化仿真服务。其基础是实现分布的、大范围、异构仿真资源互联互通互操作，因此要求面向应用领域，建立通用、标准和开放体系结构。由于领域中仿真资源的类型众多，仿真应用系统规模庞大、结构复杂、信息化程度高，存在着不同的接口、协议，还有虚实交互等问题，建立通用、标准和开放体系结构是一项挑战性的工作。

（6）领域仿真资源建设与管理的挑战

达成通过网络化仿真形成普适化仿真服务的目标，体系化的领域仿真资源建设和

应用管理是一项长期、工作量巨大而且具有挑战性的工作。体系化的领域仿真资源要求按需求可组装、可重用、可定制，能使用远程方法调用功能提供及时、可控的远程通信，能够提供高于发布订阅的实时性和权限，能够支持多种时间管理方法（包括逻辑时间与实时时间混合的时间管理方法），能够支持自动查找和发现所需的仿真资源，同时基于服务的组合方式动态地构造仿真应用系统，能够对复杂大系统的大量资源进行自动化的柔性管理集成。

（7）仿真与其他系统融合的挑战

未来的网络化仿真需要与大数据系统、人工智能系统、CPS 系统、指挥控制系统、规划系统等多种系统协同运行。或嵌入这些系统，为这些系统提供推演能力；或从这些系统中获得信息，来支持建模与仿真运行。即网络化仿真系统将直接通过网络与其他系统交互，获得仿真所需要的数据（如社会仿真），并为其他系统提供服务（如综合研讨厅）。

如社会领域仿真以计算机等现代计算科学技术工具获取和分析海量社会化数据，数据形式主要包括文本、图像、视频和音频等。其大部分来源于网络信息，如新闻网站、网络论坛、博客、社交网站、微博等。还有一部分来源于现实空间中各种移动传感设备，如全球定位系统、智能手机等工具感知的个体活动信息数据。

（8）网络化仿真的安全性挑战

普适仿真环境下，物理空间与信息空间的高度融合、移动设备和基础设施之间自发的互操作会对个人隐私造成潜在的威胁；同时，普适仿真多数情况下是在无线环境下进行的，移动节点需要不断地更新通信地址，这也会导致许多安全问题。

3.5　重点研究领域关键科学问题与技术

网络化仿真的一个关键科学问题是应用领域仿真本体构成问题。需要研究的关键技术包括仿真环境网络化技术等。

（1）领域仿真本体构成问题

领域仿真本体是定义仿真应用领域的概念、建立概念分类与关系、领域仿真知识工程、进行仿真资源描述、建立领域网络化仿真标准、仿真智能化的基础，也是实现不同领域之间仿真数据、模型与知识的交换、共享和复用的基础。基于本体对仿真资源进行描述是对资源的一种抽象化虚拟化的过程，将异构的仿真资源用统一的语义概念和规范进行描述和管理，并且通过语义概念的关联和映射，才能实现对仿真资源之间的语义匹配和组合能力。构建领域本体是进行仿真资源形式化描述的基础，领域仿真本体的构成问题研究是网络化仿真的基础。

由于仿真并非一种"点解决方案"，相反它是贯穿领域的全方位、全过程，领域仿真本体涉及领域的方方面面。同时，领域仿真本体构建依赖于领域相应专业研究的进步。因此，领域仿真本体的构成问题研究是一项困难工作。

（2）仿真环境网络化技术

仿真环境网络化研究基于网络来构建领域分布、协同仿真环境的方法和技术，是网络化仿真的基础性技术研究。

网络是信息化社会重要的基础，同样是未来仿真的重要底层基础，仿真环境网络化成了不可逆转的潮流。复杂系统仿真应用的形式、用途和用户的类型、要求越来越多种多样，规模也越来越大，为更好地满足这些复杂系统仿真个性化与普适化的需求，需要仿真环境网络化。利用互联网提供的广阔的互联性，可以大大降低仿真应用之间进行互操作的成本，加快仿真开发和应用的速度。网络技术的成熟将为仿真提供更加安全、可靠、有效的开发环境和运行环境。

网络化仿真环境要求有很强的实时性、透明性、鲁棒性、扩展性，目的是提高仿真系统的协同处理能力，共同完成任务。实时性要求分布式协同仿真环境具有同步协同模式，对本地用户的操作命令能够做出即时响应，同时注重于远程用户操作的响应时间，保证群体操作的有序。透明性要求分布式协同仿真环境对用户表现为统一的、一体的仿真系统。鲁棒性要求分布式协同仿真环境保证某个节点的计算机因故障退出时，其他节点之间的协同工作不受影响且要能做到功能的自动迁移，以达到位置分布、功能分布、控制分布的全分布作用。扩展性要求分布式协同仿真环境有多个计算机节点，不仅要满足各个节点之间协同工作的要求，还要考虑到因为需求的变更单个节点会增加新的功能。

仿真环境网络化是仿真协同化、智能化、普适化、高效能和可持续发展的基础，仿真环境网络化的研究包括网络化仿真环境架构技术、基于网络的仿真数据智能获取技术、基于网络的协同建模技术、基于网络的仿真资源管理与配置技术、普适仿真可视化门户技术、基于网络的协同仿真技术等。

（3）分布式虚拟现实技术

分布式虚拟现实（Distributed Virtual Environment，DVE）是今后虚拟现实技术发展的重要方向，对于网络化仿真的应用具有重要的支持作用。分布式虚拟现实技术和网络化仿真技术结合，可将分散的虚拟现实系统或仿真器通过网络联结起来，采用协调一致的结构、标准、协议和数据库，形成一个在时间和空间上互相耦合的虚拟合成环境，参与者可自由地进行交互作用。分布式虚拟现实技术是网络化仿真的用户门户技术，是实现仿真普适化的重要支撑技术。

分布式虚拟现实技术在航空航天仿真中应用价值极为明显，因为国际空间站的参与国分布在世界不同区域,分布式虚拟现实训练环境不需要在各国重建仿真系统,这样不仅减少了研制费和设备费用,还减少了人员出差的费用以及异地生活的不适。

（4）基于人工智能的网络化仿真技术

重点研究基于人工智能的网络化仿真建模理论方法与技术,将信息（赛博）空间与物理空间中的人／机／物／环境／信息智能地连接在一起的,将现代建模与仿真技术与新一代人工智能科学技术、新一代信息通信技术以及各类应用领域专业技术进行深度融合,支持网络化的仿真建模;重点研究智能服务化网络化仿真模式,面向国计民生、国民经济、国家安全等领域,提供互联化、协同化、定制化、柔性化、社会化、智能化等各类网络化仿真应用模式;研究基于深度学习的仿真建模方法,在人工智能系统环境下采集数据,同时基于深度学习、模拟人脑进行学习进化的神经网络为建模仿真的发展与应用提供强有力的支撑;研究智能人机交互技术,实现用户通过自然行为来表达其交互意图,而计算机则主动地理解用户的交互意图,淡化计算机工具与技术的界线,使用户更加关注任务本身。研究更自动化和更智能化的资源配置和组织方式。

（5）大数据环境下的网络化仿真技术

数据密集型范式即大数据范式（第四范式）是从整体上分阶段由数据发现涌现性、演化机制下的结果,计算密集型范式即仿真范式（第三范式）在部分时段或部分区域上应满足相似性（行为特性、作用规则、演化流程等）。为实现整体上的预测性,即通过模型运行来揭示相应复杂性系统的运行规律,必须将两者集成起来。

大数据环境下的网络化仿真技术需要重点研究大数据范式与仿真范式的集成方法;研究仿真大数据处理技术,包括仿真大数据的表示方法、去冗降噪技术、异构融合技术、挖掘分析技术、可视化技术等,需要结合仿真的要求开展探索性研究;大数据环境下的仿真环境设计方法;大数据驱动下的仿真建模,包括基于数据的建模／模型修改／模型校核与确认等技术。基于大数据智能的建模方法是利用海量观测与应用数据实现对不明确机理的智能系统进行有效仿真建模的一类方法。主要研究方向包括基于数据的逆向设计、基于数据的神经网络训练与建模和基于数据聚类分析的建模等。

（6）基于网络的领域仿真技术

基于网络的领域仿真技术,是基于网络环境,以优化领域中复杂系统建模、仿真运行及结果分析等整体性能为目标的一类建模仿真技术,用于支持网络化建模与仿真的全生命周期活动,支持多领域、多粒度模型的开发和集成。其具体目标包括:①实现领域各类资源安全地共享与重用、动态调度与优化运行;②支持领域中各类模型／模拟器／仿真仪器／实物设备／人的安全、实时互操作和协同仿真;③提供面向仿真应用领域的、可重用的各类模型资源,支持复杂仿真工程系统的快速构造和开发;④支持

虚拟团队 / 组织、过程、仿真模型资源和仿真应用工程项目的管理与优化；⑤提供面向应用的、用户友好的各类仿真门户和基于网络的 VR/ 可视化显示环境；⑥提供面向仿真应用领域的，支持仿真工程全生命周期协同开发应用的各类支撑工具和建模仿真工具集；⑦支持构建具有分布性、开放性、动态性、可扩展性和灵活性的仿真支撑环境。

（7）云仿真技术

云仿真方面已取得了初步进展，但在面对复杂系统建模仿真时依然面临着云服务模式不清晰、个性化定制能力较弱、协同化环境较缺等问题，需要开展以用户为中心的仿真服务模式（基于云计算理念的云仿真模式），以用户为中心的个性化、社会化、协同化仿真服务模式研究，基于云仿真的多用户个性化可定制仿真应用构建技术，高效能仿真资源虚拟化技术，虚拟化高效能仿真可信协同运行技术，虚拟化高效能仿真结果分析评估技术，基于云平台的仿真协同工作环境设计等方面研究。可为海量用户提供能按需动态组合的多类高效能仿真服务环境的构建技术。

仿真云构建是云仿真研究的重点。仿真云平台以应用领域的需求为背景，基于云计算理念，综合应用各类技术实现系统中各类资源安全地按需共享与重用。为此，需要进一步研究复杂系统模型技术、高性能计算技术、仿真资源多用户按需协同互操作技术，研究支持工程与非工程领域内的仿真系统工程。

智能仿真云。它是一种基于泛在网络（包括互联网、物联网、窄带物联网、车联网、移动互联网、卫星网、天地一体化网、未来互联网等）、服务化、网络化的高性能智能仿真新模式。它以应用领域的需求为背景，基于云计算理念，融合发展了现有网络化建模与仿真技术，云计算、物联网、面向服务、智能科学、高效能计算、大数据等新兴信息技术和应用领域专业技术三类技术，将各类仿真资源和能力虚拟化、服务化，构成智能仿真资源和能力的服务云池，并进行协调优化的管理和经营，使用户通过网络、终端及云仿真平台就能随时按需获取（高性能仿真）资源与能力服务，以完成其智能仿真全生命周期的各类活动。

（8）动态地球模拟器构建技术

网络化仿真长远的发展是将各自领域的模型、系统整合起来后，构建动态地球模拟器，建立一个先进、互动的可视化仿真平台，即动态地球模拟器。需要重点研究各种仿真建模理论和方法的综合方法、多层次的数学模型融合与变换技术、模型的接口设计技术、多尺度的异构数据和模型整合技术、体系化的仿真实验方法与技术、海量智能体的建模与仿真算法、适应于大规模仿真的超级计算机技术、动态地球模拟器架构与集成技术。

（9）基于网络的普适仿真技术

在仿真系统中引进普适计算技术，融合普适计算技术、网格计算技术与 Web

Service 技术的"普适化仿真"，将计算机硬软件、通讯硬软件、各类传感器、设备、模拟器紧密集成，是实现仿真空间与物理空间结合的一种新仿真模式。其重要意义是实现了仿真进入真实系统，无缝地嵌入日常事物。普适仿真是云仿真的进一步发展，将推动现代建模仿真技术研究、开发与应用进入一个崭新的时代，构建以人为本，对环境敏感、随时随地获取计算能力的智能化空间（Smart Simulation Space）。

当前，普适仿真相关的重要研究内容涉及：融合基于 Web 的分布仿真技术、网格计算技术、云计算技术、普适计算技术的先进普适仿真体系结构；开发针对普适仿真的软件平台和中间件；建立新型的人与仿真计算服务的交互通道；建立面向普适计算模式的新型仿真应用模型；提供适合普适计算时代需求的新型仿真服务；仿真空间和物理空间的协调管理和集成技术；基于普适计算的普适仿真自组织性、自适应性和高度容错性；普适仿真应用技术。

（10）网络化仿真应用技术

网络化仿真的意义在于其应用。除了传统的应用，还需要探索研究其新的应用。其中仿真对大数据的支持技术、仿真对人工智能的支持技术、云计算仿真对云计算的支持技术是需要重点研究的应用领域。

（11）仿真对大数据的支持技术

由于真实世界的不可控性，收集大规模、多样化的真实数据存在着较多困难，数据收集工作处于较为被动的地位，在很多时候，无法得到令人满意的结果。此外，数据标注也是一件费时费力的工作，尤其是对海量数据进行多种信息的标注，在耗费巨大人力物力的情况下，也时常无法保证标注的精确性。因此，产生了通过创建仿真大数据来对模型进行训练和测试的思路。

近些年，伴随着计算机图形学、虚拟现实等技术的发展，通过游戏开发引擎等工具来搭建逼真的虚拟场景，进而展开各种科学研究逐渐引起人们的重视。相比于真实世界，虚拟场景在可控性方面有着巨大优势。借助计算机图形学软件提供的指令和接口对场景参数进行改变，来满足个性化的需求。此外，由于虚拟场景的生成建立在数学模型的基础上，因此可以利用图形学机理来对感兴趣信息进行获取，从而解决像数据标注这样的棘手问题。

基于仿真数据的挖掘（Simulation Based Mining），战争只有通过仿真才能提前受益，因此采用仿真的手段产生大量的数据，并对这些数据进行分析，也是一种达到研究体系目的的方法，其中人在回路的仿真所产生的数据最值得深度分析和挖掘，这些数据蕴含着真实的指挥员在作战中的思维、决策与行动信息。可以看出，大数据分析方法是从实际或者仿真的作战结果数据，去倒推体系中的关键成分和因素，这与我们传统的分析方法有着较大差异，是一种非常值得关注的仿真数据分析新方法。

（12）仿真对人工智能的支持技术

人工智能算法多是依赖于大量的数据，这些数据往往需要面向某个特定的领域（例如电商、邮箱）进行长期的积累。如果没有数据，就算有人工智能算法也白搭。仿真对人工智能的支持，一个主要的方面是为人工智能提供数据。另一个方面研究面向新型人工智能系统的建模与仿真技术，提升新型人工智能系统建模、优化运行及结果分析 / 处理等整体智能化水平。后者对建模理论与方法、仿真应用工程技术、仿真支撑技术都有新的挑战。

对仿真支撑技术的挑战主要包括五类：一是人工智能仿真云；二是智能化虚拟样机工程；三是面向问题的人工智能仿真语言；四是构建面向边缘计算技术的智能高性能建模仿真系统；五是研究基于跨媒体智能的可视化技术。对仿真应用工程技术的挑战主要包括三类：一是智能仿真模型校核、验证与验收（VV&A）方法；二是智能仿真实验结果管理、分析与评估；三是大数据智能分析与评估技术。

（13）仿真对云计算的支持技术

通过云计算仿真研究，使不同云平台用户在不同时间的服务请求的总完成时间最小，而且使资源得到充分利用，提高云计算的资源利用率和运行效率。使用网络化仿真平台作为实验环境来进行云计算环境中虚拟资源仿真实验，来评估虚拟资源调度算法，既可以考察算法所得的结果，也可以测试不同规模数据中心的运行效果。同时，基于云计算仿真，用户可以反复测试自己的服务，在部署服务之前调节性能瓶颈既节约了大量资金，也给用户的开发工作带来极大的方便。

3.6　未来网络化仿真科技领域发展路线图

3.6.1　中国未来网络化仿真科技领域发展路线图的制定

网络化仿真技术的发展，一是受到广泛应用需求的牵引，二是得益于信息技术等相关领域的技术进步对仿真实现手段的有力支持。因此中国未来网络化仿真科技领域发展路线图的制定思路是，在研究分析国外相关应用和支撑技术，综合分析美国、德国、欧盟等国家和地区的政策措施基础上，归纳总结网络化仿真的内涵。

应用需求重点考察经济、社会、国防和科学技术发展对网络化仿真的需求。结合网络化仿真科技发展趋势及其国内外研究现状，并考虑到未来我国经济、社会、国防和科学技术发展的应用需求制定路线图。

未来科技的发展不再是单一学科突破，而是众多学科和技术全面突破。网络化建模仿真的发展有赖于信息科学、系统科学、网络技术等多学科的发展和高层次大跨度的交叉。网络已经开始史无前例地连接着世界上的人、机、物，并快速反映其需求、知识和能力；大数据成为人类社会不可忽视的战略资源；高性能计算能力的大幅提升，提供了人工智能实施的保障；以深度学习为代表的人工智能模型与算法的突破及数据和知识在社会、物理空间和信息空间之间的交叉融合与相互作用等，促进了新计算范式的形成，这些都极大地推进网络化仿真的发展。

支撑技术重点研究新互联网技术（物联网、车联网、移动互联网、卫星网、天地一体化网、未来互联网等）、新信息技术（云计算、大数据、5G、高性能计算、建模/仿真、量子计算、区块链技术等），以及新一代人工智能技术（基于大数据智能、群体智能、人机混合智能、跨媒体推理、自主智能等）的快速发展，可能引发的网络化仿真新模式、新手段和新生态系统的变革。

网络化仿真发展路线图应具有方向性、战略性与一定的可操作性，刻画清楚网络化仿真核心科学问题和关键技术，为更具有前瞻性地思考与谋划未来网络化仿真科技领域发展战略提供发展建议。

3.6.2　中国未来网络化仿真科技领域发展目标

2030 年，突破面向复杂系统高效能仿真支撑平台技术，解决领域仿真资源共建共享的技术问题，在形成通过网络以按需、易扩展的方式获得所需的仿真服务模式基础上，初步形成领域的云仿真服务模式。

2040 年，研究突破基于人工智能的网络化仿真技术、大数据环境下的网络化仿真技术等关键技术，解决领域本体构建问题，支持为每个应用领域建立一个智能化云仿真环境，形成领域的智能化云仿真服务模式。

2050 年，研究各种仿真建模理论和方法的综合方法，突破多尺度的异构数据和模型整合技术、体系化的仿真实验方法与技术、适应于大规模仿真的超级计算机技术、动态地球模拟器架构与集成技术，构建动态地球模拟器，实现跨专业多学科对各类复杂系统全生命周期进行协同仿真研究，形成普适化仿真服务。

同时培养一批网络化仿真的优秀团队与学术带头人，到 2030 年时，进入世界前列；到 2050 年时，处于世界领先。

2050 年后，网络化仿真长远的预期发展是建立 Matrix 那样的虚拟世界。

3.6.3　中国未来网络化仿真科技领域发展路线图

按中国未来网络化仿真科技领域的发展目标，其发展路线图分为三个阶段，如图 3-3 所示。

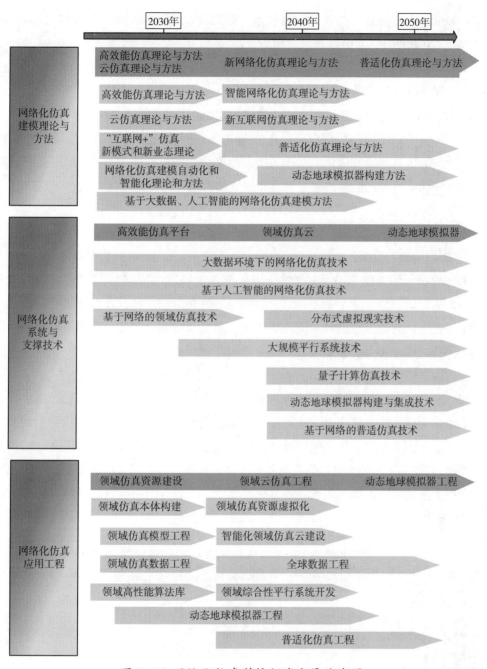

图 3-3　网络化仿真科技领域发展路线图

　　第一阶段（到 2030 年），以应用领域的仿真应用为牵引，面向高端仿真用户和海量用户群以及虚拟 / 构造 / 实装（三类）仿真的高效能仿真计算机系统为目标，初步融合先进信息技术（高性能计算、大数据、云计算 / 边缘计算、物联网 / 移动互联网等）、先进人工智能技术（基于大数据的人工智能、基于互联网的群体智能、跨媒体推理、人机混合智能等）与建模仿真技术，开展智能化高效能仿真计算机系统研究，建立适应"互联网+"的仿真新模式和新业态。

第二阶段（到 2040 年），以各个应用领域的仿真应用为牵引，面向领域中各类仿真用户，深度融合先进信息技术、先进人工智能技术与建模仿真技术，开展智能、高效的仿真云研究，建立服务于各个应用领域的智能化云仿真服务模式。

第三阶段（到 2050 年），以普适化仿真应用需求为牵引，面向所有仿真用户，综合各个领域的仿真系统和应用，基于各类新型网络、脑机互联、万物互联和量子计算技术，开展动态地球模拟器研究，形成多层次的普适化仿真服务。

3.6.4 网络化仿真建模理论与方法发展路线图

网络化仿真建模理论与方法发展路线分为三个阶段，如图 3-4 所示。

第一阶段（到 2030 年），在高效能仿真理论与方法研究基础上，重点研究云仿真理论与方法，研究服务于全领域的"互联网+"仿真新模式和新业态。研究仿真建模自动化和智能化的理论与方法，研究应用领域复杂系统的可视化建模方法，研究基于数据耕种的网络化仿真实验方法，启动智能网络化仿真理论与方法研究。在各个应用领域建立领域模型框架。

第二阶段（到 2040 年），重点研究智能网络化仿真理论与方法，研究仿真系统与其他系统融合的方法，研究基于大数据、人工智能的网络化仿真建模方法。启动普适化仿真理论与方法研究。基于领域模型框架，各个应用领域建立标准化的模型库。

第三阶段（到 2050 年），重点研究普适化仿真理论与方法，研究动态地球模拟器构建方法。形成可以互操作的领域模型框架体系，不同应用领域的模型实现互操作。

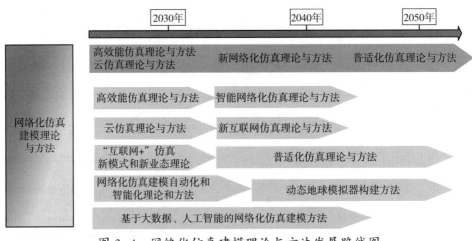

图 3-4　网络化仿真建模理论与方法发展路线图

3.6.5　网络化仿真系统与支撑技术发展路线图

网络化仿真系统与支撑技术发展路线分为三个阶段，如图3-5所示。

第一阶段（到2030年），重点研究基于云计算的领域仿真支撑技术，各个应用领域建立服务于各类仿真用户的网络化仿真环境。以应用领域为对象，开展基于云计算的领域仿真技术、大数据环境下的网络化仿真技术、基于人工智能的网络化仿真技术研究，各个应用领域建立服务于全领域仿真用户、基于领域仿真云的网络化仿真环境。

第二阶段（到2040年），重点研究面向普适化的智能仿真支撑技术，各个应用领域建立高度智能的网络化仿真环境。研究基于新型网络的普适化仿真技术、分布式虚拟现实技术、大规模平行系统技术。拓展大数据环境下的网络化仿真技术、基于人工智能的网络化仿真技术研究到各个仿真应用领域，各个应用领域建立高度智能和用户友好的网络化仿真环境。启动量子计算仿真技术、动态地球模拟器的构建与集成技术研究。

第三阶段（到2050年），重点研究量子计算仿真技术、机脑互联仿真交互技术，实现全方位仿真的动态地球模拟器。深化基于新型网络、脑机互联、万物互联、量子计算和大数据环境下普适化仿真支撑技术研究，构建能够提供普适化仿真能力的动态地球模拟器，全面实现多层次的普适化仿真。

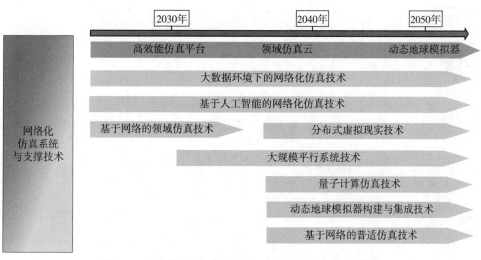

图3-5　网络化仿真系统与支撑技术发展路线图

3.6.6　网络化仿真应用工程发展路线图

网络化仿真应用工程发展路线分为三个阶段，如图 3-6 所示。

第一阶段（到 2030 年），重点进行领域的仿真资源建设，开展领域仿真模型工程、领域仿真数据工程、领域本体工程和领域高性能的仿真算法库建设，建立领域仿真云，为经济、社会和国防等领域提供仿真模型、算法和工具的 Web 化服务。

第二阶段（到 2040 年），重点进行领域仿真资源的虚拟化、集成和共享建设，开展智能化领域仿真工程，构建智能化领域仿真云，一个可视化、智能化、多功能实时社会经济仿真云，提供仿真应用系统的云仿真服务。基于领域仿真云，为经济、社会和国防领域的仿真应用构建综合性平行系统。

第三阶段（到 2050 年），重点进行动态地球模拟器工程建设，提供普适化仿真服务，应用于分子动力学蛋白质折叠、天气预报、药物研发、探索太空、核等仿真，实现仿真模型运行与实际系统同步进行，实际世界人们关注的部分在动态地球模拟器中有数字孪生，信息虚体与物理实体之间的交互联动，人们可以随时就普遍关心的问题向模型提出咨询，模型能够迅速地对这些问题作出准确的解释和回答，在不同粒度上对事件未来的可能发展进行探索。

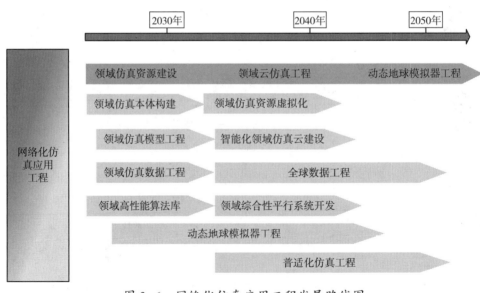

图 3-6　网络化仿真应用工程发展路线图

第4章　智能仿真发展趋势预测及路线图

4.1　智能仿真概要

智能仿真是人工智能与仿真技术的结合，既包括利用人工智能技术辅助仿真建模、交互与分析，也包括对智能系统（包含人的系统以及复杂自适应系统）、人工智能系统（类脑智能机器人）、智能（人脑和生物脑）的建模。

4.1.1　智能仿真的定义

进入20世纪90年代之后，伴随着人工智能、人工生命、机器人学、计算机系统、自动化系统向拟人化、人性化方向的发展，仿真系统逐渐向智能化方向发展，智能仿真已经引起仿真领域的普遍关注。1995年，涂序彦先生在《智能管理》专著中，曾提出"智能仿真"的概念，他认为"人工智能＋仿真技术＝智能仿真"。2011年，他又将广义模型与软件人引用到系统建模与计算机仿真中，建议研究开发基于"广义模型"与"软件人"的拟人仿真系统，这将有助于传统仿真技术向智能化的方向迈进。

徐庚保认为："智能仿真是指所有基于仿真的智能系统研究，主要包括人工智能的仿真研究、智能通信仿真、智能计算机的仿真研究、智能控制系统仿真、数据挖掘和知识发现、智能体、认知和模式识别等。"

前者的定义是从技术手段角度定义的，例如，利用知识库和专家系统为仿真建模的建立提供咨询服务，以及用于仿真结果的检验和可信度分析。后者的定义是从仿真对象角度来定义的。因此，胡晓峰教授将对智能（智能系统、人工智能）建模与人工智能辅助仿真区别开来，他认为："对智能建模是通过建模仿真技术对人类等智能系统的机理和过程进行研究；人工智能辅助仿真则是将人工智能方法引入仿真，辅助仿真建模、仿真交互和仿真分析。"

进入21世纪，随着科学技术的迅猛发展，各国又将人工智能作为未来的研究战略，新型人工智能系统成了智能仿真的研究对象，而面向新型人工智能系统的建模与仿真技术也呼之欲出。李伯虎院士认为："面向新型人工智能系统的建模与仿真技术是指现代建模与仿真技术与新一代人工智能科学技术、新一代信息通信技术，以及各类应用领域专业技术进行深度融合,以各类大数据资源、高性能计算能力、智能模型/算法为基础,以提升新型人工智能系统建模、优化运行及结果分析/处理等整体智能化水平为目标的一类建模仿真技术"。这一观点进一步丰富了智能仿真的内涵。

2013年以来,以美国为首的西方发达国家先后颁布了人工智能和脑的研究计划。对脑的研究和模拟成了智能仿真领域又一个研究热点,具有非凡的重要意义。首先是形成综合性的认知原则。通过使用脑模拟平台,可以系统地剖析控制具体行为的神经回路,模拟各级脑组织中的基因缺陷、病变和细胞丧失,建立药效模型。此外,通过模型模拟人类区别于其他动物而独有的能力,并使之可以直接应用于医学和其他技术。其次是发展未来计算技术。开发出将神经形态计算装置与常规超级计算技术相结合的综合技术;建立拥有巨大潜在市场的神经形态计算和神经机器人的应用原型,其中将包括用于家庭、制造业和服务业的机器人,以及用于汽车、家用电器、制造业、图像和视频加工以及通信技术领域的数据挖掘和控制器这类"无形的"但同样重要的技术。

但是,无论是对脑智能、智能系统、新型人工智能系统进行建模,还是将人工智能技术应用于仿真过程中,都离不开人工智能与仿真的结合。所以,智能仿真技术是在人工智能与仿真技术相结合的基础上发展起来的。图4-1给出了智能仿真的内涵与外延。

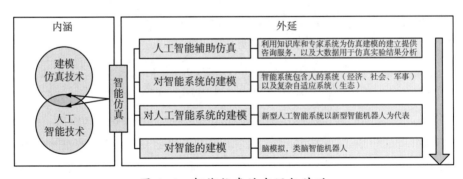

图4-1　智能仿真的内涵与外延

智能仿真的兴起与发展主要有以下几点原因:一是利用人工智能辅助仿真是信息化的高级阶段。从20世纪80年代知识库、专家库应用于仿真的算法库、模型库、数据库中,到模糊逻辑、神经网络、进化算法应用于建模与仿真中,再到深度学习、深度强化学习与Agent技术的深度结合催生了Alpha Go和"星际争霸"AI,人工智能与仿真的结合是信息技术发展的必由之路,也是信息化发展的高级阶段。二是人工智能技术的发展提供了越来越好的手段和条件。进入21世纪以来,随着深度学习等人工智能技术的迅猛发展，文字识别、语音识别、图像识别、语音合成、自然语言理解、机器翻译等技术已经开始实用化，成为智能计算机领域中的标志性成果，这也为智能仿真技术的发展创造了有利条件。三是仿真的终极目标其实就是对智能进行仿真。人类的一切活动都有智能体现在内。当建模与仿真领域对物理世界有了较好的描述能力之后，对智能行为的建模仿真技术进行研究、建立智能仿真系统已经成为当前的重要发展方向，也是仿真的终极目的，实现复杂系统知识的增殖。

4.1.2　智能仿真的作用

随着智能仿真技术的飞速发展，仿真应用系统越来越体现出人性化、智能化的特点，与社会生产生活的各个方面也结合得愈加紧密，并对人类社会产生巨大推动作用。

（1）解决"人"的建模方法与仿真技术的难题，可以更好地帮助人类认识与改造客观世界

智能仿真可以描述国家政策、法规，领导意图、爱好，专家知识、经验，人际关系、情感等；智能仿真不仅可以主要用于建立机器、设备等"被动系统"，被控对象的模型，也可以建立主动系统中"人"的模型，控制者、决策者、指挥者的模型，也可以建立生物脑的模型；智能仿真具有自学习、自适应、自组织能力，可以满足发展中的复杂大系统建模的实际需要；智能仿真不再需要设计人员对仿真过程进行严格编排，只需设计好 Agent 的行为偏好、行为准则。智能仿真将建模对象扩展为脑、人和智能系统，可以更好地帮助人类认知和改造客观世界，特别是认识和改造复杂系统。

（2）提高系统建模与仿真的智能化、集成化水平，将对科技发展起到革命性的影响

由于人工智能的应用、人机智能结合，在仿真输入信息预处理、仿真模型生成、仿真算法的灵活性、有效性、仿真结果的分析与解释等方面，智能仿真体现出较高的智能化、集成化水平。智能仿真必将对科技发展起到革命性的影响。随着智能仿真科学与技术理论体系的完善、技术体系的深入、应用的推广，智能仿真科学与技术解决各行业领域问题的能力日益增强，将对科技发展起到革命性的影响，进而推动社会的进步。

（3）扩展系统建模与仿真的应用领域，可用于社会、经济、文化、艺术、军事领域

未来的智能仿真拥有适用范围大的广义仿真模型，求解效率高的智能仿真算法，图形化、集成化的综合仿真语言，多库协同的仿真支持环境，虚拟现实与增强现实结合的人—机界面、具有自解释的仿真结果分析。所以，智能仿真在工业、农业、国

防、商业、经济、社会服务和娱乐等众多领域必将具有更好的适用性,并将在系统论证、试验、设计、分析、维护、人员训练等应用层次成为不可或缺的科学技术。

4.1.3 智能仿真里程碑

如图4-2所示,智能仿真的发展可以分为三个阶段:第一阶段是初级智能仿真(20世纪80年代到90年代),这一阶段主要利用人工智能技术对模型的调用和算法设计提供建议,对仿真结果进行分析解释,如专家系统、定性仿真。第二阶段是中级智能仿真(20世纪90年代到21世纪初期),这一段主要利用人工智能技术对人的行为进行建模,以对复杂系统进行仿真,例如基于Agent的建模与仿真、计算机生成兵力。第三个阶段主要是脑模拟,以及利用大数据、深度学习、云计算、高性能计算机提升对智能系统的仿真,使仿真平台更加智能化。

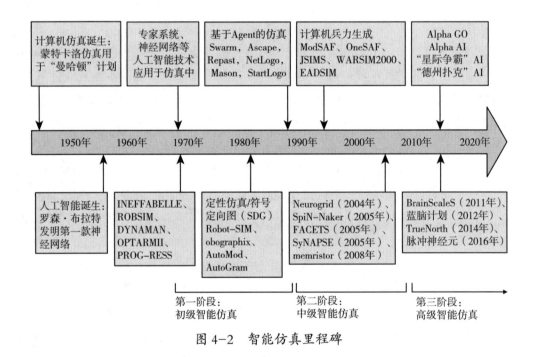

图4-2　智能仿真里程碑

(1)第一阶段:初级智能仿真

1)神经网络。模拟人脑神经元的神经网络理论模型最早出现在20世纪40年代。第一个把神经网络原理成功应用到图像识别的是康奈尔大学的心理学教授罗森布拉特。他在1957年制作的电子感知机因为能读入并识别简单的字母和图像而在当时引起轰动,引发了业界的诸多联想,使得很多专家预测在几年后计算机将具备思考功能。但是早期单层神经网络无法实现异或逻辑,再加上计算机运算能力的局限性,使得这一方向不久就停滞不前而让工业界和学术界失去了兴趣。

2）专家系统。20世纪80年代，许多学者开始将专家系统应用于仿真中，这样就催生了第一代智能仿真系统。如V. Baskaran和Y. V. Reddy开发了一个用于制造业的具有自反省功能的仿真环境，帮助用户进一步了解系统的动态特性和因果关系，以及预测系统在未来的变化环境中的行为；B. R. Gaines将专家系统、数据库和仿真技术结合在一起，开发了柔性制造系统的决策支持系统；美国NASA开发的仿真专家系统NESS能对仿真结果予以解释与说明，并能自动修改参数使输出满足性能要求；J. Shivnan和J. Browne把人工智能技术应用到生产企业的仿真中，开发了一个小规模生产企业的控制系统，用于车间调度和实时控制等。

3）定性仿真。20世纪60年代起就有学者开始结合人工智能技术、模糊数学等理论，对某些无法实验的系统进行仿真解释和评价。80年代，人工智能专家们对朴素物理系统进行定性推理的研究，取得了一些吸引人的成果，促进了定性仿真研究的兴起。1984年，Johan De Kleer和John Seely Brown在研究电路系统时，采用一种"流（confluence）"的概念来假设系统总是处于或接近一种平衡状态。Kenneth D. Forbus的定性进程理论QPT（Qualitative Process Theory）采用构造对象的"进程"的方法来描述系统的动态行为。Benjamin Kuiper总结自己和他人的经验，于1986年提出著名的QSIM（Qualitative Simulation）算法，他为动态系统的描述定义了一种较好的定性微分方程QDE（Qualitative Difference Equation）形式。模糊仿真，是采用模糊数学处理系统中的模糊不确定的信息。早期的模糊仿真，对离散事件中模糊不确定的因素进行模糊量化，使得这些因素能够参与数学计算。近年来，用模糊数学处理连续系统中的不确定知识得到迅速发展，比较著名的有Zadeh的一系列关于各种定性建模研究，Qiang Shen和Leitch在模糊定性仿真Fusim（Fuzzy Simulation）中用模糊数学选择最可能的系统行为。另外，在其他领域，由于研究对象的不同，不同的学者用不同的技术来处理系统的定性知识，具有代表性的有George J. Klir在通用系统问题求解GSPS系统中采用基于归纳的方法进行定性建模和仿真，George P. Richardson采用系统动力学方法研究社会系统的政策分析，Richard Scheines采用有向因果图的方法，直接从采样协方差矩阵快速获得系统的定性因果模型。Yumi Jwasaki用自包含的概念构造平衡系统和动态系统的定性模型，Jean U. Thomas提出关联图（Bondgraph）的概念，进行定性与定量相集成的建模，并进一步用类比方法进行系统分类与建模。

定性建模和定性仿真的研究在实践中有重要的应用价值，特别是在航空、化工、社会科学等领域的智能监控、故障诊断和顾问系统中，定性仿真方法在对复杂系统的建模、系统行为的分析与评价、提高专家系统的功能等方面，体现了较大的灵活性和有效性。

4）机器人仿真。机器人系统仿真是指通过计算机对实际的机器人系统进行模拟的技术。机器人系统仿真可以通过单机或多台机器人组成的工作站或生产线。通过系统仿真，可以在制造单机与生产线之前模拟出实物，缩短生产工期，可以避免不必要的返工。

国外很早便认识到机器人仿真在机器人研究和应用方面的重要作用，并从 20世纪 70 年代开始进行了这方面的研究工作。在许多从事机器人研究的部门都装备有功能较强的机器人仿真软件系统，它们为机器人的研究提供了灵活和方便的工具。例如，美国康奈尔（Cornell）大学开发了一个通用的交互式机器人图形仿真系统 INEFFABELLE，它不是针对某个具体机器人，而是利用它可以很容易建立所需要的机器人及环境的模型，并且具有图形显示和运动的功能。西德萨尔大学开发了一个机器人仿真系统 ROBSIM，它能进行机器人系统的分析、综合及离线编程，美国马里兰大学开发了一个机械手设计和分析的工具 DYNAMAN，它能产生机械手的动力学模型，根据需要可以自动产生 FORTRAN 的仿真程序，同时也可产生符号表示的雅可比矩阵。MIT 开发了一个机器人 CAD 软件包 OPTARM Ⅱ，它可用于时间最优轨迹规划的研究。密歇根大学开发了一个机器人图形编程系统——PROG-RESS，其特点是菜单驱动和光标控制，并能有 2D 图形符号来仿真外界的传感器和执行部件，以使用户获得更加接近真实的编程环境.

自 20 世纪 80 年代以来国外已建成了许多用于机器人工作站设计和离线编程的仿真系统，例如美国麦克唐奈·道格拉斯自动化公司开发了机器人仿真系统 PLACE，它主要用于机器人工作站的设计；PI Rensselaer Polytechnic Institute 研制了 GRASP。卡尔马公司在 GRASP 的基础上开发了 Robot-SIM 软件，它主要用于工作站设计和机器人选型。通用电气公司的研究开发部对 Robot-SIM 进行了改进工作。鹰图公司也研制了一个机器人仿真系统，它更加强调机器人的动力学特性和控制系统对精度及整个性能的影响。Computervision 公司开发了软件包 obographix，它具有产生机器人工作路径、仿真机器人运动及碰撞检测等多种功能。目前它能对 8 种常用的机器人进行仿真。Autosimulations 公司研制了两个机器人仿真软件包 AutoMod 和 AutoGram。AutoGram 是利用 GPSS 仿真语言的建模软件，AutoMod 是图形显示软件。Deneb 公司开发了 IGRIP软件，它主要用于工作站设计和离线编程。SRI 国际部研制了仿真软件包 RCODE，它具有几乎实时的碰撞检测功能。西德 Kadsruke 大学建立了机器人仿真系统 ROSI 和ROS2。法国 LAMM 开发了 CARO 系统，它主要强调三维数据库设计技术，快速性及能在小机器上运行是其追求的目标。以色列 OSHAP 公司推出了 ROBCAD，它主要用于工作站设计和离线编程，并能将程序下装到系统内。在以上介绍的软件大部分已经商品化，并已在很多生产和研究中获得了广泛应用。

（2）第二阶段：中级智能仿真

1）基于 Agent 建模与仿真。Agent 的概念最初由 Minsky 于 1986 年在其《思维的社会》一书中正式提出，而事实上，早在此之前，就已经有人把基于 Agent 的计算模型应用到复杂系统的研究中。例如 Cohen、March、Olsen 早在 1972 年就曾用多个 Agent 计算模型来研究组织选择问题；1978 年，Schelling 就用简单的计算机模型模拟了人口迁移问题。而关于 Agent 的定义，基于不同的研究背景和领域，迄今学界仍莫衷一是，这从国内学者对 Agent 的翻译即可见一斑：中文文献中对 Agent 译法有智能体、主体、智能 Agent 等，现在则逐渐趋向于直接使用 Agent。普遍认为，Agent 是人工智能和对象实体相结合的产物，能够自主连续地在可动态变化、存在其他 Agent 的环境中运行，并可与环境进行交互的实体。广义地讲，Agent 是具有自主性、社会能力（交互性）和反应特征的计算机软 / 硬件系统。

Epstein 和 Axtell 于 1996 年构建了基于 Agent 建模方法的经典的经济系统模型——"糖域模型"。该模型不仅能够用于研究简单的经济系统，而且能对环境变化、社会动向等社会现象研究提供基础。同年，美国桑迪亚国家实验室提出了美国微观经济分析模型——ASPEN，将遗传算法引入特定 Agent 的学习过程，从微观层面对美国经济进行了仿真研究。在随后的 10 年中，美国桑迪亚国家实验室又相继开发了 ASPEN-EE、CommASPEN、N-ABLE 等模型。

圣塔菲研究所中的 Arthur 与 Holland 于 1996 年提出了第一个人工股票市场模型，并开发了相应的仿真工具——SWARM。学者们利用该模型仿真了现实股市中的资产定价过程和价格波动，获得了丰富的结论，并形成了有关复杂性的微观形成机制与理论。此外，SWARM 具有通用的软件工具，为其他学者对复杂适应系统进行仿真研究提供了重要工具。

国外许多研究机构相继成立。在国外，圣塔菲研究所、加州大学、梅森大学都成立了复杂系统的研究实验室，并开发了多种基于 Agent 的仿真平台，如 Swarm、Ascape、Repast、NetLogo、Mason、StartLogo 等。

2）计算机生成兵力（CGF）。美国军方是 CGF 技术研究与应用的先行者，最早的应用可以追溯到 1983 年美国国防部高级研究计划局（DARPA）的 SIMNET 研究计划，该项目旨在构造一个大规模的网络仿真环境，进行复杂任务的综合训练，但出于成本的考虑，当时的仿真只能容纳 1000 人，而实际训练需要更多的参训者，那么剩余的作战实体只能由 CGF 替代。这些 CGF 实体必须由少数几个人控制，而且在其他参与者看来，CGF 的行为与真人别无二致。在随后的 30 多年里，美国军方建立了大量以 CGF 为核心的作战仿真系统，包括 ModSAF、OneSAF、JSIMS、WARSIM 2000、EADSIM。

美国的仿真专家 Mikel Petry 在 1992 年曾提出过 CGF 的 15 个研究方向，分别是：

CGF 的动作规划；仿真模型网络化和细节度可变的仿真；CGF 系统的知识获取和表示方法；自治性方法建模；系统及网络结构；仿真有效性检验；CGF 系统操作员接口；地形表示和基于地形的任务规划；战场态势监视作战单元与武器平台的路径规划；协同作战行为的实时协调；智能化的目标识别与选择；CGF 实体的自学习能力；对 CGF 实体的恐惧感、自保护能力和失误性的建模；CGF 的行为规范从当时来看 CGF 的研究重点在于实体行为的仿真，尤其是实体的智能行为经过十多年的发展，这 15 个方向中有的已经有了很大的发展。但是那些关系到实体智能行为实现的方向，虽取得了一定的进展，但总体来说，由于受到人工智能技术进步的限制，并没有质的飞跃。

（3）第三阶段：高级智能仿真

1）脑模拟。1989 年，加州理工大学 Carver Mead 撰文提出了"类脑工程"的概念，并撰写了名为《模拟 VLSI 与神经系统》（analog VLSI and neural systems）的书，采用亚阈值模拟电路来仿真 SNN，其应用是仿真视网膜。1990—2003 年，摩尔定律持续发展，基于冯诺依曼架构的处理器主频与性能持续增长，而脑模拟则 10 余年沉寂。2004 年左右，单核处理器主频停止增长，设计者开始转向多核，同时学术界开始寻求非冯·诺依曼架构的替代技术。脑模拟经过十多年的小众研究，开始引起广泛关注。

脑模拟的发展有两条途径：一条是研究新型的神经形态器件、神经网络芯片、类脑计算机，由于其重点是从硬件上突破冯·诺依曼架构，也可以将其称为"硬件模拟"。

另一条路径是基于大规模 CPU 或 GPU 集群的仿真系统，由于其重点是在现有冯·诺依曼架构下用软件进行模拟，所以也可以将其称为"软件模拟"。2005 年，瑞士洛桑联邦理工学院（EPFL）研究者 Henry Markram 与 IBM 合作启动了"蓝脑计划"（blue brain project），在 IBM Blue Gene/L 超级计算机上开展尽可能逼近生物真实的大规模仿生神经网络模拟。2012 年，蓝脑项目所模拟的最大神经网络包括 100 万个神经元与 10 亿个突触，其规模相当于蜜蜂的大脑，仿真速度比实时慢约 300 倍。2012 年 11 月 14 日，在美国犹他州盐湖城的 2012 超级计算大会上，IBM 的计算机专家提交了一份标题是《1014》的报告。报告所描述的研究被媒体称为"认知计算的里程碑"。使用了世界上运算速度最快的 96 台计算机，研究人员制造出了包含 5300 亿个神经元和 100 万亿个突触的人造"大脑"。但现有的结果并不是在生物学上或功能上的精确模拟，计算机仍然不能思考或是感受。

2）特定领域的智能仿真。随着大数据、深度学习、云计算、高性能计算机相继出现，为智能系统的仿真和智能化仿真平台创造了有利条件，人类更加接近仿真的终极目标，即对智能的仿真，AlphaGo、Alpha AI、德州扑克 AI、星际争霸 AI 成为特定领域智能仿真的里程碑成果。

4.2 国家发展对智能仿真的重大需求

经过几十年的发展，智能仿真的基本概念和基本实现方法已初步形成，并在许多行业领域取得了丰硕的应用成果，成为各行业发展的新信息技术支撑平台。而近年来，智能仿真正逐渐从社会、经济、军事仿真等应用向科学技术应用发展，各发达国家政府以及各大公司正努力抢占智能仿真及应用制高点。因此，我国经济、社会、国防和科学技术等领域的发展都对智能仿真提出了更高的应用需求。

4.2.1 经济发展对智能仿真的需求

（1）经济系统是包含人的复杂适应系统，智能仿真可以描述其复杂的涌现性，为重大经济的问题提供重要技术支撑

经济学在百年的发展中，逐步形成了以概念、假设、数据以及数学模型为基础的较为完整的理论体系。但是随着经济的发展，传统经济学受到了空前的挑战。首先，由于现实经济中涉及的因素众多，相互关系复杂，通常呈现非线性关系，给数学方法的运用带来了一定困难；其次，传统方法没有很好地解决经济系统的层次性结构问题，因此，无法对不同层次的特性差异给予一个整体性的解释，也就产生了宏观、微观相互脱节的理论体系上的缺陷；再次，传统经济理论对现实经济普遍存在的信息不完备与不确定性尚不能给予系统的解释；最后，传统经济中以观测数据为基础的经验主义的研究方法，无法深入了解经济的微观运行过程，从而降低了理论对现实的解释与预测能力。之所以产生这些复杂性，是因为经济系统本身是一个包含人的复杂适应系统，经济系统中个体的决策和个体的交互产生了经济系统整体的涌现行为。智能仿真中的基于 Agent 建模与仿真正好可以采用"自底而上"的方式对经济系统建模、仿真和分析。

目前在我国经济发展的关键时期，面临许多重大的经济问题，智能仿真技术能为这些问题的解决提供重要的技术支撑。具体来说，智能仿真有利于对经济发展规律进行预测，对影响经济发展的因素进行试验分析，对经济发展战略进行验证评估，支持最高决策层科学制定符合中国国情的经济发展目标，宏观调控经济发展速度和规模。

（2）智能仿真有助于实现"经济效益好、环境污染少"的可持续发展战略

21世纪的中国处在经济高速发展的阶段，但同时也面临着很多问题如环境污染、天然资源与能源耗竭等，智能仿真技术在不消耗能源的前提下实现技术的革新、社会的进步，为实现"经济效益好、环境污染少"的可持续发展战略做出巨大贡献。

（3）智能仿真在智能制造、电力市场、供应链等领域都有极大的应用需求，将继续不断刺激着我国经济的快速增长

智能仿真在国民经济领域中具有极大的应用需求。①智能制造。在当今，现代制

造系统正朝着集成化、柔性化和智能化方向发展，如计算机集成制造系统（CIMS）、精益制造系统（LPS）、灵敏制造系统（AMS）、智能制造系统（IMS）等，这些系统对产品制造过程组织和过程控制的柔性和智能性要求越来越高，分析这样的系统，采用传统的理论算法已经很难处理，甚至有时得不到可以参考的结论。面向智能制造系统的智能建模和仿真技术便应运而生。它是对制造系统进行分析、实验、评价的最经济、最安全的一种方法。尤其在分析复杂程度高的系统，它可能是唯一的途径。②电力市场。电力市场常用的传统研究方法是采用博弈理论，可以模拟绝大多数完全信息竞价模型，但是并不适用于不完全信息模型。此外，博弈论无论是对于对手的成本还是策略的假设，都仅仅是一种假设的集合，或者根据历史数据和经验，或者根据假设的广泛性，这是一个静态的决策，是限定对手策略，忽略了动态学习。智能仿真中的 Agent 技术的出现，极大地丰富了电力市场研究的方法。所有 Agent 知道的都是市场规则所赋予的数据，没有对对手本质的假设，只有从外部环境获得的信息，通过学习或者分析来制定自己的策略。对于电力市场中的不确定性和不稳定性都可以用 Agent 模型进行模拟、预测和处理。③供应链。由于供应链中成员是独立的决策主体和利益主体，供应链系统往往具有复杂性、自治性、分布性、并行性、动态性等特点，而在研究供应链问题中通常采用的集中式优化技术无法真实地反映供应链系统的这些特征。集中式模型本质上是一个集中优化模型，这与供应链成员的自治性和分布性有着潜在的冲突，有可能导致集中式模型事实上的不可用。集中式模型以优化为主要目标，往往没有考虑人的作用，而对于供应链这样一个复杂的经济系统，人的因素是无法回避的。集中式模型一般都是静态的，无法反映供应链的动态变化。采用基于 Agent 的分布式建模与仿真技术可以有效地部分或全部地克服上述这些问题。

（4）智能仿真产业本身是国民经济中高科技产业，其发展是我国经济转型的必然需求

随着仿真在经济、社会、军事、科技中的广泛应用，仿真模型、数据、仿真器、仿真软件、仿真计算机、可视化引擎等仿真产品的研发、推广、实施和维护实际构成了巨大的仿真产业链。智能仿真是仿真领域中的后起之秀，而智能仿真产业更是国民经济中的高科技产业，对于我国实施新的创新型国家战略，进行供给侧改革，推行"一带一路"倡议具有重要的意义。

4.2.2　社会发展对智能仿真的需求

（1）智能仿真可以对社会系统进行建模，对社会发展规律进行预测，对影响社会发展的因素进行试验分析，对社会发展政策进行验证评估

社会的基础是人，是个体之间的相互关系的集合。因此社会的发展，就是构成社

会的各种要素前进的、上升的变迁过程，可以看作是个体行为的相互影响作用后形成的错综复杂的发展过程，这其中包含经济、文化、政治、习俗、体制等一系列的社会存在的总体发展。社会系统具有适应性、复杂性及层次性等特点，运用 MAS 理论仿真社会系统中大量个体或组织的相互作用和影响，是研究和解决社会问题的一个有效方法。因而，我们可以在计算机中建立每个人的个体模型，这样的计算机中的人模型被称为 Agent；然后让这些 Agent 遵循一定的简单规则相互作用；最后通过观察这群 Agent 整体作用的涌现属性找到人工社会的规律，并用这些规律解释和理解现实人类社会中的宏观现象。此外，智能仿真可以对社会发展规律进行预测，对影响社会发展的因素进行试验分析，对社会发展政策进行验证评估。

（2）智能仿真可以助力实现全面建设小康社会这一社会发展重大战略

全面建设小康社会是我国社会发展的重大战略目标，涉及方方面面的影响因素，从理论上形成了一个开放的复杂巨系统，体现出层次性、自治性、不确定性、非线性、开放性、时空多变性及涌现性等典型特征。如何把握这一系统的发展方向，立足于顶层设计，从可持续发展、生态优良、社会稳定、民族团结、生活富裕、文化教育、医疗健康等不同评价指标方面建立对社会发展的仿真模型，有效地指导社会发展战略的制定和实施，这同样对智能仿真提出了理论和实践上的挑战，需要进一步创新思维，突破新的理论、方法和技术，形成有效工具，构建适应社会发展模型的仿真环境，为验证社会发展的途径、考核关键指标提供支撑理论和技术。

4.2.3　国防发展对智能仿真的需求

（1）智能仿真可以推动训练模拟器的更新换代，提高作战人员的军事素质

现代武器装备的使用维护费用越来越昂贵，研制各种武器平台的模拟训练器是各国军队的必然选择。这样一方面可以减少武器装备不必要的使用费用，另一方面减少对各种训练条件的限制，达到最大的效费比。利用人工智能技术提高模拟器训练效能是未来的重要发展方向，例如美国的开发的 Alpha AI。

（2）智能仿真可以更好地对智能武器进行建模和仿真，提高智能武器的战技术性能，加速高科技应用，引导新型智能武器研制，促进新型智能武器发展

无人机、无人地面车辆已经大量运用于现代战争中，未来战争是智能化战争。利用智能仿真技术对这些无人智能武器系统进行建模和仿真，可以缩短系统设计研发周期，提高智能武器的战技术性能，加速高科技应用，引导新型智能武器研制，促进新型智能武器发展，更合理地运用智能武器。

（3）智能仿真可以使建模仿真真正成为"战争实验"

在军事领域，由于作战双方大量交互且过程频繁，采用还原论的建模方法难以刻

画模拟，而将人工智能技术与 Agent 的建模与仿真方法结合起来，能够将个体微观行为与系统整体属性有机结合起来，事实证明对于模拟研究真实战争状况行之有效。智能仿真可以用于选择最佳作战方案，制订周密的行动计划，对作战组织指挥起到重要作用，也可以更好地研究新的作战思想、作战理论，制订战略计划。EADSIM 是一个集分析、训练、作战规划于一体的多功能仿真系统，是描述空战、导弹战、空间战的"多对多"的仿真平台，1987 年由美国陆军战略防御司令部和导弹司令部联合研制，布朗工程公司（Teledyne Brown Engineering）负责维护升级，最新版本为 V18.0。EADSIM 是美军应用十分成功的仿真系统之一，是防空反导仿真领域最全面、应用最广泛的仿真系统，全球的用户已经超过 400 个。在海湾战争期间，美军利用 EADSIM 系统完成了"沙漠盾牌"和"沙漠风暴"作战计划的制订与作战方案的拟制，为美军取得海湾战争的胜利发挥了重要作用。

（4）智能仿真可以进一步提高模拟训练的效率和效益

现代军队进行实兵演习不仅代价高昂、危险性大，而且还受到政治、舆论、自然环境等因素的影响，难以满足作战模拟数量和质量的要求。因而世界各军事强国都很重视发展虚拟仿真技术，研制并装备了大量人在回路的模拟器。但随着作战仿真规模越来越大，对参与仿真运行的模拟器和导训人员需求量急骤增加。与此同时，武器装备的更新换代速度却在加快，科技水平也越来越高，模拟器的价格不断增长。这一矛盾使得虚拟仿真运行成本增加、效益变小，仿真的规模也受到限制。人工智能和计算机仿真的快速发展，使计算机生成兵力（CGF）技术逐渐成为解决这一矛盾的有效途径。

4.2.4 科学技术发展对智能仿真的需求

智能仿真是科技发展的有效途径，具有广阔的应用前景。在医学中，Agent 可以模拟病毒的传播和感染过程，为疾病的控制和预防提供一定的帮助；在化学中，Agent 可用来模拟原子、分子等各种微观粒子在化学反应中的相互作用，从而研究化学反应的过程；在交通领域，Agent 也可用于模拟人员疏散过程；在物理学中，Agent 也成功地用于解释磁铁的磁性、流体中的湍流、晶体的生长等自然界中的神奇现象，这些奇特性质都是组成系统的微观单元之间的相互作用在宏观层面上的整体表现。

4.3　国际智能仿真前沿与发展趋势

当今世界人工智能、建模与仿真技术迅猛发展，了解世界主要国家的智能仿真发展战略、国际主要智能仿真科学研究计划，把握国际智能仿真发展趋势，可以使我国的智能仿真发展路线图更符合智能仿真发展趋势。

4.3.1 世界主要国家的智能仿真发展战略

4.3.1.1 军事领域

美国国防部高度重视仿真技术的发展，一直将建模与仿真列为重要的国防关键技术，并把建模与仿真看作是"军队和经费效率的倍增器"。1992年美国国防部公布了"国防建模与仿真倡议"，并成立了国防建模与仿真办公室，同年7月公布了"国防科学技术战略"，其中的"综合仿真环境"被列为保持美国军事优势的七大推动技术之一；1997年美国将"建模与仿真"列为有助于能极大提高军事能力的四大支柱（战备、现代化、部队结构、持续能力）的一项重要技术。2016年9月，在空、天、网会议上，美国国防部强调，"第三次抵消"战略要素要利用人工智能和自主技术的进步，使美军重新获得作战优势并强化常规威慑。美国第三次"抵消战略"中提到，海量数据处理领域将成为国防部研发投资重点之一，这是重要的军事能力发展方向，运用大数据系统实现前所未有的数据访问能力，通过创新方法充分利用数据，并将数据应用于作战领域，提高作战能力。2013年10月，美国国防科学委员会发布了题为《赢得2030年优势的技术与创新驱动器》报告，建议国防部对当前难以完全实现的高效能技术给予重点关注，在面临战争威胁和预算削减带来巨大挑战的情况下，应采用更先进更优化的仿真实验方法。

美国国防部于"2013—2017年科技发展五年计划"提出了未来重点关注的几大颠覆性基础研究领域，与智能仿真相关的技术领域有：量子仿真，探索面向量子态操控能力分析和不同量子系统的理论模型和仿真方法；人类社会行为预测数学模型，建立准确的人类社会行为预测数学模型，为战略、行动、战术决策和计划提供支持；沉浸式训练与任务演习，研发微精尖端传感器、现实增强、有效人机接口，为高效低廉培养实战能力提供支撑；大数据仿真，基于社交网络的大数据分析，面向体系仿真的大数据管理和融合等；人脑认知仿真，探索脑结构与功能关联性进展、脑信号分析的大规模并行计算，解决从脑信号预测人类行为的逆向问题、整合个体人脑变量的模型开发等。这将为智能仿真的发展注入新的活力和动力。

当前，为推动下一代仿真技术的发展，美军已经开展了相关技术研究，如美国陆军战略规划要求下一代分布式LVC训练采用面向服务的体系结构（SOA）、云计算、虚拟化概念和技术。约翰·霍普金斯大学应用物理实验室（JHU/APL）进行了一项称为"LVC未来"的研究，研究2025年前的新兴技术与过程及其对建模与仿真活动的影响；面向复杂系统的高性能仿真是新模式、新手段和新业态下现代建模与仿真技术的一个重要研究焦点，它以先进信息技术（高性能计算、大数据、云计算/边缘计算、物联网/移动互联网等）、先进人工智能技术（基于大数据的人工智能、基于互联网的群体智能、跨媒体推理、人机混合智能等）与建模仿真技术的深度融合为技术手段，以优化复杂系统建模、仿真运行及结果分析等整体性能为目标的一种建模与仿真系统，其发展受到高效能建模与仿真系统的硬件、软件、算法和应用的综合推动，将在具有多样本分析、超实时仿真、因果序协同、复杂模型解算等特点的复杂电磁环境下的武器装备体系论证、装备体系效能评估、装备应用战法研究发挥着越来越重要的作用。

4.3.1.2 民事领域

2013 年以来，全球掀起人工智能（AI）研发浪潮，美国、日本、英国、德国等世界科技强国均予以重点关注，努力将人工智能上升为国家战略，纷纷出台"人工智能""人脑""机器人"的研究战略、计划，力争抢占产业技术的制高点。2016 年以后，这一趋势更加明显，主要国家均将人工智能摆在了重要位置，提升其战略地位。这些研究战略和计划将人工智能和建模仿真紧密联系，为智能仿真带来了巨大的发展机遇。

（1）人工智能

美国在人工智能领域占据全球主导地位，其政府在支持人工智能、智能机器人发展方面发挥了重要作用。2016 年 5 月，美国白宫成立了人工智能和机器学习委员会，协调全美各界在人工智能领域的行动，探讨制定人工智能相关政策和法律。2016 年 10 月，美国白宫发布了《为人工智能的未来做好准备》《国家人工智能研究与发展战略规划》两份报告，将人工智能上升到美国国家战略高度，为国家资助的人工智能研究和发展划定策略，确定了美国在人工智能领域七项长期战略，如图 4-3 所示。

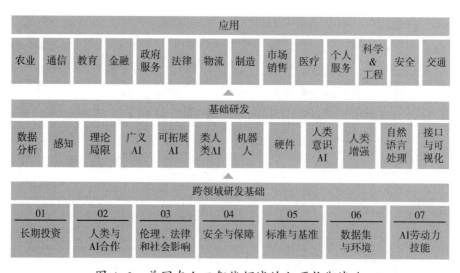

图 4-3 美国在人工智能领域的七项长期战略

（2）机器人

2013年，美国政府将22亿美元的国家预算投入到先进制造业，"国家机器人计划"是其中的投入方向之一，并颁布了《美国机器人技术路线图2013版：从因特网走向机器人》，如图4-4所示。该路线图由佐治亚理工学院、卡内基梅隆大学、斯坦福大学等美国顶级机器人学术研究机构组织引导，经过多次专题研讨会探究，最终形成的面向美国机器人产业未来15年的发展指南，其中"建模、仿真和分析"作为机器人发展的基本技术之一。

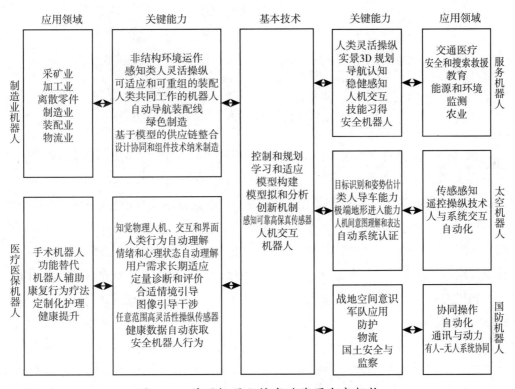

图4-4 美国机器人技术路线图内容架构

2013年12月，欧盟委员会与欧洲机器人协会合作完成了SPARC计划，资助机器人领域的创新，2020年欧委会投资7亿欧元，使欧洲机器人行业年产值增长至600亿欧元，占全球市场份额提高至42%。2015年12月，SPARC发布了机器人技术多年路线图，为描述欧洲的机器人技术提供一份通用框架，并为市场相关的技术开发设定一套目标，如图4-5所示。

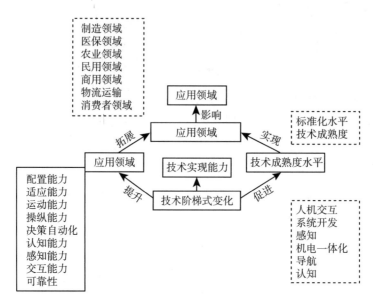

图 4-5　欧盟机器人技术路线图内容架构

　　2013 年，英国将"机器人技术及自治化系统"列入了"八项伟大的科技"计划，宣布要力争成为第四次工业革命的全球领导者。2014 年 7 月，创新英国（Innovate UK）项目支持成立的"特殊利益团体"，发布机器人技术及自治化系统的 2020 年国家发展战略，规定其发展目标，希望在 2025 年获得届时估值约 1200 亿美元的全球机器人市场 10% 的份额。2017 年 1 月，英国政府宣布了"现代工业战略"，增加的 47 亿英镑的研发资金将用在人工智能、"智能"能源技术、机器人技术和 5G 无线等领域。

　　德国对人工智能、智能机器人的支持，主要集中在"工业 4.0"计划，涉及的机器感知、规划、决策以及人机交互等领域都是人工智能技术的重点研究方向。2012 年，德国发布 10 项未来高科技战略计划，以"智能工厂"为重心的工业 4.0 是其中的重要计划之一，包括人工智能、工业机器人、物联网、云计算、大数据、3D 打印等在内的技术得到大力支持。2015 年，德国启动"智慧数据项目"，以千万级欧元的资金资助了 13 个项目，人工智能也是其中的重点。

　　日本依托在智能机器人领域的全球领先地位，积极推动人工智能的快速发展。2015 年 1 月，日本发布"机器人新战略"，提出了"世界机器人创新基地""世界第一的机器人应用国家""迈向世界领先的机器人新时代"三大核心目标，并制定了五年计划。2016 年 1 月，在第五个科学与技术基础五年计划中，日本提出名为"超级智能社会"的未来社会构想，发展信息技术、人工智能以及机器人技术。同年 5 月，日本政府制订高级综合智能平台计划（AIP），提出集人工智能、大数据、物联网、网络安全于一体的综合发展计划，为开展创新性研究的科研人员提供支持。2017 年，日本制定了人工智能产业化路线图，计划分 3 个阶段推进利用人工智能技术，大幅度提高制造业、物流、医疗和护理行业效率，如图 4-6 所示。

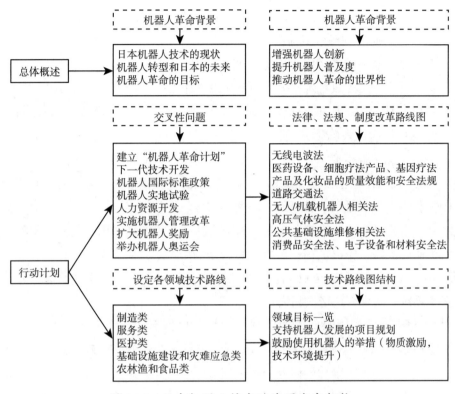

图 4-6　日本机器人技术路线图内容架构

（3）脑计划

近十来年，模拟人脑神经元网络以实现智能这一研究思路再次活跃，这些研究在体系结构和底层功能上更多地借鉴了人脑，在网络规模上也向人脑看齐，力图对人脑神经元网络进行"逼真"模拟。如果要实现脑模拟，一方面要综合关于人脑神经元网络结构和功能的已有知识，同时要继续推动相关研究，在多层面上展开对人脑神经元网络生理和动力学的研究，以期不断获取新的知识，使人工网络更加"逼真"；另一方面要利用高性能计算技术实现超大规模的网络建立、训练和应用。分散的研究团队不具备开展这种规模研究的支撑条件和学术背景，需要在国家层面上制订统一协调的研究计划。

总体看，围绕脑科学的国际竞争博弈日趋激烈。美国相继提出"神经科学研究蓝图"计划（2005 年）、投资达 30 亿美元的《通过推动创新型神经技术开展大脑研究国家专项计划》（2013 年）、《国家人工智能研究与发展战略规划》（2016 年）；欧盟将"人脑工程计划"列入未来新兴旗舰技术项目（2013 年），计划 10 年投资 10 亿欧元；日本出台了为期 10 年的"大脑和精神疾病计划"（2014 年）；韩国在 2016 年新发布《脑科学研究推进计划（2008—2017）》基础上，旨在到 2023 年发展成为脑研究新兴强国的《大脑科学发展战略》；加拿大提出"加拿大脑战略"（2011 年）等。另外，美国神经科学学会 2011 年发布《神经科学 10 年计划》，并提议"进行投资和采取全国一致行动的时刻已经到来"；欧洲脑科学理事会先后在 2011 年、2016 年发布凝练未来重点发展领域的《欧洲脑科学研究共识》。艾伦研究所、谷歌公司、微软公司、百度公司等一大批知名研究机构和企业纷纷加入这一快速兴起的领域。

在各国脑计划中，模拟脑成为各脑研究计划的目标之一。欧盟 HBP 计划的一个主要目标就是利用从大脑得到的模型发展新型计算技术。计划的第六个子项目称为"Brain Simulation（脑模拟）"，项目将在抽象计算模型、单点神经元模型、分子水平上的神经环路和小脑区模型以及可动态切换多层级描述模型等多个方面展开对大脑的模拟。HBP 拟在基因、递质、神经元、环路、脑区、全脑网络等层面上同时对大脑展开研究，这些研究是对"脑模拟"项目的有力支撑，获得的新知识将使模拟网络更加逼真。除了研究大脑，HBP 的另一个重要目的是利用大脑，研究类脑计算技术，实现智能、高效、低功耗的计算技术。计划 2022 年在计算平台中引入类脑的信息交互和数据计算子系统，实现百亿亿次超级计算。

美国 NIH 执行 BRAIN 计划时，强调"在 BRAIN 计划开展初期，神经科学的实验技术手段是推动整体研究的关键"。美国国家科学基金会（NSF）对 BRAIN 计划的定位是生成一组用于大脑功能研究的物理或概念性工具，用于更全面地理解思维、记忆、行为等大脑动态机制，具体研究内容包括：不同生物的神经系统比较、神经活动理论和计算模型的建设、大脑检测探针和新型传感材料、光学和电子检测工具等。

美、欧、日、韩脑科学家重大规划 / 项目如表 4-1 所示。

表 4-1 美、欧、日、韩脑科学重大规划 / 项目

	美国	欧盟	日本	韩国
名称	BRAIN 计划	HBP 计划	Brain/MINDS 计划	第二期脑促进基本计划
投资	30 亿美元 /10 年（2017 财年已达到 4.35 亿美元）	10 亿欧元 /10 年	30 亿日元（第 1 年）40 亿日元（第 2 年）	1.5 万亿韩元（2008—2017 年）
主要目标	1. 行为学、电生理学、解剖学、细胞分子学、神经学、社会学等 2. 剖析人类神经活动模式和大脑工作机制 3. 为神经系统疾病和智力发育障碍的诊断、治疗和预后提供知识基础和参考方案	1. 基本了解脑对人类的意义 2. 开发新的脑部疾病治疗手段 3. 建立新的革命性的信息与通信技术	1. 对猕猴大脑的研究 2. 加快人类大脑疾病的研究	1. 创造性的脑科学研究 2. 创造未来新兴产业 3. 成为脑研究领域的世界七大技术强国之一

4.3.2　国际主要智能仿真科学研究计划

4.3.2.1　基于 Agent 建模与仿真

国外基于 Agent 建模与仿真在经济、管理、社会、军事等领域得到了广泛应用，取得了显著的研究成果。

（1）经济领域

1）宏观经济系统的仿真

经济系统是一个复杂的适应系统，由于系统中个体具有异质性、不可预测性、难以量化性等，因此采用传统的数学方法很难对经济行为进行仿真。而基于 Agent 的建模方法将经济社会中的人抽象为个体 Agent，在特定的经济环境条件下，个体 Agent 在系统中实施经济行为和交互。

Epstein 和 Axtell 于 1996 年构建了基于 Agent 建模方法的经典的经济系统模型——"糖域模型"。该模型不仅能够用于研究简单的经济系统，而且能对环境变化、社会动向等社会现象研究提供基础。同年，美国桑迪亚国家实验室提出了美国微观经济分析模型——ASPEN，将遗传算法引入特定 Agent 的学习过程，从微观层面对美国经济进行了仿真研究。在随后的 10 年中，美国桑迪亚国家实验室又相继开发了 ASPEN-EE、Commas PEN、N-ABLE 等模型。

2）人工股票模型的研究

圣塔菲研究所中的 Arthur 与 Holland 于 1996 年提出了第一个人工股票市场模型，并开发了相应的仿真工具——SWARM。学者们利用该模型仿真了现实股市中的资产定价过程和价格波动，获得了丰富的结论，并形成了有关复杂性的微观形成机制与理论。此外，SWARM 具有通用的软件工具，为其他学者对复杂适应系统进行仿真研究提供了重要工具。

Back、Paczuski 和 Shubik 以简单模型为基础，通过改变交易者的数量和类型来完善股市结构，模拟股市价格波动，研究显示主体行为能对价格波动产生很大影响。Yuan 和 Chen 将动态风险规避指数引入代理模型，研究风险规避指数对资产价格波动的影响。

（2）管理领域

1）组织管理

在组织管理研究中，基于 Agent 的建模主要涉及组织的结构、任务及演化等研究。随着基于 A-gent 的建模与仿真技术的发展，许多学者将 Agent 的概念引入组织研究，开发出适用于组织研究的多 Agent 系统。

在理论应用方面：Harrison、Lin 和 Carroll 指出管理领域中的复杂行为和系统的理论研究相比其他领域发展得更慢，分析了仿真方法及其潜在贡献，并指出了计算模型在管理领域的应用。目前基于 Agent 的建模在组织管理方面的研究是，利用基于 Agent 建模的方法研究某个方面。然而，大部分研究仅给出了 Agent 的显式组织结构，而对组织效率和组织重组缺乏考虑。具体而言，当前研究存在如下一些问题：缺少对 Agent 组织结构的统一定义，尤其是对角色的描述；缺乏对组织结构设计的考虑；组织形成没有考虑 Agent 的个性；未对 Agent 组织演化的特性和约束给出描述；由于组织会随着 Agent 的加入和离开而扩大和缩小，因此在研究组织时还需要考虑组织运行过程的动态变化。

2）产业集群

产业集群研究主要集中在集群的涌现和演化两个方面。Zeidenberg 借鉴经典种族隔离模型研究了产业集群的自组织涌现。Albino、Carbonara 和 Giannoccaro 利用基于 Agent 的仿真方法研究了创新的涌现及演化。

3）供应链管理

供应链是一个复杂系统，由一些具有异质性的主体构成。基于 Agent 的建模在供应链管理研究领域的运用主要是通过模型构建和系统实现分析如何提高供应链的效率。

①模型构建方面。Swanminathan、Smith 和 Sadeh 构建了早期的基于 Agent 的供应链仿真框架，Agent 行为主体、控制要素和交互协议构成了供应链的主要结构。Kaihara 构建了离散动态环境下的供应链模型，通过控制 Agent 的交互来解决产品分配问题。Kimbrough、Wu 和 Zhong 结合遗传算法的特点构建供应链模型，研究了牛鞭效应。

②系统实现方面。一些大学研究机构将供应链管理作为重要项目，构建了基于 Agent 的供应链开发环境，如美国制造研究中心、加拿大多伦多大学企业集成实验室。

③社会领域。社会系统具有适应性、复杂性及层次性等特点，运用 MAS 理论仿真社会系统中大量个体或组织的相互作用和影响，是研究和解决社会问题的一个有效方法。如 Lukszo 认为社会公共基础设施网络是一个由多 Agent 构成的复杂系统，超负荷意外故障或损坏将使得公共基础设施遭到威胁，文章预测对于未来的公共基础设施的研究若运用复杂适应系统理论的模型和方法，将增强公共基础设施的运作管理能力。

交通运输分析与模拟系统（Transportarion Analysis and Simulation System，TRANSIMS）是美国洛斯阿拉莫斯实验室开发的交通仿真系统。TRANSIMS 采用基于 Agent 的方法创建了一个包括所有人口的虚拟城市，模拟了每一个人的日常行为。

流行病学仿真基础设施仿真系统（Epidemiological Simulation Systems，EpiSims）是一个以 TRANSIMS 为基础开发的用于模拟大城市中疾病传播的仿真系统，它建立了个体疾病传播模型。

相互关联的能源基础设计仿真系统（Interdependent Energy Infrastructure Simulation System，IEISS）是美国的国家基础设施仿真与分析中心（NISAC）采用基于 Actor 方法开发能源网络（包括电力、天然气和石油）及其行为的建模工具。该工具可以用于分析包括州级、地区级和国家级在内的能源基础设施中复杂的非线性交互，评估基础设施失效的经济影响。

城市基础设施软件包（The Urban Infrastructure Suite，UIS）是 NISAC 开发的城市综合仿真模型，对城市的交通、通信、公共卫生、能源、金融（消费品市场）和水利等基础设施及其关系进行建模。以上介绍的 TRANSIMS、EpiSims 和 IEISS 是其中的组成部分。

关键基础设施建模系统（Critical Infrastructure Modeling System，CIMS）是美国爱德华国家实验室开发的用于评估关键基础设施致命点、方案与响应的 3D 建模与仿真框架，其底层模型采用基于主体的方法。

基于效果的网络中心战模型（Net-centric Effect-based Operations Model，NEOM）是由 SPARTA 公司采用基于 Agent 技术开发的基于效果计划与分析工具，用于建模事件在多个基础设施中的连锁反应，能够研究电网、水网、石油输送网和公路网等之间的交互关系。

④军事领域。在军事领域，由于作战双方大量交互且过程频繁，采用还原论的建模方法难以刻画模拟，而基于 Agent 的建模与仿真方法，能够将个体微观行为与系统整体属性有机结合起来，事实证明对于模拟研究真实战争状况行之有效。如美国海军分析中心（CNA）所开发的 EINSTein 软件，基于 MAS 的观点，用每个 Agent 代表作战单元，通过仿真揭示出高层战术行为（突破、侧面机动、牵制等）和底层战斗动作（运动、通信、开火等）之间的基本关系，是目前为止比较成功的研究战斗涌现行为的工具。

4.3.2.2　计算机生成兵力

美军在 20 世纪 90 年代实施了大量基于计算机生成兵力的作战仿真系统研制计划，2007 年又实施了"深绿"计划，近年来将人类行为的计算机建模作为六大颠覆性基础研究领域之一。

1）仿真平台

联合半自动兵力（JSAF）是 20 世纪 90 年代在战争综合演练场（STOW）项目中开发的。JSAF 是在人工综合环境中，生成诸如坦克、士兵、军需、舰船和飞机等实体级为单位的仿真系统。这些实体可以被单独控制，也可以组成一些军事单元，如排、连等。实体具有真实的生命特征，因此他们会被一些事件所影响，如疲劳（对士兵而言）、被地形阻碍（如树林）、视线的局限性（天气条件）。JSAF 实体会展现真实行为，如坦克在蜿蜒道路上行驶，舰船按照预定的航线行进，分队遭遇作战损失，导弹按真实弹道飞行，弹药和油料会耗尽。JSAF 是一个开放的环境，实体的属性、任务和行为都可以修改。JSAF 与 DIS 和 HLA 兼容。

ModSAF 是美军研究最早的 CGF 系统之一，由劳拉卫星（Loarl）公司的先进分布仿真开发小组研制，受到美国 STRICOM 计划资助。ModSAF 的基本思想是用模块的软件体系结构表示实体的行为，系统给每个实体都定义了全局唯一的软件数据结构，允许多个软件库访问和修改它们。ModSAF 主要提供了低层次的 CGF 实体行为，如目标识别、火力控制、碰撞检测等。操作员可以通过图形用户界面对实体进行高层控制。模块化的程序结构，使得 ModSAF 更容易扩展，STRICOM/ADST 计划将 MODSAF 作为 CGF 仿真平台标准，后来很多 CGF 系统的开发都以 ModSAF 为基础。

OneSAF 是美国陆军于 1997 年开始研发的 CGF 系统，DARPA 希望通过 OneSAF 替代包括 ModSAF 在内的原有的 CGF 系统。该系统的建模能力覆盖平台至旅级单位，能够使用三种方法控制战场实体的行为：全自动模式、通过真实指控系统控制、通过 CGF 图形用户界面控制。为保证任务规划和动作执行的实时性，系统引入了人工智能搜索方法，并采用 METT-T 概念模型描述战场态势。OneSAF 中的模型具有通用性和可重组性，用户可以通过 CGF 图形用户界面对仿真实体物理属性、实体行为和综合环境的模型进行线式组装。目前，OneSAF 在部队训练、作战分析、装备采办等多个领域得到应用。

联合仿真系统（JSIMS）是美国国防部主持开发的大型作战仿真系统，其目的是建立一个能将 CGF 和真实的军种集成在一个虚拟战场上，适合于多兵种联合作战训练的分布式、一体化仿真环境。JSIMS 采用 HLA/RTI 体系结构，实现了底层通信和仿真应用相分离的目标，不仅具备实时的仿真能力，还能与真实的 C^4I 系统进行交互。JSIMS 系统由部队、CGF、战场环境、国家模型、HLA 运行支撑环境（RTI）所必需的各种支撑工具等组成。系统的每一部分由相应的部门进行研发，既可以在虚拟战场中与其他系统进行交互，也能作为独立的仿真系统使用。目前，JSIMS 被用于兵力机动、部署、补给、作战等方面的联合作战训练。

WARSIM2000 是美军为 21 世纪作战指挥员和参谋人员训练而开发的大型作战仿真系统。由洛马公司、SAIC 公司、动力研究公司、RDA 等公司研制。目前，该系统已被美军采纳，由 STRICOM 和美国国家仿真中心（NSC）共同管理。WARSIM 2000 中建立了囊括当前世界上主要作战装备的 CGF 模型，可以自动生成作战计划并进行战术决策和动作执行。该系统的一个主要特点是不仅能根据想定为受训者生成训练所需的前方、侧翼和后方部队，还能生成高一级或低一级的编成部队，为参加联合演习前的各分散兵力提供单机虚拟训练环境。另外，WARSIM 提供了与其他系统的连接接口，可以与现有的指挥系统设备互连，也可以与部分仿真系统和模拟器相连，使不同兵种、不同层次的部队能在同一作战想定下训练。

扩展防空仿真系统（EADSIM）是美国 Tele-dyne Brown Engineering 公司研发的一个集分析、训练、作战规划于一体的多功能仿真系统。由美国陆军空间与导弹防御司令部实验床产品办公室管理。该系统采用结构化仿真和事件驱动 / 时间步进机制，用 CGF Agent 模拟指挥所的规划、控制、评估等高级决策行为，以实现不同智能程度的 CGF 仿真。自 1987 年开始研制以来，EADSIM 始终与计算机技术、武器装备、作战形势的发展变化保持同步，不断地进行修改完善，已经建立了包括防空作战模型、空战模型、通信模型、电子战模型等防空 C4I 系统作战过程中涉及的一系列模型，可实现双边或多边的作战仿真。目前，该系统在防空作战分析和训练领域已得到广泛应用，它的全球用户已超过 390 个，是美军最成功的仿真系统之一，如表 4-2 所示。

表 4-2　仿真系统

系统	类型		目的					主要用户	其他用户	支持级别			军事单位（可达）
	C	V	T	E	A	M	Q			S	O	T	
OneSAF	×		×	×			×	美国陆军	海军，海军陆战队，美军联合部队，加拿大，英国	×	×	×	旅
JSAF	×		×	×				美军联合部队	海军，海军陆战队，联军，英国	×	×	×	旅
ModSAF	×		×	×	×			美国陆军	美军联合部队		×	×	—
WARSIM	×		×			×		美国陆军	美军联合部队，联军		×	×	—
EADSIM	×		×	×				美国空军	美军联合部队，联军		×	×	战区

注：类型：C 为构造，V 为虚拟；目的：T 为训练，E 为试验，A 为分析，M 为任务演习，Q 为采办；支持级别：S 为战略，O 为战役，T 为战术

2）"深绿"计划

如图 4-7 所示，"深绿"计划是 2007 年由美国国防部高级研究计划局（DARPA，Defense Advanced Research Projects Agency）启动的关于指挥控制系统的研发计划，原计划 3 年完成，然后将这个系统嵌入到美国陆军旅级 C4ISR 战时指挥信息系统中去。

图 4-7 美军"深绿"计划

简单地说,"深绿"就是想将智能技术引入到作战指挥过程中。受当时 IBM 的"深蓝"战胜国际象棋棋王卡斯帕罗夫的影响,该计划取名"深绿"。美军认为既然计算机可以战胜棋王,那么也能帮助指挥员快速决策,在作战指挥中取得制胜的先机。但事实证明原先的估计过于乐观和简单了,计划至今都没有完成。

"深绿"的任务是预测战场上的瞬息变化,帮助指挥员提前进行思考,判断是否需要调整计划,并协助指挥员生成新的替代方案。最初的设想是能够将制订和分析作战方案的时间缩短为现在的四分之一。通过提前演示出不同作战方案以及可能产生的分支结果实现快速决策,从而使敌方始终不能将完整的决策行动闭环(观察 – 判断 – 决策 – 行动),永远无法完成决策并行动。"深绿"的主要目标是将指挥员的注意力集中在决策选择上,而非方案细节制订上,方案细节的制订交由计算机完成。

"深绿"由四大部分组成。第一部分叫指挥官助手,实质是人机接口;第二部分叫"闪电战",实质是模拟仿真;第三部分叫"水晶球",相当于系统总控,完成战场态势融合和分析评估;第四部分是"深绿"与指挥系统的接口。它们主要有三个特点:

基于草图指挥。通过指挥官助手这个模块实现决策指挥"从图中来,到图中去",以最大限度地符合指挥员的决策分析与操作习惯。也就是通过最自然的手写图交互的方式,与计算机实现交互。从战场态势感知、目标价值分析、作战方案制定、指挥员决策,一直到作战行动执行、作战效果评估,全部实现"基于草图进行决策",即由"草图到计划"(STP, Sketch to Plan)和"草图到决策"(STD, Sketch to Decision)两个模块完成。该功能实现的关键是智能化的人机接口。

　　自动决策优化。决策通过模型求解与态势预测的方式进行优化，系统从自动化接口的"指挥官助手"进去，然后通过"闪电战"模块进行快速并行仿真，再通过"水晶球"模块实现对战场态势的实时更新、比较、估计，最后将各种决策方案提供指挥员，由指挥员决策选择。

　　该功能的实现需要两个工具支持：即"闪电战"和"水晶球"。前者是自动决策优化工具，实际就是分析引擎，能够迅速地对指挥官提出的各种决策计划进行并行模拟仿真，从而生成一系列未来可能的结果。同时它可以识别出各个决策的分支点，预测可能的结果、范围和可能性，即通过多分辨仿真实现对未来的预测。后者实际就是决策总控，通过收集各种计划方案，更新战场当前态势，控制快速模拟，向指挥员提供可能的选择，提醒指挥员决策点的出现。

　　指挥系统的集成。即将决策辅助功能集成到"未来指挥所"（CPoF，Command Post of Future）系统中。"未来指挥所"是美军针对未来作战需要研发的一个指挥信息系统。"深绿"的项目负责人苏杜尔曾说，"深绿"将来就是未来指挥所系统屏幕上的一个图标或工具。通过简单的点击操作就可以辅助指挥员进行决策。未来指挥所系统虽然很复杂，包括了各种传感器、可视化、空间推理、仿真决策、数据库等要素，但美军觉得最需要的是智能辅助决策的支持。

　　"深绿"的理想效果是只要提供己方、友方和敌方的兵力数据和可预期的计划，系统就可以快速推演出结果，辅助指挥员快速做出正确决策。如将该系统嵌入到指挥系统中，就可以大大提高指挥效率。但该项目发展并不顺利，"深绿"最后只留下了"草图到计划"STP，其他都不见了。"深绿"是美军十年前设想的项目，但为什么没有做到并达成预定目标呢？这就要回答指挥信息系统面临哪些智能化难题。

　　3）人类行为的计算机建模

　　美国国防部负责科研与工程技术（R&E）事务的助理国防部长鲍勃·贝克在其最新的年度报告中，详细介绍了美国国防部2013—2017年科技发展"五年计划"的制定过程，通过分析美国在21世纪所面临的新秩序与新挑战，提出了未来重点关注的六大颠覆性基础研究领域。包括：超材料与表面等离激元学、量子信息与控制技术、认知神经学、纳米科学与纳米工艺、合成生物学，以及对人类行为的计算机建模，如图4-8所示。

　　美国国防部对于颠覆性基础研究领域的定义为：对于近期与未来美军的战略需求和军事任务行动能够产生长期、广泛、深远、重大影响的基础研究领域，这些领域的研究已取得关键突破并且可以持续发展，未来的研究成果能够使美军在全球范围内具备绝对的、不对称的军事优势。

Basic Research Areas

- Six Disruptive Basic Research Areas
  - Engineered Materials (metamaterials and plasmonics)
  - Quantum Information and Control
  - Cognitive Neuroscience
  - Nanoscience and Nanoengineering
  - Synthetic Biology
  - Computational Modeling of Human and Social Behavior

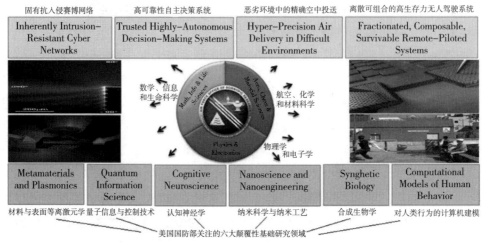

美军美洲的基础性前沿研究领域

图 4-8　美军关注的基础性前沿研究领域

人类行为计算模型（Computational Models of Human Behavior）主要由美国谷歌公司、脸书公司、美国斯坦福大学、麻省理工学院、英国牛津大学参与研究，其应用前景包括：①恐怖威胁实时监测、情报分析。实时掌握全球各国的政治、文化、经济情况，对恐怖威胁做出快速反应和预警。②通过大数据网络制造群体事件，策反、颠覆政权，提前瓦解敌方军事威胁。③实景仿真演习系统。人类行为计算模型核心能力包括，建立人类社会行为预测数学模型，为战略、行动、战术决策和计划提供支持；实时国际社会（宗教）态势监测；沉浸式训练与任务演习；跨文化国际关系建设。人类行为计算模型标志性技术突破是成功验证简化模型，基于社交网络的大数据分析以及成功预测群体事件临界点。该项目可能面临的挑战：社会的复杂性决定了相关社会理论的矛盾性；大数据的管理和融合；数学模型非常复杂；如何验证相关模型的有效性。

4.3.2.3　机器人仿真

机器人发展可以分为三个阶段。第一个阶段的机器人是由程序控制的，不具备感知能力与认知能力；第二个阶段的机器人具有一些简易的感知能力；第三个阶段的机器人同时具备感知能力和认知能力，能够完成学习，进而处理各种问题。机器人仿真是指通过计算机对实际的机器人进行模拟的技术。目前，国外的机器人仿真主要是对工业生产线机器人的仿真，对具有感知能力和认知能力机器人的仿真是未来的发展趋势。

工业机器人系统仿真可以通过单机或多台机器人组成的工作站或生产线进行模拟。通过系统仿真，可以在制造单机与生产线之前模拟出实物，缩短生产工期，可以避免不必要的返工。现代机器人系统仿真倾向于提供以下功能：

1）快速的机器人原型。使用自己的模拟器作为创建工具（Virtual Robot Experimentation Platform，Webots，R-Station，Marilou，4DV-Sim）；使用外部工具。

2）用于模拟逼真运动的物理引擎。大多数模拟器使用 ODE（Gazebo、LpzRobots，Marilou、Webots）或 PhysX（Microsoft Robotics Studio，4DV-Sim）。

3）逼真的 3D 渲染。标准的 3D 建模工具或第三方工具可用于构建环境。

4）动态机器人机构的编成。Webots 使用的 C、C++、Perl、Python、Java、URBI、MATLAB 语言、Gazebo 使用的 Python。

如表 4-3、表 4-4、表 4-5、表 4-6 所示，目前，世界上有 40 多种流行的机器人仿真软件平台，其中比较常用的有 Actin、ARS、Gazebo、MORSE、OpenHRP、RoboDK、SimSpark、V-Rep、Webots、4DV-Sim、OpenRAVE。

表 4-3　常用机器人软件平台功能

软件	CAD 到运动	动态碰撞避免	相对终端效应	离线编程	实时流控制
Actin	Yes（Tool Paths）	Yes	Yes	Yes	Yes
ARS	Unknown	No	Unknown	No	No
Gazebo	Unknown	Yes	Yes	Yes	Yes
MORSE	Unknown	No	Unknown	No	No
OpenHRP	Unknown	No	Unknown	No	No
RoboDK	Unknown	No	Unknown	Yes	No
SimSpark	Unknown	No	Unknown	No	No
V-Rep	Unknown	No	Unknown	No	No

续表

软件	CAD 到运动	动态碰撞避免	相对终端效应	离线编程	实时流控制
Webots	Unknown	Yes	Yes	Yes	Yes
4DV-Sim	Unknown	No	Unknown	No	No
OpenRAVE	Unknown	No	Unknown	No	No

表 4-4　常用机器人软件平台功能支持的机器人系列

软件	地面移动机器人	空中机器人	水下机器人	机器人手臂	机器人手（抓取仿真）	类人机器人	人替身	全列表
Actin	Yes（Can Include Manipulators）	Yes（Can Include Manipulators）	Yes（Can Include Manipulators）	Yes	Yes	Yes	Yes	
ARS	Unknown	Unknown	Unknown	Unknown	Unknown	Unknown	Unknown	
Gazebo	Yes	Yes	Yes	Yes	Yes	Yes	Yes	
MORSE	Yes	Yes	Partial	Some	No	No	Yes	
OpenHRP	Yes	No	No	Yes	Yes	Yes	Yes	
RoboDK	No	No	No	Yes	No	No	No	
SimSpark	Yes	No	No	Maybe	Maybe	Yes	No	
V-Rep	Yes	Yes	No	Yes	Yes	Yes	Yes	
Webots	Yes	Yes	Yes	Yes	Yes	Yes	Yes	Webots robot models
4DV-Sim	Yes	Yes	No	Yes	Maybe	No	Yes	
OpenRAVE	Yes	Unknown	Unknown	Yes	Yes	Yes	Yes	

表 4-5　常用机器人软件平台功能支持的受动器

软件	通用运动链	力控制运动	全列表	环型运动链	动态冗余链	分叉运动链
Actin	Yes	Yes	Motion Constraints	Yes	Yes	Yes
ARS	Unknown	Unknown		Unknown	Unknown	Unknown
Gazebo	Yes	Yes		Yes	Yes	Yes
MORSE	Yes[61]	Yes	MORSE actuators	Unknown	Unknown	Unknown
OpenHRP	Yes	Yes		Unknown	Unknown	Unknown
RoboDK	Unknown	Unknown		Unknown	Unknown	Unknown

续表

软件	通用运动链	力控制运动	全列表	环型运动链	运动冗余链	分叉运动链
SimSpark	Yes	No	SimSpark effectors	Unknown	Unknown	Unknown
V-Rep	Yes	Yes		Unknown	Unknown	Unknown
Webots	Yes	Yes	Webots actuators	Yes	Yes	Yes
4DV-Sim	Yes	Yes		Unknown	Unknown	Unknown
OpenRAVE	Yes	Yes	Joints, Extra Actuators	Yes[62]	Yes	Yes

表 4-6　常用机器人软件平台功能支持的传感器

软件	量距	IMU	碰撞	地理定位系统	单目镜摄像机	立体声摄像机	深度摄影机	全向摄影机	二维激光扫描仪	三维激光扫描仪	全列表
Actin	Yes	Yes	Yes	Unknown	Yes	Yes	Yes	Yes	Yes	Yes	
ARS	Unknown	Unknown	Unknown	Unknown	Unknown	Unknown	Unknown	Unknown	Unknown	Unknown	
Gazebo	Yes	Yes	Yes	Yes	Yes	Yes	Yes	Yes	Yes	Yes	
MORSE	Yes	Yes	Yes	Yes	Yes	Unknown	Yes	Unknown	Yes	Yes	MORSE sensors
OpenHRP	Unknown	Yes	Yes	Unknown	Yes	Unknown	Yes	Unknown	Yes	Yes	OpenHRP sensors
RoboDK	Unknown	Unknown	Unknown	Unknown	Unknown	Unknown	Unknown	Unknown	Unknown	Unknown	
SimSpark	Yes	Yes	Yes	Partial	Yes	Partial	Unknown	Unknown	No	No	SimSpark perceptors
V-Rep	Unknown	Yes	Yes	Yes	Yes	Unknown	Yes	Unknown	Yes	Yes	
Webots	Yes	Yes	Yes	Yes	Yes	Yes	Yes	Yes	Yes	Yes	Webots sensors
4DV-Sim	Yes	Yes	Yes	Yes	Yes	Yes	Yes	Yes	Yes	Yes	
OpenRAVE	Yes	Yes	Yes	Yes	Yes	Yes	Yes	Unknown	Yes	Yes	

4.3.2.4　脑模拟

脑模拟主要包括对脑的软硬件模拟，软件模拟是指算法模型，硬件模拟主要包括神经形态器件、神经网络芯片。国外在这些领域进行了先期开发，开展了众多的研究项目。

（1）神经形态器件

开发与神经网络算法相匹配的神经网络硬件系统，是一个全新的领域。现阶段，模拟生物神经元的行为与构造是主要研究方向，实现了仿生的电子器件被称为神经形态器件。人脑中，神经元是构成神经系统结构和功能的基本单位，它具有接受、整合和传递信息的功能，神经元之间由突触进行连接，神经元和连接突触构成了信息传递的基本通道与回路，被认为是神经系统的学习和适应等过程的关键环节。各种神经形态器件，即围绕神经元和突触，进行功能和行为上的模拟。基于人脑中大约有 10^{11} 个神经元和 10^{14} 个突触，研制具有高密度和超低功耗的神经网络是该领域的主要目标。

基于传统的成熟半导体工艺的神经元形态器件和突触形态器件首先被提出并应用于对神经网络的模拟。一般来说，硅基神经元形态器件主要由动态电导模块（即信息处理）、脉冲触发器、阈值和修复期模块、触发频率适应模块，以及树突轴突模块组成。用硅基形态器件组成的神经网络系统，可以进行实时模拟，其速度并不依赖于神经元及其连接的数量，比计算机仿真能效高，适合实时及大规模的神经模拟。但是，硅基神经形态器件，特别是基于 SRAM 和 DRAM 的存储器，表现出较高的功耗，且在断电后，信息全部丢失。因此，研究人员将目光投向了新型的固态存储器。

惠普公司于 2008 年首度实现了由蔡少棠（LeonChua）提出的忆阻器器件。该忆阻器器件使用二氧化钛（TiO_2）作为阻变层，并首先提出利用忆阻器去模拟突触。文献使用掺银的非晶硅作为阻变层也展现了忆阻器特性，同时通过改变脉冲的宽度去模拟 STDP 学习法则。文献使用 Ta_2O_5/TaO_x 双层阻变层实现忆阻器并展现 STDP 等学习法则。文献采用 TiN/HfOx/AlOx/Pt 的结构来实现忆阻器，可实现 1000 倍电阻变化，快编程速度约 10ns，合理的擦写次数（10^5），同时展现了较低的功耗（6pJ），为大规模硬件实现神经网络打下基础。文献通过利用 TiO_2 忆阻器短期记忆功能，对神经元的膜电压进行模拟、调制。文献展示了基于相变存储器的突触形态器件，用较低的能耗演示了长期增强型和长期减弱型学习法则，并讨论了 STDP 的两种学习机制。同时，利用相变存储器进行 Hopfield 循环网络仿真，实现强健的联想学习和序列学习，并分析了器件阻值的变异对神经网络的影响。惠普利用 NbO_2 所具有的从绝缘体变到导体的莫特变换属性，开发了类神经元形态器件，用简单的电路即实现了对复杂的 Hodgkin-Huxley 神经元触发模型的模拟，展示重要的神经元 all-or-nothing 触发函数。文献利用自旋转移矩磁存储器（STT-MRAM）非传统工作区间去模拟突触。该器件的架构与传统 MRAM 的略有不同，使耗电量更少，密度更高，具备快速读写和信息长久保存能力。

（2）神经网络芯片

随着智能计算和类脑计算的发展，神经网络芯片作为核心部件受到了学术界和工业界的广泛关注。神经网络芯片大致可以分为 4 个大类：人工神经网络芯片、脉冲神经网络芯片、视觉处理芯片和类脑芯片工艺器件基础研究。人工神经网络芯片预期将在近期取得较广泛的实际应用进展；脉冲神经网络芯片尚处于探索性应用阶段；视觉处理芯片则专门用于完成图像和视频处理任务。

脉冲神经网络芯片的代表是 IBM 公司于 2014 年发布的"真北"（True North），其基本结构由硬件神经元和神经元之间的脉冲连接组成，硬件神经元接收输入脉冲，在累积到一定阈值后被激活产生输出脉冲。"真北"具有 4096 个处理核，每个内核包含 256 个硬件神经元，因此总共可以模拟 100 万个神经元和 2.56 亿个突触。其峰值性能达到了定点运算速度 266GB/s。"真北"芯片包含有 54 亿个晶体管，是迄今建造的最大的 CMOS 芯片之一。

表 4-7 列举了国际上具有代表性的类脑计算项目所采用的芯片或硬件平台。基于大规模 CPU 或 GPU 集群的仿真系统未列入（例如，瑞士基于 IBM 蓝色基因超级计算机的"蓝脑计划"与日本基于"京"超级计算机的仿真系统）。

表 4-7　国际上具有代表性的类脑计算项目及其所采用的芯片或硬件平台

项目单位	核心芯片	神经元模型	学习算法	神经元个数	突触个数
HiCANN/BrainScaleS 德国海德堡大学	模拟混合电路，晶片级集成	AdEx IF	STDP	每个芯片上 512 个神经元；每个晶片上 448 个芯片	每个芯片上 115K 个突触
True North 美国 IBM 公司	数字电路	LIF	无	每个神经突触核上 256 个神经元；每个芯片上 4096 个神经核	每个神经突触核上 256K 个突触
Neurogrid 美国斯坦福大学	亚阈值模拟混合电路	QIF	无	每个神经核上 65K 个神经元；每个芯片上 16 个神经核	每个芯片上 375M 个突触
SpiNNaker 英国曼彻斯特大学	18 核 ARM 芯片，片上网络互联	LIF, Izhikevich	STDP	每个 ARM 核上 1K 个神经元；核的个数可达百万级别	每个 ARM 核上 1M 个突触
ROLLS 处理器瑞士苏黎世联邦理工学院	亚阈值模拟混合电路	AdEx IF	STDP	每个芯片上 256 个神经元	每个芯片上 128K 个突触
BlueHive 英国剑桥大学	数字电路，多 FPGA 集群	Izhikevich	无	每个经元 FPGA 上 64K 个神经元	每个突触 FPGA 上 64M
EMBRACE 英国阿尔斯特大学 / 爱尔兰国立大学	模拟混合电路，分级片上网络互联	LIF	遗传算法	每个处理单元上 32 个神经元（16 个输入 +16 个输出）	每个输入神经元 144 个突触；每个输出神经元 17 个突触

项目单位	核心芯片	神经元模型	学习算法	神经元个数	突触个数
IFAT 美国圣地亚哥加州大学	模拟混合电路	LIF	无	每个芯片上 65K 个神经元	每个芯片上 65M 个突触
SiElegans 英国阿尔斯特大学	数字电路，多 FPGA 集群（最多 330 个）	多种类型，包括 HH，LIF	无	每个 FPGA 上 1 个神经元	全连接
ZerothNPU 美国高通公司	模拟混合电路	LIF	未知	未知	未知

表 4-7 中除了英国曼彻斯特大学的 SpiNNaker 系统是采用多核 ARM 平台运行软件，其他芯片均是基于硬件电路设计：数字电路或者模拟混合（AMS）。大部分芯片是实时运行的，可以与外界进行实时交互。海德堡大学的 HICANN（High Input Count Analog Neural Network）系统的仿真速度比实时要快一万倍。

2015 年，加州大学和纽约州立大学石溪分校首次用忆阻器创建出了神经网络芯片，该芯片通过无晶体管的金属氧化物忆阻器闩（Crossbars）创建，目前仅能够识别 3×3 像素黑白图像中的图案，距离真正人类智能还有较大差距。由于忆阻器是前沿技术，如果采用忆阻器来实现真正仿脑要求规模的神经网络，还需很长时间的努力。

美国国防部高级研究计划局（DARPA）支持的"神经形态自适应可塑可扩展电子系统"项目，在"微处理器"和"计算架构"两个层次上模拟人脑神经元网络的信息处理机制。美国情报高级研究计划署是"基于皮层网络的机器智能"研究计划的资助者。资助此研究计划目的是"逆向大脑的信息处理规则，彻底改变机器学习"。"参与者将利用他们对大脑的知识表征、转换和学习规则的理解，创造能力更强的类脑机器学习算法"。这一机构历来感兴趣的是那些即将投入使用的顶尖技术研发。

（3）模型算法

类脑计算综合神经科学、认知科学和信息科学来探索生物神经系统是如何实现智能的，进而建造人工智能系统模拟生物神经系统。与传统人工智能、神经网络不同，类脑计算以大量的神经科学理论和实验结果为依据，包括感知信息处理、学习、认知与记忆等功能为一体的智能化计算平台。与传统的人工神经网络（ANN）相比，类脑计算采用生物大脑所采用的脉冲神经网络，以异步的、事件驱动的方式进行工作，更易于在硬件上实现分布式计算与信息存储，能实时处理多感官跨模态等非精确、非结构化数据。

经过近 30 年发展，虽然在神经电路的硬件模拟和简单类脑计算算法上，如视觉和听觉的信息处理和识别，取得了很多成就，但是在实现高层信息的表达和组织以及认知上，依然面临很多挑战。本部分将着重阐述研究现状、面临的问题、解决该问题的框架和算法原理。

1）神经系统信息编码

利用脉冲神经网络进行输入信息的分类、识别和学习，需要解决神经信息编码和学习算法这两个主要问题。不同的神经信息编码结果对学习性能将产生重要影响。神经信息编码包含两个过程：一个是特征提取；另一个是脉冲序列生成。感知神经系统首先对接收的感知信息进行关键信息表达或采样，对应于机器学习的特征提取过程，这方面神经计算的机理目前还没有成熟的理论和算法。在脉冲序列生成方面，研究人员常用的有两种方式：脉冲平均率编码（Rate Coding）和时间编码（Temporal Coding）。脉冲平均率编码以脉冲的频率来表达所有脉冲序列的信息，不能有效描述快速时变的感知信息。不同于平均率编码，时间编码考虑了精确定时的脉冲承载了有效的信息，因而可以更加准确地描述神经元的活动。神经科学实验都表明精确脉冲定时在视觉、听觉等感知信息处理中的重要作用。

与采用平均率编码的传统 ANN 相比，SNN 可以对快速时变信息进行特征提取和分析。Hopfield 首先提出了一种时间编码算法"时滞编码（Latency Coding）"，即神经脉冲的产生时间与刺激的强度呈负相关。由于其编码的简单和直观的特点，在 SNN 的研究中，时滞编码成为对视觉和听觉输入信息编码的主要方法。神经科学研究还发现了神经信息的群体编码（Population Coding），即通过神经元群而不是单个神经元的状态表达信息的方案。由于神经系统的复杂性，单个神经元的活动容易受到影响，所以群体编码有利于提高信息编码的可靠性。由神经科学实验提出的神经编码方法对信息的提取包含了大量冗余信息，因此，直接应用神经编码方法（如时滞编码）往往不能为 SNN 学习提供有效的信息表达。为了提高信息编码的有效性，研究人员尝试在编码过程中引入了不同的机制：文献用 Gabor 滤波器对输入图像预处理，提高了 SNN 的识别精度；文献用自组织映射（SOM）先对原始音频数据提取特征，然后再进行脉冲编码，实现了对高噪声情况下的语音识别。

2）脉冲神经网络学习与训练

由于神经元之间的可塑性使得生物神经系统具有强大的学习和适应环境的能力，因此在建模中考虑由外界环境变化和神经过程引起的神经突触变化的调整能力是极为重要的。突触权重（Synaptic Weights）定义了两个神经元之间连接的强弱。赫布（Hebb）提出了第 1 个有关于神经突触权重修改的假设。基于此假设的学习算法可被总结为"同时激发的神经元连接在一起"。它被认为是学习跟记忆的根本机制并作为线性相关器被广泛应用于不同的神经网络模型中。虽然脉冲神经网络更为注重神经生理学的学习方法，但目前生物神经系统中完整的学习过程和机制仍不清楚。

随着精确脉冲定时（Precise Spike Timing）和突触前激发和突触后激发之间的时间间隔被发现，毫秒级精度学习受到了热切关注。在过去的几十年里，科研人员从生物实验现象和结论中汲取灵感来探索神经突触可塑性（即学习）理论。通过引入突触前后脉冲之间的时间相关性（Temporal Correlation），毕国强和蒲慕明提出了脉冲时间依赖的可塑性（STDP）机制并被推广到不同的脉冲学习机制。由于 STDP 原本是无监督学习机制，为了解决 SNN 的监督学习问题，人们将 STDP 机制与其他权值调整方法结合，这其中主要包含梯度下降和 Widrow-Hoff 规则，以此推导出不同的监督学习算法。相对于在单层 SNN 领域的大量的研究工作，多层 SNN 的学习算法研究却非常缺乏，主要原因是 STDP 机制的前向传播的单一性和神经脉冲的不连续性，给多层 SNN 的监督学习算法的构造带来很大的挑战。Bohte 等人仿照 ANN 的误差反传（Errorback-Propagation）机制，首先提出了基于梯度下降的多层 SNN 学习算法 SpikeProp。

由于 SNN 的训练算法不太成熟，一些研究者提出了将传统的 ANN 转化为 SNN 的算法，利用较为成熟的 ANN 训练算法来训练一个基于 ANN 的深度神经网络，然后通过发放频率编码（Firing Rate Encoding）将其转化为 SNN，从而避免了直接训练 SNN 的困难。这些工作目前局限于前馈神经网络。基于这种转换机制，HRLLabs 研究者将卷积神经网（CNN）转换为 Spiking CNN，在常用的物体识别测试集 Neovision2 与 CIFAR-10 上的识别准确率接近 CNN；瑞士研究者将深度信念网（DBN）转换为 Spiking DBN，在手写数字识别测试集 MNIST 上的识别准确率接近 DBN。目前还未见有人尝试将 SNN 应用于图像物体识别测试集 ImageNet，可能是因为 ImageNet 需要巨大的深度神经网络，转换后的 SNN 的软件仿真所需运算能力超出了一般台式机的运算速度。

还有一种 SNN 架构称为液体状态机（LSM）也可以避免直接训练 SNN。LSM 与基于 ANN 的回声状态机（ESM）类似，神经元之间的连接与权重是随机产生而固定的，神经网络形成一个"水池"，其作用将外界输入映射到一个高维状态空间以便于分类，因此 SNN 本身不需要训练，而只需训练一个输出层分类算法。只要 SNN 的规模足够大，理论上讲可以实现任意复杂输入的分类任务。

3）神经形态认知计算架构

认知计算以由神经元和神经突触组成的计算系统为重点，致力于推动对大脑中信息处理和神经突触通信相关的脑功能障碍的理解研究。通过将神经元和神经突触作为最基本的运算单元推动类脑计算科技的进步，将为神经处理器、信息处理技术和非冯·诺伊曼结构计算机的发展提供理论和实验基础。加拿大滑铁卢大学 Eliasmith 团队的 SPAUN 脑模拟器是多脑区协同计算领域标志性的工作。该团队早期曾提出神经工程框架理论（NEF），通过定义功能函数并用神经网络逼近函数的思路来建立神经信息处理与认知功能实现之间的联系。2012 年，该团队基于早期的积累及新提出的语义指针架构统一网络，在其 SPAUN 项目中将 250 万个虚拟神经元组织为约 10 个模块化脑区，并在此基础上构建工作流式的脑区计算环路，发展出模拟笔迹、逻辑填空、简单视觉处理、归纳推理、强化学习等能力，实现了基于多脑区协同的多个特定功能神经网络。然而该项目的问题在于为不同任务的实现人工构建了不同的工作流，脑区模型之间的协同并非自组织的，这与人脑的工作机制具有很大差异，即 SPAUN 脑区计算环路并不具有真正的自适应性和通用性，而是根据不同任务人工组织的。

由 Hawkins 提出的分层时序记忆（Hierarchical Temporal Memory）模型更是深度借鉴了脑信息处理机制，主要体现在借鉴了大脑皮层柱 6 层组织结构及不同层次之间的信息传递机制和皮质柱的信息处理原理等。该模型非常适用于处理带有时序信息的问题，并被广泛地应用于物体识别与跟踪、交通流量预测、人类异常行为检测等。

4.3.2.5　类脑智能机器人

类脑智能机器人相对于传统基于程序控制的机器人来说，更加注重对人脑感知能力和认知能力的模拟。国外在这些领域也展开了先期研究项目。

（1）感知模拟

智能机器人还以脑科学和神经科学的研究为基础，使机器人以类脑的方式实现对外界的感知和自身的控制。人的运动系统由骨骼、关节和肌肉组成，相关的肌肉收缩或舒张由中枢神经系统与外周神经系统协同控制。以类脑的方式实现感知与控制的一体化，使得机器人能够模仿外周神经系统感知、中枢神经系统的输出与多层级反馈回路，实现机器人从感知外界信息到自身运动的快速性和准确性。

针对这项技术，瑞士洛桑理工学院（EPFL）于 2015 年开发了一个神经系统仿真工具（The Neural Simulation Tool，NEST）。在该仿真工具中，研究人员建立了一个数字化的老鼠大脑计算模型和虚拟老鼠身体模型，通过把这两个模型结合起来，来模拟大脑和身体互作用的神经机制，这为类脑机器人的神经系统模拟提供了基础。目前，他们已在模型中模拟出一只小白鼠完整大脑中约 2100 万个神经元中的 3.1 万个模拟神经元。虽然，将神经系统和仿生机器人相结合进行研究，还只是处在初步阶段，但已经建立的脑网络模型，以及运动神经和各种运动控制上的一系列研究成果，已为类脑智能机器人的感知与控制回路的进一步研究奠定了很好的基础。

（2）认知模拟

在类脑智能机器人研究中，如何从根本上提升机器人的智能，是机器人研究领域的一个重要问题。经历了长期的发展过程，人们普遍认为机器通常在动力、速度、精巧性方面具有一定的优势，而人类具有智能、感知、情感等机器部分具有或者不具有的能力和特点。人们自然希望可以将二者各自的优点融合在一起，实现"人机协作"。早在 20 世纪 50 年代，已有研究人员开展了相关的工作，从具体任务出发（如工业制造），研究离线状态下的人机交互，让机器人在人的指引下完成任务学习。90 年代，人们开始研究实时交互问题，将服务机器人与人结合在一起。然而这种协作主要从功能角度使人和机器人共享智能，并不算真正意义上的融合。在这一过程中，人做一部分工作，机器人做一部分工作，二者分工完成同一任务。自 2010 年以来，人们更加关注"认知 - 合作"，机器人作为人的"同事"，和人在一起工作。智能人机协同需要计算机在陌生的环境通过对周围环境的观察以及周围环境的反馈刺激，自主整合新旧知识，并进行综合智能决策，即要求计算机具有类脑的交互学习机制。随着人工智能技术和新材料技术兴起，智能机器人行业将是未来"脑科学研究"和"脑认知与类脑计算"研究成果的重要产出方向。在实际的应用场合，新一代的机器人或者新型人工智能必须要具有通过交互从外界获得知识，并通过认知学习的方式进一步了解外部世界的能力。建立基于交互的认知学习模型，使得计算机能够像婴儿一样，在与人的交互过程中进行错误纠正与知识积累，实现模仿人类认识外部世界的智能增长。

国际上一些机构已纷纷开展人机协同下机器人智能生长的研究，如美国麻省理工学院人工智能实验室增量人机协同研究组（Increasing Man-Machine Collaboration MIT）采用增强学习让人与机器人（包括飞机与小汽车等）在未知环境自由协作，让计算机自动配合人并与人交互，在共同决策完成既定任务的同时，机器人也通过交互过程不断学到新的知识。此外，谷歌和百度的无人驾驶汽车平台也在进行着类似的尝试。

DeepMind（深度思考）公司（2014 年被 Google 公司收购）提出了神经图灵机（Neural Turing Machine）方法，利用深度增强学习，实现了靠不断试错学习就可获得提高的游戏人工智能。这些智能靠着对游戏视频的观察来自动寻找出模式，然后操作控制器，并获得得分的反馈结果（高分奖励），通过这样的交互方式不断学习新的知识和技能。此外，DeepMind 公司还在研制基于长短期记忆的递归神经网络（Long Short-Term Memory-Recurrent Neural Network，LSTM-RNN）控制的无人机，通过交互式的学习可不断提高无人机飞行的效果。在未来，人们希望可以将人的智能更深程度地引入机器人系统，从机理上对人进行模仿，使机器人能够像人一样思考，从而"配合"人的工作，共同完成任务。类脑智能机器人不但是未来人工智能研究重要的外显载体，而且其在未来服务业、智能家居、医疗、国家与社会安全等领域都具有极为广泛的应用价值。

4.3.2.6 人工智能辅助仿真

（1）建模仿真

根据用户的能力、作用以及仿真模型构建和使用模式的不同，仿真建模工具发展经历了三个阶段：

第一阶段，使用通用编程语言、专门的仿真建模语言、面向对象的仿真建模语言来进行仿真建模。通用编程语言主要包括 FORTRAN、PASCAL、Modula、C++、Ada 以及其他编程语言；专门的仿真建模语言包括 GPSS、Q-GERT、GASP-V、SLAM Ⅱ、SIMULA；面向对象仿真建模语言包括 MODSIM、SIMULA 67、Sim++、C++、Sim、Simex 3.0、QNAP2。仿真建模语言的两个重要优势：一是可以快速、方便用于仿真模型编程；二是概念清晰。但要比通用编程语言灵活性偏弱。目前世界上仿真建模语言有 700 种之多。

第二阶段，面向仿真问题的系统和工具。比较典型的有 PODSIM、ASYMPTOTE、DOSIMS-3、Process Charter 1.0.2（美国加利福尼亚 Menlow Park Scitor 公司）、Powersim 2.01（挪威波尔根 Modell Data AS 公司）、Ithink 3.0.61（美国新罕布什尔州汉诺威尔市高性能系统公司）、Extend+BPR 3.1（美国加利福尼亚州圣市 Imagine That 公司）、Arena（系统建模公司）、ProModel（ProModel 公司）、ReThink（Gensum 公司）。

通常，在使用这些系统工具时用户并不需要掌握太多专业编程知识，但是这些系统只能对有限的系统进行建模。用户通过对话框描述模型，然后系统快速、高效地生成仿真模型，避免了许多编程错误，目前这样的系统有几十种。

然而在这一阶段，仿真软件朝着可视化交互方向发展。例如，Arena 是一个面向制造、医疗、服务系统的 VIS（可视化交互仿真系统），具有交互图形建模、仿真实验设计、多功能动画显示、仿真数据统计分析和动态显示等功能。

第三阶段，智能仿真阶段。智能仿真可以使用人工智能技术来解决仿真中的决策问题、实验控制、建模交互界面、管理仿真模型信息、数据处理与分析。例如，Artiba 等人开发的 RAO 语言。

（2）仿真交互

以人工智能为支撑的虚拟现实技术可以实现较好的仿真交互。虚拟现实技术是一项综合的技术，涉及计算机图形技术、人机接口技术、多媒体技术、传感技术、高度并行的实时计算技术、立体视觉以及人工智能等多方面的新技术。为人类在探索宏观世界、微观世界，以及由于种种原因不能直接观察，给事物运动变化的情况提供了极大的便利。虚拟现实仿真系统在航空航天、军事、科学研究、工业生产、交通运输、环境保护、生态平衡、卫生医疗、经济规划、商业经营、金融流通等领域已有成功的应用，并取得显著的经济效益。

1）沉浸式虚拟现实系统

如图 4-9 所示，美军在沉浸式虚拟现实系统的典型应用有单兵武器装备模拟训练系统如美军 F-16 战斗机训练模拟器和美陆军使用的 EST 2000、联合训练模拟器如美空军航空联合战术训练系统（Aviation Combined Arms Tactical Trainer-Aviation, AVCATT-A）、虚拟战场环境模拟训练如美军在阿富汗和伊拉克战争中使用的作战区域三维地形模拟环境和"激光沙盘"的虚拟现实系统,以及异地网络环境模拟训练如美陆军的近战战术训练系统(Close Combat Tactical Trainer,CCTT)。

2)增强现实型虚拟现实系统

增强现实型虚拟现实不仅是利用虚拟现实技术来模拟现实世界、仿真现实世界,而且要利用它来增强参与者对真实环境的感受,也就是增强在现实中无法或不方便获得的感受。典型的实例是战斗机飞行员的平视显示器,它可以将仪表读数和武器瞄准数据投射到安装在飞行员面前的穿透式屏幕上,使飞行员不必低头读座舱中仪表的数据,从而可集中精力观察敌人的飞机和导航偏差。

图 4-9　美军士兵使用虚拟现实训练系统进行训练

3)分布式虚拟现实系统

如果多个用户通过计算机网络连接在一起,同时参加一个虚拟空间,共同感受虚拟的经历,那虚拟现实则提升到了一个更高的境界,这就是分布式虚拟现实系统。在分布式虚拟现实系统中,多个用户可通过网络对同一虚拟世界进行观察和操作,以达到协同工作的目的。美陆军研制的 CCTT 是一个网络化模拟训练系统,该系统投资近10亿美元,是美陆军第一个也是迄今为止最大的分布式交互模拟系统。它利用许多先进的主干光纤系统网络并结合分布式交互仿真,建立起虚拟作战环境,供作战人员在人工合成环境中完成作战训练任务。该系统通过局域网和广域网连接从韩国到欧洲大约65个工作站,各站之间可迅速传递模型和数据。它包括"艾布拉姆斯"坦克、"布雷得利"战车和 HUMVESS1 武器系统等,使士兵能在虚拟环境的动态地形上进行近战战术训练。

4)桌面型虚拟现实系统

如图 4-10 所示,美军早已开发了"使命召唤"等虚拟现实桌面游戏,产生了不错的效果。2016 年，美国陆军正在将虚拟现实应用到新的领域，正在尝试在虚拟环境中采用一种新的方式来进行车辆和其他装备的概念设计，他们将这些装备设计融入一个综合的环境中，并使用虚拟现实技术让士兵使用这些虚拟装备进行战争游戏。该项目被称为"Operation Overmatch"，用以在开发这种现代化优先项目时了解装备在实战环境中的效果，以及帮助陆军知道需要什么，比如下一代战斗车辆或远距离精确火力支援的性能需求，这将有助于陆军更好地理解如何使用作战机器人、大量的无人系统，甚至改进先进的光学技术。

（3）仿真分析和优化

2016 年，美国辛辛那提大学（University of Cincinnati）的人工智能研究者们设计了一个能用来取代战斗机飞行员的 ALPHA AI 战斗系统。研究人员开发出的这个名为

"遗传模糊树"（Genetic Fuzzy Trees）的人工智能新算法，ALPHA AI 完全实现了对数百个输入量的处理。这套 AI 系统最终或将变成一款电子个人助手，为飞行员提供实时的飞行建议服务，抑或在人驾驶战机飞行时，驾驶着无人飞机作为其僚机。

4.3.3　国际智能仿真发展趋势

图 4-10　美军士兵使用桌面虚拟现实游戏

从世界仿真技术发展的趋势来看，以美国为代表的仿真技术优势国家，在紧缩开支、削减兵力、需求多样、威胁不确定、必须依靠创新保持优势等大背景下，建模与仿真技术高效、可重复、节约成本、安全可靠、积极推动创新等优势必将进一步凸显。随着人工智能、大数据、云计算等新兴技术的发展，智能仿真必将成为建模与仿真领域中重要的一个分支，智能仿真的发展趋势包括：

（1）重视智能仿真基础型创新研究，是扩展智能仿真技术应用领域、保持智能仿真技术先进性的前提

美国国防部于"2013—2017 年科技发展五年计划"提出了未来重点关注的几大颠覆性基础研究领域，与智能仿真相关的技术领域有：人类社会行为预测数学模型，建立准确的人类社会行为预测数学模型，为战略、行动、战术决策和计划提供支持；沉浸式训练与任务演习，研发微精尖端传感器、现实增强、有效人机接口，为高效低廉培养实战能力提供支撑；大数据仿真，基于社交网络的大数据分析，面向体系仿真的大

数据管理和融合等；人脑认知仿真，探索脑结构与功能关联性进展、脑信号分析的大规模并行计算，解决从脑信号预测人类行为的逆向问题、整合个体人脑变量的模型开发等。

（2）开发实用型智能仿真平台工具产品，是提高智能仿真效率、发挥智能仿真效用的倍增器

美国的圣塔菲研究所、加州大学、梅森大学都成立了复杂系统的研究实验室，并开发了多种基于 Agent 的仿真平台，如 Swarm、Ascape、Repast、NetLogo、Mason、StartLogo 等，突破性地解决了经济、社会、科技领域的一些重点难点问题。以美国为代表的仿真强国开发了许多高性能、自主可控的计算机兵力生成仿真平台，如 ModSAF、OneSAF、JSIMS、WARSIM 2000、EADSIM，在军事领域发挥了重要作用。欧美等发达国家在开发机器人过程中也普遍使用机器人仿真软件，如 Actin、ARS、Gazebo、MORSE、OpenHRP、RoboDK、SimSpark、V-Rep、Webots、4DV-Sim、OpenRAVE。未来智能仿真平台日益朝着图形化、交互式、集成化的方向发展。

（3）聚焦智能仿真应用重点领域，是提升智能仿真技术战略地位、彰显智能仿真技术能效的有效途径

2013 年 4 月，美国宣布启动"脑计划"。几乎在同时，欧盟宣布"人脑工程"。随后，日本和其他国家相继启动了自己的脑计划。于是使世界各国开始了一场"脑科技"竞赛，其中脑模拟成了各国脑计划中的重要内容。2011 年 6 月，奥巴马宣布启动《先进制造伙伴计划》，明确提出通过发展工业机器人提振美国制造业。2012 年，德国推行了以"智能工厂"为重心的"工业 4.0 计划"。2014 年 9 月 11 日，日本 NHK 电视台报道，日本政府将在经济增长战略中，把机器人产业作为重点扶持产业之一。可见，面向机器人的智能仿真技术和类脑机器人也成了各国"机器人"战略的关键技术。以美军为代表的西方发达国家军队，基于绝对领先甚至跨代优势的装备和技术发展思路、多次局部战争实践及军事转型和武装力量建设改革的需要，通过立法和鼓励技术创新相结合，大力推动仿真技术的研究创新和应用转化，正在利用人工智能等新兴技术优势，将智能仿真大量应用到军队作战实验、模拟训练、装备论证和联合试验等领域，推动着智能仿真技术的发展和军事变革。

（4）认清"人工智能辅助仿真、对智能的仿真"两个方向融合的本质，是推动智能仿真向纵深发展的根本

智能仿真是人工智能技术与仿真技术的结合，可以分为两个部分，一个是对智能（智能系统、人工智能系统）的仿真，另一个是人工智能辅助仿真，前者对应"建模"，后者对应"仿真"。人工智能的发展历程是：计算智能 - 感知智能 - 认知智能。相应地，"人工智能辅助仿真"的发展历程是计算自动化 - 接口、AR，VR-助手 - 自主仿真，"对智能的仿真"的发展历程是专家系统知识库 - 视觉、听觉 - 理解、决

策。"人工智能辅助仿真"和"对智能的仿真"两者会趋向一体。例如，虚拟现实技术既是对智能系统的建模，也可以展现仿真结果，辅助进行 VV&A，作为仿真辅助工具。脑模拟的研究将会促进新的人工智能技术的发展，这些新型人工智能技术无疑具有辅助仿真的潜力。所以，"智能仿真"将以智能的方式解决问题，形成"自主化智能仿真"。自主化智能仿真的主要功能及特征是自动建模、自然人机接口、自由仿真、自主分析，主要技术包括形式化技术（数学模型）+ 非形式化技术（深度学习）、计算能力、虚拟现实 / 增强现实（VR/AR）。

4.4　中国智能仿真发展现状和机遇

当今世界科学技术迅猛发展，把握中国智能仿真研究现状、国家重大科学研究计划涉及的智能仿真项目，认清中国智能仿真发展面临的机遇与挑战，有助于制定更合理可信的发展路线图。

4.4.1　中国智能仿真研究现状

4.4.1.1　基于 Agent 的建模与仿真

中国科学院自动化研究所、天津大学、南京大学也成立了复杂问题研究中心，以盛昭瀚、张维、王飞跃和谭跃进等为代表的国内学者对供应链、社会舆论传播、金融市场、军事等社会经济复杂系统进行了深入研究。此外，基于 Agent 的建模也广泛应用于社会管理领域的研究，如社会演化、非常规突发事件、交通动态、城市管理、婚姻状况、人口迁移、污染、繁殖、战争以及疾病的传播等，并取得了丰富的研究成果。

（1）经济领域

1）宏观经济系统的仿真

经济系统是一个复杂的适应系统，由于系统中个体具有异质性、不可预测性、难以量化性等，因此采用传统的数学方法很难对经济行为进行仿真。而基于 Agent 的建模方法将经济社会中的人抽象为个体 Agent，在特定的经济环境条件下，个体 Agent 在系统中实施经济行为和交互。

刘雪峰构建了信贷市场模型，并对比仿真了不同数量的银行信贷市场。

2）人工股票模型的研究

张维、冯绪和熊熊等对股票走势、证券投资等进行了具有"中国情景"的社会计算模型分析。赵志刚、张维和张小涛等从主体学习的角度，将基于惯例学习模型和信念学习模型的两类 Agent 引入人工股票模型，证明了学习过程是影响资产市场的价格特征的重要因素。Li Tang 和 Shang 构建了一种具有异质主体的人工股票模型，并评估了不同证券交易税对市场行为的影响。目前人工股票模型研究仍然处于起步阶段，虽然取得了许多研究成果，但是在市场结构、交易机制和主体设计等方面仍存在许多缺陷和局限：不同的学习机制会使人工交易市场的成交量和价格具有不一样的时间序列特征，从而导致基于不同模型所得的结论不同；许多学者的研究模型具有市场结构、交易机制和主体比较单一的缺陷，只能用于研究局部性的经济问题。人工股票市场如何能够更好地反映真实股票市场的情况仍是亟待解决的问题，Agent 的智能学习方法、Agent 类型的区分和市场交易机制都是未来研究的方向。

（2）管理领域

1）组织管理

在模型构建方面，有的研究基于角色、小组和结构的组织模型，有的研究面向 Agent 的开发方法。张伟和石纯一采用组织递归模型阐述了组织的形成及演化机理。李德刚、于德介和刘坚等将 Agent 引入组织模型，提出了 ABOAMM 方法并用于进行组织建模和分析。

在理论应用方面：赵书良、蒋国瑞和黄梯云提出了能应用于不同组织类型的模型，增强了 Agent 组织结构的兼容性；王希科、李中学和钟海铭用 Agent 角色的变化描绘组织的结构，提出了组织结构的演化机制。目前基于 Agent 的建模在组织管理方面的研究是，利用基于 Agent 建模的方法研究某个方面。然而，大部分研究仅给出了 Agent 的显式组织结构，而对组织效率和组织重组缺乏考虑。具体而言，当前研究存在如下一些问题：缺少对 Agent 组织结构的统一定义，尤其是对角色的描述；缺乏对组织结构设计的考虑；组织形成没有考虑 Agent 的个性；未对 Agent 组织演化的特性和约束给出描述；由于组织会随着 Agent 的加入和离开而扩大和缩小，因此在研究组织时还需要考虑组织运行过程的动态变化。

2）产业集群

产业集群研究主要集中在集群的涌现和演化两个方面。乐建兵和杨建梅利用基于 Agent 的仿真分析产业集群中企业的投资行为以及其发展过程。周庆、黄颖颖和陈剑基于 Swarm 平台对企业的动态竞争行为和演化机制进行了仿真分析。李英利用基于 Agent 的微观建模方法研究了产业集群中的创新扩散问题。相关的产业集群研究主要以概念模型或演示模型为核心，对模型输入进行假设，再观察系统输出。然而，这些方法并没有完全实现对实际中的复杂系统现象进行解释和分析。

3）供应链管理

供应链是一个复杂系统，由一些具有异质性的主体构成。基于 Agent 的建模在供应链管理研究领域的运用主要是通过模型构建和系统实现分析如何提高供应链的效率。

国内学者的研究主要集中在建模方法的应用上。例如：有学者研究了供应链建模与仿真过程中的技术路线、优化与协调领域的适用性；有学者对网络设计、价格协调、供应风险等进行了仿真实验研究；有学者研究了不同环境下供应链的网络绩效等。此外，供应链协商机制也是当前的研究热点。基于 Agent 的建模更能适应供应链中决策具有分布性和随机性等的特征。学术界主要从供应链的建模、仿真及生产调度等角度展开研究，并为供应链的复杂性问题提供了新的思路和视角。但是，现有研究考虑的因素不多，需要增加更多的内生变量和外生变量才能更接近现实的仿真供应链系统、解决实际的管理问题。例如，决策行为的多样性、消费者行为的多样性、制造商的差异、环境的差异等都需要进一步探索和完善。

4）合作与竞争

在经济管理领域，企业间或组织间的合作与竞争研究由来已久。随着计算仿真的发展和深入，学者们也运用基于 Agent 建模的方法研究此类问题。

合作方面。赵娜、李伟和刘文远利用基于 Agent 建模的方法研究组织部门间的合作，并对合作流程进行了优化。吴美琴构建了基于 Agent 的企业合作创新模型，并研究了企业合作中的技术进化、技术溢出等问题。陈学松、杨宜民和陈建平研究了 Agent 系统中的合作问题，提出了优化算法，并证明了同构的联盟结构是最优的。

竞争方面。张彪采用基于 Agent 建模的方法研究竞争性创新技术的扩散，分析了不同企业的多因素能量强度和竞争作用强度对扩散过程的影响。王冬构建了物流企业客户竞争模型，研究表明服务质量对物流企业的客户竞争具有重要作用。赵剑冬和黄战构建了产业集群企业的竞争模型。

随着企业间的竞争不断加剧，竞争战略和合作关系显得愈发重要。利用基于 Agent 建模的方法研究企业等的竞争合作的一个重要方向是构建多 Agent 系统。通过考察合作或竞争系统，可以研究如何协调、优化合作或提高企业的竞争能力。由于大部分的模型构建是在假设环境恒定的情况下进行的，因此关于复杂、动态的物理环境的表示和演化仍有待深入研究。

4.4.1.2　计算机兵力生成

国内在 CGF 建模方面的研究是 20 世纪 90 年代初伴随着分布交互仿真的兴起开始的。国内的一些研究团体在实体级的 CGF 建模方面进行了一些研究和应用，已经建立了一系列作战仿真系统，开发了一些 CGF 模型。其中，北京航空航天大学和西北工业大学等单位对空战中的实体级航空兵 CGF 建模进行了研究，装甲兵工程学院在装甲车辆的 CGF 建模方面展开研究，国防大学、军事科学院等单位面向战役和战略级作战仿真需求开展了 CGF 建模方面的研究。此外，各军兵种（如陆军、海军、空军、二炮、工程兵等）也面向具体作战仿真应用建立了一些 CGF 模型。国防科技大学等研究团体也对分布式作战仿真中的 CGF 建模理论和系统实现开展了研究工作。

经过近十年的发展，国内的一些大学和研究所纷纷开发了一些分布交互仿真系统，这些系统中的某些关键技术已经达到比较高的水平，但是就计算机生成兵力方面而言，确实还存在着比较大的差距。首先是没有成形的 CGF 系统问世，很多系统中也提到了计算机生成兵力，但它们几乎都是只能适用于本系统，从应用层面上来讲并不是比较独立和通用。其次，我们已经开发了种类比较多的 CGF 系统，比如：固定翼和旋转翼飞机、水面舰艇、潜艇、导弹、炮兵、轮式车辆、履带车辆、雷达等，但是它们的 VV&A 工作却只做了一部分，比如坦克 CGF。我们可能对武器系统精度的模型进行了验证，但在后勤补给、技术保障方面我们可能根本没做。再次，对于 CGF 复杂的智能行为建模的研究相对薄弱。而在 CGF 建模的研究和应用中，与指战人员指挥、控制和通信相关的智能行为建模是 CGF 建模的最大难点。然后，国内对变精度、可变分辨率的 CGF 研究得还相当不够，这在 CGF 的研究领域是一个重要方向，总体来说，国内的发展给人的感觉是系统优先于关键技术，关键技术方面又是网络和图形优先于实体建模和 VV&A，实体建模方面，人在回路的模拟器又优先于 CGF。

4.4.1.3　机器人仿真

从 20 世纪 80 年代后期起，国内许多单位开始从事机器人方面的仿真工作。在国家高技术研究发展计划（"863"计划）自动化领域的智能机器人课题研究中，清华大学、浙江大学、中国科学院沈阳自动化研究所以及上海交通大学等单位承担了机器人系统建模和仿真的研制任务，并取得了多项研究成果。哈尔滨工业大学、北京航空航天大学、国防科学技术大学等单位承担了机器人机构仿真任务，也先后研制成功一些大型的机器人仿真软件。另外，还有不少科研单位和企业机构针对某一具体方面进行了更为深入的机器人仿真技术的研究。

4.4.1.4　脑模拟

2014 年开始，启动中国脑计划的呼声也不断升高。2015 以来，关于中国脑计划的学术筹备会议已经多次举行。多位科学家认为，中国脑计划的最佳形式是"一体两翼"，即以研究脑为主体，保护脑和模拟脑为两翼。比如，可以通过接受医学上大脑神经元脉冲放电数据，通过直观方式呈现人脑的脉冲形态，以帮助人类更清晰更直观地研究人脑的一些诸如帕金森氏综合征、阿兹海默症等病症，同时采集药理或治疗方案数据，反馈回大脑仿真模拟器，来检验药物及治疗的作用区域及效果。还可以为未来治愈由脑部神经元造成的疾病以及神经性受损创伤后的术后康复等提供新的、更科学的治疗方法。

2017 年 5 月 13 日，我国类脑智能领域首个国家级工程实验室——类脑智能技术及应用国家工程实验室（以下简称"实验室"）在合肥建成。实验室的主要研究工作包括：①对人脑进行大数据分析，更好掌握人脑的运行规律。②让类脑学会人脑的最基本功能，也就是让模拟的人脑学会视觉感知、听觉感知和语言处理，最终实现类脑的智能决策。③将类脑智能装入芯片并批量生产，应用到多领域中。④建立集成型的类脑计算平台，实现大规模并行计算。⑤以量子技术为依托，实现人脑＋电脑的"双脑计算"，建立新型计算系统。⑥研制具备自主能力的类脑智能机器人。

2014年，在中科院脑功能链接图谱与类脑智能研究B类先导专项的支持下，中科院计算所承担类脑计算芯片研究、中科院半导体所承担类脑计算芯片研究、中科院上海微系统所承担类脑视觉器件研究，使我国在类脑芯片、人脑模拟器方面的研究获得了非常积极的进展。

北京大学利用过渡金属氧化物忆阻器展示了STDP学习法则，在硬件上首次实现了异源性突触可塑性，提出关于金属氧化物阻变效应的统一机制，阐明了金属氧化物忆阻器中阻变效应的微观物理机理；建立了适用于大规模电路仿真、能够精确描述表征器件特性与物理效应的集约模型。清华大学系统研制和开发了多款用于模拟突触的忆阻器器件。利用石墨烯独特的双极型输运特性，首次实现了基于二维材料的类突触器件。南京大学研制了基于氧化物双电层晶体管的人造突触／神经元和具有高质子导电特性的自支撑壳聚糖膜，并在这两种器件上，实现了LTP，STP和STDP等学习法则。中科院上海微系统与信息技术研究所在自主新型相变材料开发和相变存储器工程化方面取得了很好的进展，开发出Ti-Sb-Te等自主新型相变材料，在12英寸40nm的工艺线上，开发出非标准流程的1D1R工艺，存储单元成品率大于99.9%，为嵌入式应用神经网络芯片开发奠定了基础。华中科技大学重点开发了针对相变存储器的神经形态器件，包括突触的模拟和神经元的模拟，实现了4种不同形式的STDP学习法则，和神经元在连续的脉冲刺激下超过阈值而产生积分触发的特性，还基于忆阻突触器件提出了多种非易失性布尔逻辑的运算方法。国防科技大学基于Au/Ti/TiO2/Au忆阻器器件，建立了一个基于题材效应和界面效应的忆阻器物理模型。

中国科学院计算技术研究所和法国INRIA提出了国际上首个深度神经网络处理器架构，相关研究论文两次获得计算机体系结构顶级会议ASPLOS和MICRO最佳论文。在此基础上，中国科学院计算技术研究所研制了"寒武纪"深度神经网络处理器芯片，包含独立的神经元存储单元和权值存储单元，以及多个神经元计算单元。"寒武纪"芯片每秒能处理160亿个神经元和2.56万亿个突触运算，可达到512GB/s浮点运算速度，比Intel通用处理器性能和能效提高100倍，可广泛适应各种智能处理应用。IBM、Intel、HP、微软、MIT、哈佛大学、斯坦福大学、UCLA、哥伦比亚大学和佐治亚理工等国外知名机构纷纷跟踪引用"寒武纪"，开展深度神经网络硬件探索。目前"寒武纪"研究团队已完成专利布局，成立了创业企业，开展产业化工作，正在与中科曙光合作研制智能云服务器，与多个核心手机芯片厂商合作研制面向下一代智能手机芯片的智能处理器。未来"寒武纪"需要在超大规模人工神经网络芯片架构、智能处理指令集、智能编程语言和编译器，以及自主智能算法等方面取得进一步突破，力争形成具有小样本学习能力的智能软硬件。

清华大学的施路平教授团队于 2015 年针对未来通用人工智能的发展要求提出类脑混合计算范式架构，并发展了基于 CMOS 的类脑芯片"天机"，既支持脉冲神经网络，也支持 ANN（Analog Neural Net-work）及各种混合集成网络，受邀在电子器件国际顶级会议 IEDM2015 上做了特邀报告。单个芯片包含 6 个核，核间通过 2×3 的片上网络进行互联，可达到 153.6GB/s 定点运算速度。每个核包含神经元块、权值网络、路由器、同步器和参数管理等模块，支持 256 个简化脉冲神经元的计算，运行频率为 100MHz。此外，清华大学已经设计完成两款基于忆阻器的大型神经网络芯片。其中一款是限制玻尔兹曼机，可以对图像等进行特征提取。另外一款是基于忆阻器的完整双层神经网络，能够实现手写体数字的识别。浙江大学计算机学院、微电子学院及杭州电子科技大学联合研究团队主要面向低功耗嵌入式应用领域，于 2015 年研发了一款基于 CMOS 数字逻辑的脉冲神经网络芯片"达尔文"，支持基于 LIF 神经元模型的脉冲神经网络建模，单核支持 2048 个神经元、400 万个神经突触（全连接）和 15 个不同突触延迟。2016IEEECIS 计算智能相关的 Summer School 还将达尔文芯片作为一个案例供所有参加人员编程实践与应用开发。表 4-8 给出了前面提到的国内部分单位的智能芯片在性能、应用领域、所支持的网络类型和编程支持等方面的对比情况。表 4-8 为国内神经网络芯片对比。

表 4-8　国内神经网络芯片对比

类型	名称	性能 /GB	模式	应用领域	网络类型	编程支持及指令集
人工神经网络芯片	寒武纪	512	Flops	图像、视频、语音、文本、自然语言理解、决策	CNN/DNN/RNN/LSTM/RC-NN/FastRCNN 等	Caffe/Tensorflow 等主流编程框架 / 高性能库 / 调试和性能分析 / 神经网络指令集
	预言神	0.128	Flops	语音	双权值浅层人工神经网络	—
脉冲神经网络芯片	达尔文	0.56	Ops	手写数字识别，脑电波编码	基于 SNN，不支持深度学习	自定义编程模型
	天机	153.6	Ops	图像	混合计算范式，既支持 SNN 也支持模拟神经网络（ANN）及各种混合集成网络	自定义编程模型
视觉处理芯片	半导体所视觉芯片	12	Ops	图像、视频	SOM	—

续表

类型	名称	性能/GB	模式	应用领域	网络类型	编程支持及指令集
无	无星光一号	152	Ops	图像、视频	CNN	Caffe/Tensorflow 等主流编程框架

2016 年，国内初创企业西井科技宣布其 100 亿个规模"神经元"人脑模拟器诞生。该人脑模拟器被命名为"Westwell Brain"（西井大脑），西井科技称其是目前公开已知的模拟"神经元"数量最多的人脑模拟器，也是目前唯一由硬件设计完成的人脑模拟器。西井科技通过使用电路去直接模拟人类的"神经元"形态，建立起神经网络中"神经元"与"神经元"之间的连接，通过依靠这些"神经元"来处理信息，用脉冲 spike 来传递信息，创造连接了拥有 100 亿个神经元的神经网格来模拟人类大脑的运行方式。具体来说，西井科技使用了硬件平台模拟人类"神经元"。该硬件平台内含有 80 个"神经引擎"（Neural Engine），每个"神经引擎"含有 512K 个"神经核"（Neural Core），每个"神经核"（Neural Core）含有 256 个"神经元"。每个"神经引擎"含有 128M 神经元，每个"神经元"最多可以连接到 13.5K 个"神经元"。因此，每块硬件就含有 51.2 亿个"神经元"，整个模拟器就拥有了超过 100 亿"神经元"。2012 年，Google 的科学家曾通过将 1.6 万片电脑处理器（CPU）连接起来，创造了一个拥有 10 亿多条神经元连接的神经网络。"Westwell Brain"作为全球首台 100 亿"神经元"人脑模拟器，对未来人类了解脑、保护脑、创造脑将具有积极广泛和深远的意义。

4.4.1.5　类脑智能机器人

进入 21 世纪，在类脑智能机器人方面，中科院在人机动力学模型及表面肌电图（sEMG）信号的运动意图识别方法的基础上，实现了机械臂的交互控制，并实现了生理控制的康复机器人的应用。此外，项目组还将人类的"大脑 – 小脑 – 脊髓 – 肌肉"的中枢与外周运动神经系统模型引入到机器人的运动规划与控制当中来，针对仿人的"多输入 – 多输出"机器人运动执行机构，建立了运动信号的类神经编解码模型，使得机器人可以在运动反应速度不降低的情况下，提高机器人的运动精度，并具备运动的学习能力。项目组建立了生物启发式仿人视觉演示平台与生物启发式仿人运动演示平台（图 4-11），基于人的中枢神经与外周神经机理，实现了在运动中逐步提升精度，而速度不下降的学习过程。

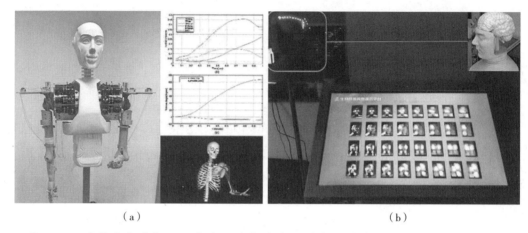

（a）　　　　　　　　　　　　　　（b）

图 4-11　生物启发式仿人视觉演示平台（a）和生物启发式仿人运动演示平台（b）

为使类脑机器人具备针对复杂环境下物体的鲁棒识别能力，并具有很好的泛化能力，项目组进行了神经启发式模型的相关研究，将人类的联想记忆机制、注意力调控机制、泛化学习与记忆机制引入到模型当中。在研究中，项目组首先将联想和记忆机制引入计算模型 HMAX 中，减少识别时的存储量，加快识别速度，从而提高机器人的反应速度。基于以上工作，依据灵长类动物视皮层中前内颞叶皮层对部件、视角的调节功能以及后内颞叶皮层的多视觉任务处理能力，继续改进 HMAX 模型，保证了旋转、遮挡情况下鲁棒的识别，扩大机器人认知的适用场景范围，为机器人个性化服务奠定基础。

为进一步探索类脑智能机器人的智能生长技术，项目组进一步模拟了婴儿对物体的自发、动态认知过程，使机器人能够通过深度置信网络自发学习，进而实现知识的动态更新，提高机器人的自学习和归纳泛化能力。目前，项目组已经在如下几个方面取得了积极进展：①模仿大脑在单样本或者极少量样本条件下的基于交互学习的目标分类能力，借助目前脑科学中脑功能分区、大脑生长与神经连接生长等知识，构建新型类脑机器学习和认知模型，采用特征分析、无监督聚类、合并归纳等推理方法，实现单样本或极少量样本条件下同一物体的再次准确识别；②在机器人从零学习模型的基础上，采用语音交互和手势交互的模式教授计算机目标与环境知识，使得计算机具有从错误中学习新知识的能力；③在机器人基于交互的错误辨识纠正与记忆模型基础上，构建面向视觉、听觉、言语感知的多通道信息融合的智能模仿模型，实现计算机借助视听觉方式对外界环境的智能增长学习，并具有一定模仿人类特定行为的能力（图 4-12）。

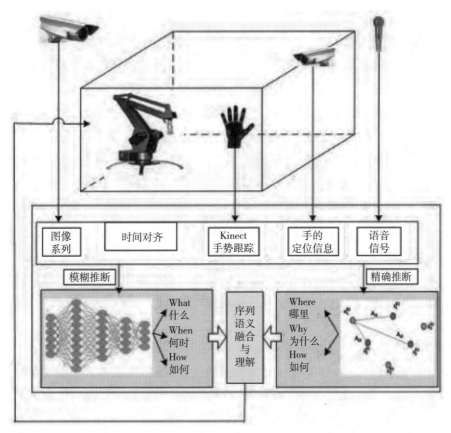

图 4-12   人机协同的交互式智能手势动作学习系统

此外，为配合类脑智能机器人的交互过程，使机器人的视觉通道具有更多的拟人特性，项目组还通过类脑视觉感知原理研制了新型三维光场相机（图 4-13），相机能够自动对感兴趣目标进行最佳对焦，从而对注意的图像内容进行凸显，从而使机器人能更好地理解所观察到的内容。与此同时，项目组还研制了具有自学习在线校准功能的仿生双眼视觉系统，能模仿人的眼球运动机制，实现双目摄像机的运动控制，以及双目视觉跟踪和三维重建，为基于视觉的机器人人机交互奠定了很好的基础，并进一步推动了人机协同的机器人智能生长的研究。

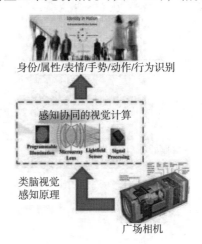

图 4-13   三维光场相机及其原理示意图

4.4.1.6 人工智能辅助仿真

（1）仿真建模

仿真建模的重要工具和手段是仿真语言及其支撑环境。仿真语言及其支撑环境是建模仿真技术的重要组成部分，用于描述仿真模型及其连接关系（比如连续时间点上的数据和离散的事件）、定义仿真的运行参数，进而封装形成仿真组件并提供分布式仿真运行时引擎。它的优点是避免工程人员直接编程实现仿真模型、组件和引擎，减少工程人员的工作量，提高仿真模型的参数化，增强其可重用性。李伯虎院士研究团队开发了复杂系统智能仿真语言，该语言包括：①模型描述部分：由仿真语言的符号、语句、语法规则组成的模型描述形式与被研究系统模型的原始形式十分近似；②实验描述部分：由类似宏指令的实验操作语句和一些有序控制语句组成；③具有丰富的参数化、组件化的仿真运行算法库、函数库及模型库。它能使系统研究人员专注于复杂系统仿真问题本身，大大减少了建模仿真和高性能计算技术相关的软件编制和调试工作。基于该仿真语言能进一步开发面向各类专用领域（如军事体系对抗、多学科虚拟样机仿真等领域）的高级仿真语言。

（2）仿真交互

人工智能和虚拟现实、增强现实等技术的结合，为仿真与用户的交互提供了更好的途径。如图 4-14 所示，有研究人员利用人工智能技术与虚拟现实技术实现了虚拟植物自主生长智能化仿真，更好地向用户展现了植物的生长过程。其中虚拟对象智能行为建模技术主要实现物体对象的几何仿真、物理仿真和行为仿真，提升虚拟对象行为的智能性、社会性、多样性和交互逼真；虚拟环境下人与环境融合技术主要实现高分辨率立体显示、方位跟踪、手势跟踪、数据手套、触觉反馈、声音定位等，实现虚拟现实、增强显示等技术与人工智能的有机结合和高效互动。

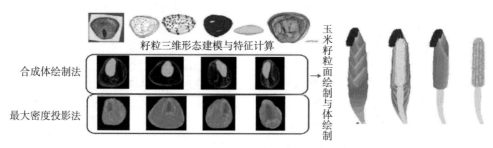

图 4-14　虚拟植物自主生长智能化仿真应用系统

（3）仿真分析

仿真分析泛指仿真结果分析、仿真过程解释、仿真文档处理以及仿真 VV&A。目前国内学者提议将大数据、深度学习等人工智能结合起来用于仿真结果分析和 VV&A。胡晓峰教授认为大数据为仿真结果分析提供了更好的手段。毕长剑教授认为："大数据时代的到来为仿真 VV&A 提供了一种新的解决方式，数量巨大案例数据，大大提高了与目前仿真课题相似案例的出现概率，基于相似性原理，运用足量的相似案例既可得到仿真的逼真度数据和可信度数据，验证仿真的真实性，同时也验证了其中各个模型的正确性。"

还有一些学者利用大数据开发了仿真应用平台。目前国家平台中有各类相关传染病信息 7000 万条，基于千万级的乙肝、结核病和艾滋病等重大传染病筛查及队列大数据，研究人员建立传染病的传播与发展模型以及智能可视化仿真分析平台，通过大数据智能和跨媒体推理对流行疾病进行智能预警、预测与干预，如图 4-15 所示。

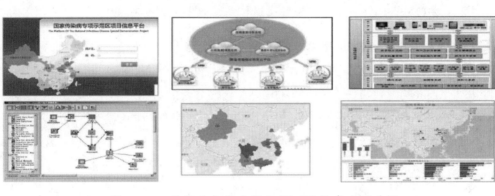

图 4-15　传染病智能疾控与预测性仿真应用系统

此外，还有学者将智能化仿真分析应用于交通控制中的"绿波带"。"绿波带"，即是"信号灯多点控制技术"，即在一个区域或一条道路上实行统一的信号灯控制，将纳入控制范围的信号灯全部连接起来，通过计算机加以协调控制，使车流在干道上行驶的过程中，连续得到一个接一个的绿灯信号，畅通无阻地通过沿途所有交叉路口。"绿波带"使用的是智能信号灯系统，该系统通过地下的线圈来感应车流量，电脑自动调整红绿灯间隔时间，合理分配信号周期，优先安排车流量大的路口车辆通行。通过对卫星导航、监控摄像头、卡口、传感线圈等多类跨媒体数据进行智能化仿真分析，以优先在特定道路布局下绿波带系统中各类设备的部装与配置。如图 4-16 所示。

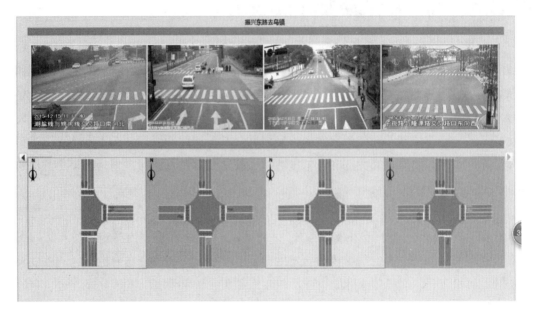

图 4-16　城市绿波带交通控制智能化仿真应用系统

4.4.2　国家重大科学研究计划涉及的智能仿真项目

（1）基于 Agent 的建模与仿真

基于 Agent 的建模与仿真一直以来得到了许多学者的关注，并在许多领域中得到了广泛的应用。仅在 2015—2017 年相关研究有三十多项，涉及经济、金融、管理、公共安全、海事、地理等众多领域。但是，应该看到国内研究机构和学者更注重这种仿真方法的应用，而对这种方法的理论体系和软件平台开发研究得不够。

（2）计算机兵力生成

计算机生成兵力（Computer Generated Force，CGF）是作战仿真领域的关键前沿技术之一。为解决现有仿真系统中 CGF 对抗能力不足、行为表现不真实的问题，必须从机理上提高 CGF 的认知水平。国防科技大学的尹全军从影响个体决策行为的情感因素着手，结合前景理论在风险和不确定条件下的决策建模思想，研究情感影响下的 CGF Agent 决策行为建模理论和方法。国防科技大学的查亚兵以 CGF 认知过程中的意图识别框架为切入点，研究了基于统计关系学习和决策 / 规划理论的意图识别建模方法，使 CGF 在多智能体协同、观测数据不完整、对手意图可变、训练数据不足等复杂条件下能够识别多种作战意图。计算机兵力生成方面 Agent 的认知和决策行为成了研究的热点，但是研究面还不够广，只有国防科技大学、北京航空航天大学、装甲兵工程学院等一些单位在研究，但成果也相对较少。

（3）机器人仿真

机器人仿真的相关研究较少。

（4）脑模拟

"脑科学与认知科学"是我国长期重点部署领域，《国家中长期科学和技术发展规划纲要（2006—2020）》《国家"十二五"科学和技术发展规划》《"十二五"生物技术发展规划》《国家自然科学基金"十二五"发展规划》以及近期出台的《国家自然科学基金"十三五"规划》和《"十三五"国家科技创新规划》等均对神经科学发展进行了部署，并将脑科学与类脑研究作为科技创新 2030 重大科技项目，以抢占脑科学前沿研究制高点。从建设科技创新中心角度来看，2015 年 9 月，北京启动"脑科学研究"专项工作，该专项计划提出未来两个五年发展目标：到 2020 年，推动脑科学重大共性技术研究中心建设，着力突破脑疾病领域关键技术等；到 2025 年，在脑认知活动神经原理、脑重大疾病预防治疗、类脑计算机和类脑人工智能等方面取得重大突破。该专项工作从脑认知与脑医学和脑认知与类脑计算两个方面重点布局。2015 年 3 月，由上海市科委主导，复旦大学等 10 多家单位共同参与的"上海脑科学与类脑人工智能发展愿景"项目顺利启动。2016 年 8 月，《上海市科技创新"十三五"规划》正式发布，围绕脑科学与类脑人工智能等国际前沿领域加快原始创新突破，上海"脑 – 智工程"蓄势待发。

近年来，国家在脑科学方面更是加大了投入力度。国家自然科学基金委于 2008 年启动的"视听觉信息的认知计算"重大研究计划，于 2011 年启动的"情感和记忆的神经环路基础"重大研究计划。中科院在 2012 年启动了战略性先导科技专项（B 类）"脑功能联结图谱计划"，预计 10 年中将投入 6 亿元。2015 年，该专项进行了扩充，加入类脑人工智能研究领域，专项更名为"脑功能联结图谱与类脑人工智能研究"，在国际上首次实现了神经科学与智能技术领域的实质性融合，为脑智科学的发展和中国脑计划的启动打下了坚实基础。

（5）类脑智能机器人

2014 年，在中科院"脑功能链接图谱与类脑智能研究"B 类先导专项的支持下，中科院自动化所承担类脑机器人与人机协同的智能生长研究。此外，北京大学、北京航空航天大学、北京理工大学、哈尔滨工程大学、大连理工大学、湖南大学、同济大学都对具有更高感知能力和认知能力的机器人进行了研究和探索，担负了机器人领域的国家自然科学基金项目。

（6）人工智能辅助仿真

国内在人工智能辅助仿真建模、仿真交互、仿真分析等方面的自然科学基金项目较少。

4.4.3　中国智能仿真发展面临的机遇与挑战

一场新技术革命和新产业变革正在全球进行，一个"新互联网 + 大数据 + 人工智能 +"时代正在到来。其主要表现是：面对全球"创新、绿色、开放、共享、个性"的发展需求，以及新互联网技术、新信息技术、新人工智能技术、新能源技术、新材料技术、新生物技术等飞速发展，特别是新互联网技术（物联网、车联网、移动互联网、卫星网、天地一体化网、未来互联网等），新信息技术（云计算、大数据、5G、高性能计算、建模 / 仿真、量子计算、区块链技术等）以及新一代人工智能技术（基于大数据智能、群体智能、人机混合智能、跨媒体推理、自主智能等）的快速发展，正引发国民经济、国计民生和国家安全等领域新模式、新手段和新生态系统的重大变革。与此同时，正在发生重大变革的信息新环境、技术和人类社会发展的新目标正催生人工智能技术与应用进入一个新的进化阶段：随着移动终端、新互联网、传感网络、车联网、可穿戴设备、感知设备等迅速发展，网络已经开始史无前例连接着世界上的人、机、物，并快速反映其需求、知识和能力；大数据成为人类社会不可忽视的战略资源；高性能计算能力的大幅度提升，提供了人工智能实施的保障；以深度学习为代表的人工智能模型与算法的突破及数据和知识在社会、物理空间和信息空间之间的交叉融合与相互作用等，促进了新计算范式的形成；这些都极大地推进了信息新环境和新技术的重大变革。另外，基于"创新、绿色、开放、共享、个性"的新时代需求，智能城市、智能制造、智能医疗、智能交通、智能物流、智能机器人、无人驾驶、智能手机、智能玩具、智能社会、智能经济等领域也正在迅速发展，它们对模式、手段与业态的变革都迫切需要新一代人工智能技术与应用的新发展。

（1）基于 Agent 的建模与仿真的挑战

基于 Agent 的建模与仿真的挑战来自以下几个方面：① Agent 模型及其结果的透明度、可信度。Agent 模型较为复杂，难以解释结果。②基于 Agent 的建模知识体系。包括：如何有效地开发基于 Agent 的模型，如何有效地使用模型生成相关信息，以及如何分析和解释模型结果。明确的知识体系有助于联合不同领域，确定其能力和局限性，扩展其应用。③基于 Agent 模型开发工具的易用性。在 Agent 模型开发过程中，缺乏易于使用的工具和标准的用户界面将妨碍基于 Agent 的建模与仿真的应用。

（2）计算机兵力生成的挑战

计算机兵力生成的挑战来自以下几个方面：①认知行为建模。为解决现有仿真系统中 CGF 对抗能力不足、行为表现不真实的问题，必须提高 CGF 的认知行为建模水平。②大规模的 CGF 实体带来计算方面的挑战。需要在高性能计算、云计算平台和其他平台上开发用于分布式 CGF 模型或其交互组件的算法和软件。③仿真分析。仿真分析挑战是开发诸如数据分析和统计分析技术等方法和工具，用于从大规模仿真结果数据中提取有意义的信息。

（3）脑模拟和智能机器人的挑战

脑模拟和智能机器人的挑战主要来自对大脑工作机制认识不清。具体来说挑战有以下几个方面：①脑网络结构的精确与快速测定。人脑是一个由近千亿的神经元通过数百万亿的接触位点（突触）所构成的复杂网络。脑网络在微观水平上表现为神经突触所构成的连接，在介观水平上表现为单个神经元之间所构成的连接，在宏观水平上则表现为由脑区和亚区所构成的连接。在不同尺度的脑网络上所进行的信息处理既存在重要差别，又相互紧密联系，是一个统一的整体。②脑网络活动的大规模检测与调控。这涉及大脑信息的动态存储、传递与处理的机制。③大脑海量数据的高效分析。无论是大脑网络结构的测定，还是脑网络活动检测，都将获得海量数据，对这些海量数据的分析将成为认识脑工作机制的关键，也成了脑模拟的关键。

（4）人工智能辅助仿真的挑战

人工智能辅助仿真的挑战主要来自仿真建模、仿真交互与仿真分析。具体来说挑战有以下几个方面：①仿真建模。如何利用人工智能技术实现"智能化"仿真建模，高效仿真运行。②仿真交互。如何利用人工智能技术和虚拟现实、增强现实技术更好地实现人机仿真交互。③仿真分析。如何对大规模 Agent、包含人工智能算法的智能仿真、脑模拟进行校核、验证与验收（VV&A），以及如何利用大数据技术对智能仿真模型进行校核、验证与验收（VV&A）；如何对智能仿真实验结果管理、分析与评估。

（5）体制机制方面的挑战

体制机制方面的挑战来自以下几个方面：①整体上，科技项目方向布局、科技成果之间，点状散布，同步发力、系统互动不足，根源是缺乏强有力的领导组织体系和科学决策体系并进行顶层设计和系统谋划。②重大变革性研究突破缺乏，直接原因是缺少变革性技术，深层次原因是跨学科协同机制建设的滞后。智能仿真作为技术密集的研究领域，从某种程度上，技术的先进性决定了研究进展的速度和突破的程度。而技术的研发涉及神经、认知、信息、建模与仿真、计算机、通信、数学、控制等多个学科，以及从科学到工程多个方面，因此，加强智能仿真研究需要高度的跨学科协同机制建设。③领军人才不足，训练有素的青年人才匮乏，根源是具有国际竞争力的内生性人才培养模式尚未形成。如何依靠内生性培养机制，形成具有国际竞争力的人才团队，是我国政府和科研机构都需要研究的重要课题。

4.5 重点研究领域关键科学问题与技术

为实现智能仿真系统，对现有建模理论与方法、仿真支撑技术和仿真应用技术都提出了新的挑战，以下是该领域应重点关注的关键科学问题与技术。

4.5.1 建模理论与方法

（1）对象建模

对象建模（即一次建模）主要针对智能系统中人、机、物、环境存在连续、离散、定性/决策、优化等复杂机理、复杂组成、复杂交互关系和复杂行为，提出新系统建模方法，特别是基于大数据、深度学习等方法进行系统认知和预测等建模技术的挑战。

1）定性定量混合系统建模

如何构建定性定量统一建模方法，即如何构建系统顶层描述和面向子领域描述的建模理论和方法；如何构建定量定性交互接口建模，即如何将定量定性交互数据转化为定性模型与定量模型所要求的结构和格式；如何确定定量定性时间推进机制，即如何确定定量定性模型的时间协调推进机制。

2）基于元模型框架的建模方法

如何通过元模型的顶层抽象，将多学科、异构、涌现的智能系统进行一体化仿真建模。如何构建基于元模型的多学科统一建模方法，即如何构建包含连续、离散、定性、定量等多学科模型的统一建模方法。如何构建基于元建模的智能系统建模方法，即如何构建充分描述各种类型系统组分间感知、决策、交互的一体化仿真建模方法。

3）基于大数据的建模方法

智能系统、人工智能系统由于其机理的高度复杂性，往往难以通过机理（解析方式）建立其系统原理模型，而需通过大量实验和应用数据对其内部机理进行模拟与仿真。基于大数据智能的建模方法是利用海量观测与应用数据实现对不明确机理的智能系统进行有效仿真建模的一类方法。关键技术主要包括基于数据的逆向设计、基于大数据的神经网络训练与建模和基于大数据分析的建模等。

4）基于深度学习的仿真建模方法

在智能系统环境下，可采集利用的数据呈爆炸式增长，同时基于深度学习、模拟人脑进行学习进化的神经网络为智能系统的建模仿真的发展与应用以及认知行为建模提供强有力的支撑。关键技术主要包括基于深度学习、强化学习、迁移学习、演化计算、主动学习、毕生学习混合学习机制建模、大样本学习与小样本学习结合的混合学习机制建模。

（2）仿真建模 / 算法

仿真器建模 / 算法（即二次建模）主要针对对象建模形成的各类模型，为了实现多级并行高效能仿真（如智能系统模型的高效仿真运行），需要充分结合智能系统及仿真系统的体系架构、软硬件特点，提出新的仿真算法 / 方法。

1）并行高效能仿真算法

为充分利用超级并行计算环境来加速智能系统问题仿真求解，需要研究并行高效能仿真算法。关键技术包括大规模仿真问题的作业级并行方法、仿真系统内成员间的任务级并行方法、联邦成员内部的模型级并行方法和基于复杂模型解算的线程级并行方法。

2）基于寻优算法的仿真方法

基于寻优算法，进行多样本迭代仿真计算。

3）面向机器学习的仿真算法

机器学习方法已形成庞大的谱系，如何有效对新型人工智能系统中的机器学习方法进行仿真建模并综合运用，将是一个重要的新研究方向。

4.5.2　仿真支撑技术

（1）智能仿真云

随着信息技术的飞速发展，云计算成了一种普遍认可的计算模式。近年来，云计算的应用为用户提供可靠的各种资源服务，它是一种一切皆为服务的模式，为用户提高质量的服务。另外，云计算与互联网＋的结合和云计算与大数据之间的应用，使云计算得到新的发展和应用。由于智能系统的人、机、物、环境具有分布、异构、信息规模大等特性，需要构建智能仿真云，将各类资源和能力进行虚拟化、服务化，解决用户能按需获取各类资源和能力服务，进而开展数学、人在回路、硬件在回路 / 嵌入式仿真等各类仿真活动。智能仿真云主要包括虚拟化技术、中间件技术和存储技术。其关键问题包括如何提高智能仿真云的交互性、安全性、可靠性、可维护性。

1）交互性问题。智能仿真云如何在用户使用高峰时，实现用户的请求，能动态地根据需求提供资源调度并实现负载均衡，并在非高峰时释放相应的资源。因此，克服智能仿真云之间交互性差的问题，可实现智能仿真云服务的高效性和可靠性，提高服务质量。

2）安全性问题。智能仿真云为用户提供的服务是否安全，即用户传输的各种信息是否泄漏、是否完整，保证云计算在传输给客户的各种数据的安全。

3）可靠性问题。用户通过租用的方式来使用智能仿真云，用户使用智能仿真云的质量依赖智能仿真云的可靠性，必须为用户提供可靠的服务。

4）可维护性问题。智能仿真云系统具有专业管理和维护软件，对智能仿真云提供高效维护和管理，能支持智能仿真云的开发和应用，并移植到相应的智能仿真云系统中。因此，智能仿真云的高效维护和开发应用成为一个关键问题。

（2）智能化虚拟样机工程

虚拟样机技术（Virtual Prototype，VP）是一种新的产品开发方法，它是一种基于产品的计算机仿真模型的数字化设计方法，是集计算机图形学、智能技术、并行工程、虚拟现实技术和多媒体技术为一体，由多学科知识组成的综合系统技术。它可替代物理样机对产品进行创新设计、测试和评估，可大大降低成本，缩短产品的开发周期，改进产品设计质量，提高面向客户和市场需求的能力。虚拟样机技术所带来的巨大效益，使它越来越受到现代工业部门的重视，尤其是航空航天、机器人领域。智能化虚拟样机工程包括支持各类智能系统中复杂对象多学科虚拟样机异构集成、并行仿真优化，解决全系统、全生命周期中人/组织、经营管理和技术，信息流、知识流、控制流、服务流集成优化。

1）复杂产品虚拟样机建模工具技术。通过给用户提供一个逻辑上一致的，可描述产品全生命周期相关的各类信息的公共产品模型描述方法，支持各类不同模型的信息共享、集成与协同运行，实现不同层次上产品的外观、功能和在特定环境下的行为的描述与模拟；支持模型在产品全生命周期上的一致表示与信息交换和共享，实现在产品全生命周期上的应用。其中主要包括复杂系统的建模技术的研究、基于元模型的建模技术的研究、复杂模型系统组织、管理技术的研究等。

2）复杂系统协同仿真平台技术。主要解决这些由不同工具、不同算法，甚至不同描述语言实现的分布、异构模型之间的互操作与分布式仿真问题，以在系统层次上对虚拟产品进行外观、功能与行为的模拟和分析活动。复杂系统协同仿真技术是实现虚拟样机引擎的核心。其中主要包括高层建模技术的研究、复杂系统协同建模技术的研究、分布式仿真技术的研究、模型互操作与重用技术的研究、协同仿真运行管理技术的研究等。

3）复杂产品虚拟样机概念设计和性能评估工具技术。将复杂产品的设计开发向系统前期规划和后期性能评估两头延伸。通过建立了各种高性能的仿真系统和复杂系统的虚拟样机，在复杂产品的前期规划阶段就重视复杂产品的概念设计和总体性能指标的论证，就考虑到后期的使用与整体性能的评估。其中主要包括综合仿真环境的开发实施技术的研究、虚拟样机的性能分析与评估技术的研究、与虚拟样机的中期设计、分析阶段的集成技术的研究等。

4）复杂产品虚拟样机管理平台技术。复杂产品虚拟样机工程已成为一项复杂的系统工程，涉及大量的数据、模型、工具、流程以及人员，复杂产品虚拟样机管理技术支持实现高效组织和管理它们，使它们优化运行，在正确的时刻、把正确的数据、按正确的方式、传递给正确的人，实现信息集成和过程集成。其中主要包括 IPT 团队的组建与管理技术的研究、虚拟产品数据、模型的管理技术的研究、虚拟样机开发流程的建立、重组优化与管理技术的研究、复杂虚拟样机工程项目管理技术的研究等。

（3）智能仿真语言

智能仿真语言，适合包含连续系统、离散系统、Agent 系统、定量 – 定性系统的智能系统建模仿真问题，以与被研究系统原始形式十分相近的描述语言进行输入，自动生成重用性、维护性较好的模块化程序组件，经编译处理后自动调用领域相关的算法库、函数库及模型库进行高性能仿真求解。关键问题和技术包括：

1）多系统混合建模技术。多系统混合建模技术应适合对包含连续系统、离散系统、Agent 系统、定量 – 定性系统的智能系统建模，自动生成重用性、维护性较好的模块化程序组件。基于该仿真语言能进一步开发面向各类专用领域（如军事体系对抗、多学科虚拟样机仿真等领域）的高级仿真语言。

2）并行仿真引擎技术。并行仿真引擎技术应可以支持多核或者多 CPU 并行计算，自动调度仿真模块运行，平衡负载。

3）智能编译技术。程序编译技术可以自动识别智能仿真语言的语义，将其转化为 C++ 等编程语言。

4）数据分析接口技术。为了便于仿真数据利用大数据分析工具处理，应留有数据分析接口。

5）模型与实验的描述语言规范。模型描述部分由仿真语言的符号、语句、语法规则组成的模型描述形式与被研究系统模型的原始形式十分近似。实验描述部分由类似宏指令的实验操作语句和一些有序控制语句组成。具有丰富的参数化、组件化的仿真运行算法库、函数库及模型库。它能使系统研究人员专注于复杂系统仿真问题本身，大大减少了建模仿真和高性能计算技术相关的软件编制和调试工作。

（4）跨媒体的可视化技术

跨媒体的可视化技术支持在共享的虚拟工作空间，对各类数据的可视化、仿真实体的外观、功能、性能、行为模拟的可视化，面向各类智能系统中虚拟场景计算和虚实融合应用，解决基于人工智能技术提供智能化、高性能、用户友好的可视化应用的技术问题。

1）具有复杂行为和生命特征的对象构模方法。为了逼真地刻画场景中的对象，针对不同对象，需综合运用多种构模方法，对象的物理模型可以使用交互式基于图像的构模方法获取，即使用计算机视觉技术抽取虚拟物体的形状和纹理。

2）智能生命的模拟。使用认知构模方法，对虚拟环境中的虚拟生物的形体和神经系统进行分别描述，从而可以综合利用人工智能中的知识表示、推理和规划等技术控制虚拟生物的活动，进而保证高度的行为真实感。

3）虚拟环境中的智能人－机／人－人交互。虚拟环境技术充分集成了三维图形技术、先进的显示技术、跟踪技术、输入技术、触觉反馈技术和虚拟声音合成技术等，企图为用户提供一种更加自然高效的人机交互方式。虚拟环境技术的出现彻底地改变了传统桌面的人机交互理论与交互技术，使人们可以完全自由地沉浸在虚拟环境中以非常自然的方式直接与各类信息进行交互。但是由于软硬件条件的限制，目前的虚拟环境技术还不能真正达到自然和谐的交互。解决问题的方法是从人的认知特性和行为需求出发，提出合适的用户模型和认知模型，并根据各个特殊感知通道和行为通道的特点，结合用户模型提出各个通道相应的交互方式，然后针对各类具体的交互任务，对必要的输入通道进行整合，从而使得用户可以高效、自然、和谐地与虚拟环境进行实时交互。

4）知识表示和推理。在智能虚拟环境中，需要对环境进行抽象表示，使系统能够在较高的抽象级别上来描述对象和虚拟世界的演变。同时，用户与智能虚拟环境的交互不能仅限于对虚拟环境中对象的直接操纵，应该有较高级别的交互（如自然语言），智能虚拟环境应该对用户的输入进行解释，这就需要对智能虚拟环境进行抽象表示。这包括两方面：将虚拟环境中的动态变化翻译成抽象表示和将用户的输入翻译成高级抽象表示。

4.5.3 仿真应用工程技术

（1）校核、验证与验收（VV&A）

智能仿真模型校核、验证与验收（VV&A）方法，包括对一次模型认可、仿真系统算法执行准确性认可、仿真执行结果的用户认可。

1）全寿命周期 VV&A。仿真系统越来越复杂，开发周期越来越长，开发的风险越来越大，从仿真系统需求分析开始就考虑 VV&A 的要求，并制订覆盖整个仿真系统全生命周期的 VV&A 方案，有助于及早发现仿真系统设计和开发中存在的问题，及时纠正错误，才能保证仿真系统最终的可信度目标的实现。在制定全寿命周期 VV&A 方案过程中，应考虑的主要问题包括：由仿真系统应用目标所确定的可信度评估目标和系统可接受指标；VV&A 过程工作流和信息流模型；仿真系统可信度指标定义和度量框架；仿真系统 VV&A 文档要求；项目时间表；VV&A 团队的组成和分工；仿真系统 VV&A 所需的资源等。

2）有效的共享数据和文档。一个复杂仿真系统开发和 VV&A 过程中涉及的文档和数据是巨大的、复杂的、并经常由不同的组织和机构管理，有着不同的规章要求；VV&A 过程则要求在开发过程中能够尽可能多地获得所需的数据和文档，如何保证数据和文档共享是成功进行 VV&A 的关键。

3）有效的仿真模型验证方法。通过仿真获得的实验数据同真实系统数据的比较来验证仿真模型，一直是仿真模型验证研究的重要领域，提出了不少统计方法，但不同方法之间差别很大，缺乏统一的实施标准。随着大数据时代的到来，基于大数据 VV&A 受到了普遍关注。但是，随着仿真对象向复杂系统方向发展，使仿真模型越来越复杂，而可以利用对仿真模型进行验证的真实系统的先验知识和真实数据越来越少，从而必须依靠对复杂仿真模型各组成的部分比较验证结果，加上专家的知识和经验，来尝试获得整体仿真模型的可信度，目前这方面还没有成功的先例。

4）有效的 VV&A 支撑工具。仿真系统 VV&A 过程需要进行周全的方案设计、有效的实施和管理、大量的测试和协同配合、复杂的文档和数据处理等工作。如果不能充分实现 VV&A 过程信息化、自动化、协同化，将会消耗大量的人力、物力，其效果也不尽如人意。仿真系统 VV&A 过程需要多种工具的支持，主要包括：VV&A 计划和进度管理支撑类工具，仿真建模 VV&A 分析专家辅助工具，VV&A 信息管理支撑工具，VV&A 工作协同支持工具，VV&A 指标定义及获取工具，仿真系统开发及运行过程中的监控、测试、分析、评估工具，VV&A 工具集成框架。

（2）仿真实验结果管理、分析与评估

大量的智能仿真应用需求来自对整体系统可能的行为模式与性能表现进行快速仿真与预测，需要高效开展并发仿真并对仿真结果进行高效获取、管理和分析处理。

1）仿真结果获取、存储与管理技术。在云计算中，存储技术通常和虚拟技术相互结合起来，通过对数据资源虚拟化，提高访问效率。云存储技术具有高吞吐率、分布式和高速传输等优点，适合存储和管理仿真结果。此外，需要与实装、仿真设备、智能制造系统建立多类互联接口，可以快速获取交互信息和仿真结果。

2）大数据智能分析与评估技术。传统的仿真结果分析大多是比较直接和简单，而大数据可以提供更深入的分析和预先的处理。例如，在科学实验领域，用于对粒子碰撞所产生的物理数据生成与分析，在寻找希格斯玻色粒子"万亿分之一"的概率中取得重要进展；在大规模仿真数据处理方面，使用原有的一些仿真科学方法，如：数据分析、数据挖掘、数据耕耘等，它既需要随时产生新的数据，也是对仿真数据的一种筛选，是两者不断迭代的过程，而大数据的出现，可以为解决这种大规模的仿真数据处理提供新的思路。

4.6 未来智能仿真领域发展路线图

4.6.1 中国未来智能仿真领域发展路线图的制定

智能仿真是人工智能与建模仿真的交叉领域，既包括将人工智能技术应用于建模、仿真与分析中，也包括对智能、人工智能系统、智能系统的建模与仿真，具有广泛的应用领域。路线图具有方向性、战略性与一定的操作性，刻画清楚核心科学问题和关键技术，为了更具有前瞻性地思考和谋划未来智能仿真领域发展战略，需要为智能仿真领域的研究提供发展路线图与政策建议。

4.6.2 中国未来智能仿真领域发展目标

获得一批高效基础算法及其理论的原创成果，并形成相应软件系统；研发出一批重大关键领域 / 行业的高性能计算应用；使我国在智能仿真的研究和应用上达到实践领先水平，并在软件商业化上取得突破，为解决国家亟须解决的难点问题提供强力支撑，推动我国智能仿真的跨越式发展，在我国国防及经济、社会、科技发展（特别是战略性新兴产业的培育和发展、重点产业的转型和升级）上发挥重要作用，并培养和造就一批站在国际前沿、具有创新能力的智能仿真复合型人才。

4.6.3 中国未来智能仿真领域发展路线图

（1）基于 Agent 的建模与仿真

在复杂自适应理论中，基于 Agent 的建模与仿真能使系统中各主体的微观行为与系统的整体属性相结合，很好地解释了诸如经济、社会、自然生态环境等诸多客观现象。

中短期发展目标：①实现大规模 Agent 建模与仿真，可以在高性能计算、云计算平台和其他平台上开发用于分布式 Agent 模型或其交互组件的算法和软件；②实现混合建模与仿真，如基于 Agent 建模与仿真与系统动力学、离散事件仿真的组合；③加强 Agent 行为建模，考虑情感、认知以及社会方面的因素，可以利用对数据流进行数据分析来推断 Agent 行为，行为模型可以持续根据实际数据校准和验证，具有一定鲁棒性。

面向 2030—2050 年的发展目标：①完善基于 Agent 的建模与仿真体系，包括如何有效地开发基于 Agent 的模型，如何有效地使用模型生成相关信息，以及如何分析和解释模型结果；②提高模型的透明度、可信度；③自主开发基于 Agent 建模理论的软件平台。

（2）计算机兵力生成

在作战仿真中，采用计算机生成兵力实体代表敌方兵力对于一个给定的作战设定，可以大大减少操作人员和模拟器的数量，降低系统硬件和人力成本；可以按所希望的任意敌方的战术条令行动，组织协调简单；训练规模可大可小；可以基于敌我双方武器装备未来的可能发展，对部队进行超前训练。

中短期发展目标：①提高 CGF 的物理模型水平，物理模型反映 CGF 实体的外在能力，如机动装置、火力系统和探测设备的性能；②构建真实的 CGF 实体的行动模型，包括 CGF 的动作规划，作战单元与武器平台的路径规划，协同作战行为的实时协调，智能化的目标识别与选择；③构建反映各种不同作战环境特征的地形表示方法，虚拟士兵、装备可以对地形作出智能反应。

面向 2030—2050 年的发展目标：①构建符合敌方实际的计算机生成兵力实体的认知和决策模型，提高 CGF 实体的自学习能力，增加对 CGF 实体的恐惧感、自保护能力和失误性的建模，完善 CGF 系统的知识获取和表示方法；②实现符合多种作战需求的多分辨率仿真，CGF 实体可以很好地聚合解聚；③实现可以与人进行自主对抗的"智能蓝军"，以及可实现智能化辅助决策的"智能参谋"。

（3）脑模拟

人工智能的技术突破，需要从软硬件方面对大脑信息处理机制进行模拟。在重视人工智能前沿基础理论研究的基础上，应积极开展计算神经科学研究，充分利用神经科学研究成果，挖掘人脑智能机制，建立类脑智能新理论，开发类脑人工智能算法、模型、芯片。

中短期发展目标：①对视觉、听觉、躯体觉等感知觉的神经机制进行模拟，实现模式识别的优化与创新，获得进一步优化和通用的虚拟现实技术、人机交互技术等；②进一步开发基于深度学习和生物识别的新型类脑算法，初步构建与之相应的新一代人工神经网络模型，对脑信息传递、自我学习、记忆等高级功能进行简单模拟；③神经计算电路模块的通用性进一步提高，设计、制造难度进一步降低，类脑芯片等类脑元器件和硬件系统获得技术突破。

面向 2030—2050 年的发展目标：①突破智能系统在感知、认知、控制等方面的巨大瓶颈，开发出具有自主学习能力的智能系统；建立类人学习机制的认知结构，大幅度提高机器学习鲁棒性，提高机器人的认知能力和主动学习能力。②构建融合深度学习与强化学习、演化计算、主动学习、毕生学习等仿生和自然计算理论的新型理论框架；实现大规模并行神经网络、进化算法和其他复杂理论计算；对大脑原始能力（即理解和物种生存相关联的生物行为等）有了深入理解，从而实现高级的机器逻辑能力。③类脑人工智能硬件系统耗能和成本大幅度降低，通用性显著提高。

（4）类脑智能机器人

机器人作为神经科学与智能技术的综合终端，作为改变产业格局、提升经济效益最直观、最直接的产品，是战略布局的重中之重。

中短期发展目标：①围绕汽车、机械、电子、危险品制造、国防军工、化工、轻工等工业机器人、特种机器人，以及医疗健康、家庭服务、教育娱乐等服务机器人应用需求，开发出初步具有动态立体视觉感知、快速自感知、多模态信息融合自学习能力、人机协作、快速反应和高精度操作的智能机器人；②积极研发新产品，促进机器人标准化、模块化发展，扩大市场应用；③突破机器人本体、减速器、伺服电机、控制器、传感器与驱动器等关键零部件及系统集成设计制造等技术瓶颈。

面向 2030—2050 年的发展目标：①机器人智能性大幅度提高；②开发出应用于民生、减轻社会负担和家庭负担的民用机器人，如具有情绪感知和抚慰能力的老年服务机器人等；③工业领域的基本操作全面"机器人化"，民用、军用领域简单工种 50% 被机器人替代。

（5）人工智能辅助仿真

计算机仿真技术以其旺盛的生命力，呈现在当今社会各个领域，给社会及人民带来了巨大经济效益。利用人工智能技术辅助仿真将降低仿真的门槛，具有极其独特的重要作用、无可比拟的显著优势。

如图 4-17 所示，为智能仿真发展路线图。面向 2030 年的发展目标：开发针对专项任务的智能仿真语言和环境，实现半自主智能仿真。面向 2040 年的发展目标：开发多个专项任务的智能仿真语言和环境，实现部分全自主智能仿真。面向 2050 年的发展目标：开发多个专项任务智能仿真，基本实现全自主智能仿真。

4.6.4 智能仿真建模理论与方法发展路线图

中短期发展目标：①开发基于大数据智能的建模方法。新型人工智能系统由于其机理的高度复杂性，往往难以通过机理（解析方式）建立其系统原理模型，而需通过大量实验和应用数据对其内部机理进行模拟与仿真。基于大数据智能的建模方法是利用海量观测与应用数据实现对不明确机理的智能系统进行有效仿真建模的一类方法。主要研究方向包括基于数据的逆向设计、基于数据的神经网络训练与建模和基于数据聚类分析的建模等。②开发基于深度学习的仿真建模方法。新型人工智能系统环境下，可采集利用的数据呈爆炸式增长，同时基于深度学习、模拟人脑进行学习进化的神经网络为智能仿真、建模仿真的发展与应用提供强有力的支撑。③开发面向机器学习的仿真算法。机器学习方法已形成庞大的谱系，如何有效对新型人工智能系统中的

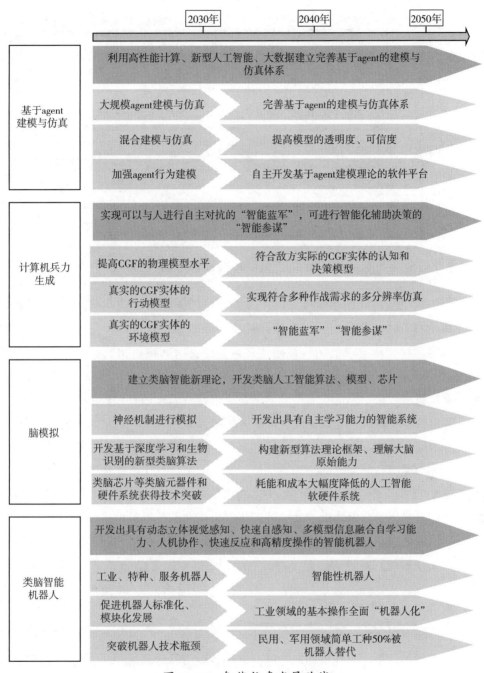

图 4-17　智能仿真发展路线

机器学习方法进行仿真建模并综合运用，将是一个重要的新研究方向。④开发基于寻优算法的仿真方法。进行多样本迭代仿真计算。

　　如图 4-18 所示，面向 2030—2050 年的发展目标：①完善定性定量混合系统建

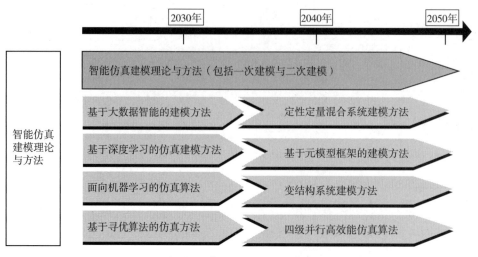

图 4-18　智能仿真系统与支撑技术发展路线

模方法。包括定性定量统一建模方法，即研究包括系统顶层描述和面向子领域描述的建模理论和方法；定量定性交互接口建模，即研究将定量定性交互数据转化为定性模型与定量模型所要求的结构和格式；定量定性时间推进机制，即研究定量定性模型的时间协调推进机制。②完善基于元模型框架的建模方法。即研究通过元模型的顶层抽象，将多学科、异构、涌现的复杂系统进行一体化仿真建模的方法。主要包括基于元建模的多学科统一建模方法，即研究复杂系统中连续、离散、定性、定量等多学科模型的统一建模方法；基于元建模的复杂自适应系统建模方法，即研究复杂自适应系统中各种类型系统组分间感知、决策、交互的一体化仿真建模方法。③完善变结构系统建模方法。研究变结构仿真系统模型内容组成、端口及连接可动态改变，支持系统结构动态变化的全面建模。④完善四级并行高效能仿真算法。为充分利用超级并行计算环境来加速新型人工智能系统问题仿真求解，需要研究四级并行高效能仿真算法，包括大规模仿真问题的作业级并行方法、仿真系统内成员间的任务级并行方法、联邦成员内部的模型级并行方法和基于复杂模型解算的线程级并行方法。

4.6.5　智能仿真系统与技术发展路线图

中短期发展目标：①开发面向边缘计算的智能仿真计算机系统。指融合新兴计算机科学技术（如云计算、物联网、大数据、服务计算、边缘计算等）、现代建模与仿真技术、超级计算机系统技术等三类技术，以优化"系统建模、仿真运行及结果分析/处理"等整体性能为目标的，面向二类仿真用户（复杂系统高端建模仿真及按需提供高性能仿真云服务），三类仿真（数学、人在回路、硬件在回路/嵌入式仿真）的一体化的智能仿真系统。其主要研究内容涉及计算机系统体系结构，自主可控的基础硬

件 / 软件等。②开发跨媒体智能可视化技术。主要包括基于 GPU 群组的并行可视化系统技术和虚实融合技术。前者又涉及大规模虚拟场景的数据组织、调度技术，基于多机、多核技术的两级并行绘制技术，复杂环境中的不定形物高效可视化技术和实时动态全局光照技术等。如作者团队的初步研究成果：基于 GPU 群组的并行可视化系统。③开发万物互联接口与智能专件技术。主要包括万物互联（CPS）接口技术的研究和基于大数据与人工智能算法的高效能仿真专用加速部件的研发。

图 4-19 所示，面向 2030—2050 年的发展目标：①实现智能仿真云。它是一种基于泛在网络（包括互联网、物联网、窄带物联网、车联网、移动互联网、卫星网、天地一体化网、未来互联网等）、服务化、网络化的高性能智能仿真新模式。它以应用领域的需求为背景，基于云计算理念，融合发展了现有网络化建模与仿真技术，云计算、物联网、面向服务、智能科学、高效能计算、大数据等新兴信息技术和应用领域专业技术三类技术，将各类仿真资源和能力虚拟化、服务化，构成智能仿真资源和能力的服务云池，并进行协调优化的管理和经营，使用户通过网络、终端及云仿真平台就能随时按需获取（高性能仿真）资源与能力服务，以完成其智能仿真全生命周期的各类活动。②实现复杂产品多学科虚拟样机工程。它是一类以虚拟样机为核心，以建模仿真为手段，基于集成化的支持环境，优化组织复杂产品研制全系统、全生命周期中人、组织、经营管理、技术、数据等五要素，以及信息流、知识流、控制流、服务流等"四流"的系统工程。其主要研究内容涉及虚拟样机工程多阶段统一建模方法，综合决策和仿真评估技术，综合管理和预测方法及多学科虚拟样机工程平台等。③开发面向问题的复杂系统智能仿真语言。它是一种面向复杂系统建模仿真问题的高性能仿真软件系统。主要特点包括：a）模型描述部分。由仿真语言的符号、语句、语法规则组成的模型描述形式与被研究系统模型的原始形式十分近似。b）实验描述

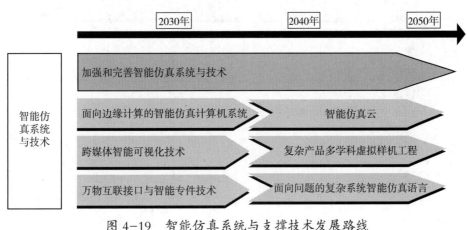

图 4-19　智能仿真系统与支撑技术发展路线

部分。由类似宏指令的实验操作语句和一些有序控制语句组成。c）具有丰富的参数化、组件化的仿真运行算法库、函数库及模型库。它能使系统研究人员专注于复杂系统仿真问题本身，大大减少了建模仿真和高性能计算技术相关的软件编制和调试工作。基于该仿真语言能进一步开发面向各类专用领域（如军事体系对抗、多学科虚拟样机仿真等领域）的高级仿真语言。其主要研究内容涉及智能仿真语言体系结构，仿真语言中模型与实验的描述语言规范，建立基于高效能仿真计算机的仿真语言智能编译、执行框架等。

4.6.6　智能仿真应用工程发展路线图

中短期发展目标：①充分发展软件定义网络（SDN），利用 SDN 控制器采集的大数据进行深度学习，提高 VV&A 的可靠性；②进一步提高大数据智能分析能力，尤其是与智能仿真密切相关的仿真实验数据收集、分类、识别和综合处理能力。

如图 4-20 所示，面向 2030—2050 年的发展目标：①利用新型人工智能技术实现全生命周期 VV&A、全系统 VV&A、层次化 VV&A、全员 VV&A 和管理全方位VV&A 等技术；②实现仿真实验数据采集智能化，数据传输零等待，数据存储"学习"化，数据分析"类脑"化。

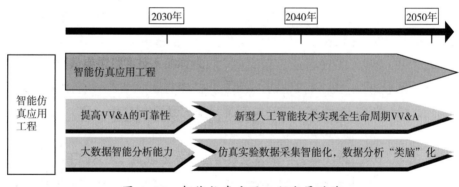

图 4-20　智能仿真应用工程发展路线

第5章　高性能仿真发展趋势预测及路线图

5.1　高性能仿真概要

5.1.1　高性能仿真定义

高性能仿真（High Performance Simulation）是指采用高性能计算平台进行仿真运行试验的一类仿真技术。它能有效利用高性能计算机高效的多层次、多节点计算、通信、存储等资源，采用多级多粒度并行技术运行仿真应用，从而达到减少仿真运行时间、提高仿真效率的目的。

国家与国防战略研究、突发事件应急处理、交通／通信网络仿真、航空调度、病毒传播机理研究、武器装备体系论证、作战方案分析评估等复杂系统仿真往往包含大量的实体，实体间存在错综复杂的交互关系。随着仿真应用的不断深入，仿真规模会越来越大，仿真模型越来越复杂，其对计算资源的要求越来越高。另外，由于仿真过程的随机性，复杂系统仿真往往需要对大样本参数空间的不确定因素进行探索，遍历各种参数组合，这就要求一次分析、评估、论证等往往需要仿真运行几百、几千，甚至数万次，如果单次仿真运行的时间较长，那么一次分析、评估、论证的时间则非常长。这种单调、冗长的仿真运行既极大地浪费了宝贵的人力、物力资源，又阻碍了复杂系统研究的发展和研究能力的提高。为此，高性能并行仿真正成为这类仿真发展的重要方向。

高性能仿真融合了高性能计算、建模与仿真方法、被仿真对象领域知识、先进软件技术、数据挖掘、分析评估、虚拟现实等多学科交叉技术，其目的是为复杂系统研究提供高效而可信的模拟实验手段。随着云计算、人工智能、大数据、物联网、移动通信等技术的快速发展，高性能仿真正与它们深度融合，为复杂系统研究、辅助决策支持、大规模作战实验、态势分析预测等提供有效和个性化的支撑，成为国家战略竞争力的重要组成部分。

5.1.2　高性能仿真发展对人类社会的作用

高性能仿真在国防军事、应急处理、交通／通信网络、航空调度、疾病传播、生物工程等许多复杂系统研究领域起着不可替代的作用，并行仿真领域权威 Fujimoto 教授称高性能仿真为研究复杂系统的最好手段之一。

（1）高性能仿真对经济发展的作用

高性能仿真作为信息技术族内的重要成员，在其不断发展完善的过程中产生了巨大的经济效益，推动着社会经济的发展。在工业系统的多种应用中，如船舶制造、飞行器设计、核电站建模等，利用高性能仿真进行的前期模拟、设计、评估节省了巨大的生产成本，缩短了产品生产周期，提高了产品质量和安全性。在物流领域中，利用高性能仿真技术模拟人们对海港、船舶的到达方式，海港运作方式的需求，用于实现海港现代化管理或新建海港选择和投资考察，能够提高海港选址、运行、管理的合理性，增加经济收益。此外，人类经历了漫长的农业经济、工业经济时代后，正迎接知识经济时代的来临。1997 年，人类第一次提出知识经济的概念，大家认为它是建筑在知识和信息基础上的经济；以知识和信息的生产、分配和使用为直接依据的经济；知识是提高生产率和实现经济增长的驱动器。高性能仿真作为复杂系统研究普遍采用的方法论，正日益成为新知识生产的主要手段。"创新的未来靠仿真"（The Future Of Innovation Is Simulation）正越来越成为科学研究的共识。在知识的生产、使用和发展中，高性能仿真技术扮演着越来越重要的角色。可以说高性能仿真技术是推动知识经济发展的关键技术。

（2）高性能仿真对社会发展的作用

随着学科交叉的不断深入，仿真开始从社会科学的边缘逐渐成为理解和解释复杂社会现象的主要工具。通过仿真模型，研究者可以观测与模拟复杂社会运行的微观机制，探索产生不同现象的参数界限，并且可以从时间变化的角度看待整个事物变化的一系列过程。尤其是高性能仿真，在研究复杂社会系统时可以突破常规方法的诸多限制，诸如非线性关系、随机问题、长周期的社会演化问题等。高性能仿真为社会科学的研究带来了新的视角。这种方法提供了一系列传统方法无法或者难以提供的分析维度，以一种更为一般和更为精确的形象出现在我们面前。通过建立仿真系统，我们可以更方便地考虑动态问题，考虑动态社会的变化过程。政府对关系到社会安宁和稳定、国家繁荣和富强的重大社会问题的决策分析不能满足或者停留在传统的、大而化之的定性分析和事后检讨的经验分析层面，而是需要更为科学、更为精确的研究，能够通过模型来描述，并进一步借助高性能计算机仿真实验实现对发展趋势或者政策后果的事前分析、预测和研判。基于高性能仿真对人类行为和人类社会的本质，人类文明发展的历史规律进行研究，也极有可能取得更加生动的结果。

（3）高性能仿真对国防建设的作用

国防建设是高性能仿真的重点应用领域，包括战争问题研究、武器装备体系论证、装备作战效能和战法应用研究、作战方案分析评估、高新技术和新概念武器研究等。高性能仿真有效推动着国防建设的发展，在装备体系建设方面，高性能仿真可以将新装备模型放在整个装备模型体系中进行对抗实验，从而论证新装备的指标需求、评估新装备的作战效能、研究新装备的最佳作战运用方法等；在作战方案分析评估方面，高性能仿真可以对成千上万种作战方案进行快速的推演评估，找出最优的作战方案；在军事决策支持方面，高性能仿真通过对当前态势的快速推演，能够在很短的时间内为下一步作战决策提供辅助决策支持。正如爱因斯坦能量公式 $E=1/2（mv^2）$ 所表述的，速度加快可以带来能力的大幅提升。人脑处理速度大约是 1000 次/秒，比机器慢 1000 万倍，但人脑在处理许多现实世界的任务时，其能力远超计算机，究其原因是因为人脑采用了大规模并行处理，这意味着高性能并行仿真能够带来高效。2001 年由美国国家仿真中心开发的联合作战指挥系统（JMACE），除了作为军事训练和模拟演练的训练工具外，还被用作军事决策支持工具，用来模拟敌人入侵时对战场的评估与决策。2003 年，美国中央司令部使用 JMACE 系统对伊拉克作战的计划进行评估，在帮助美军制定合理有效的作战策略中发挥了重要作用。在美国提供的最新定义中，联合作战包括：信息优势、精确打击力量、作战识别、战区联合导弹防御、城区军事行动、联合战备、联合反布雷、电子战、信息战、生化战剂探测、实时后勤管理、防止大规模杀伤武器的扩散等总共 12 项。高性能仿真可以通过先期的技术演示验证把各种作战样式迅速转化成为联合作战的能力。高性能仿真也能够应用在作战训练与人才培养等方面。现代化的科学技术已经允许军队以一种过去完全想象不到的方式来培训战术、战役和战略军官了。这种方法就是虚拟战场的方法。比如在美国，陆军已经在军官高级教程中开设了"模拟沉浸"的训练课程。类似这样的课程可以培训面向 21 世纪战争的作战部队。

（4）高性能仿真对科学技术发展的作用

高性能仿真作为理论推导和实验研究之外第三种认识世界的方法论，对于科学技术的发展正起到越来越大的作用。现代科技越来越复杂，新兴技术、颠覆性技术往往是复杂系统技术，基于这些技术的系统要么由于条件所限、要么由于成本很高，往往无法进行实物实验，借助高性能仿真来进行大量的模拟实验成为唯一的途径；也就是说，现代技术的产生和发展越来越离不开高性能仿真。在复杂系统的设计阶段，人们大多利用计算机进行高性能仿真实验，因为修改、变换模型比较方便和经济。再比如那些计算量很大、时效性要求较高的科学应用，如天气预报，高性能仿真能够直接对其进行建模，通过并行计算实现复杂模型解算加速，从而能够满足这些应用的需求。高性能仿真作为一种技术，与其他技术的发展是相互促进、相辅相成的，采用高性能仿真技术模拟新型计算机体系结构、辅助电路板设计，能够促进计算机底层技术的发展，提高计算机的计算能力。同时，计算机技术的发展也能够促进高性能仿真的进步，提高高性能仿真并行能力和解算速度。

5.1.3 高性能仿真科学与技术里程碑

自计算机诞生以来，最高性能的计算机几乎总是首先用于模拟和科学计算，而人类对宇宙演化、海洋模拟、地球物理、生物基因、核爆炸过程等更大规模问题的探索又反过来促进高性能计算机的发展。随着高性能计算机和计算技术的不断高速发展，高性能仿真已广泛应用于经济社会的各领域之中。

高性能并行仿真研究起源于 20 世纪 70 年代末到 80 年代的大学和研究性实验室，到 90 年代时达到了顶峰期。该领域的研究开始于同步算法的研究。尽管第 1 个同步算法发表于 1977 年，也许是合适的硬件平台有限以及在合适硬件平台上的软件开发环境较原始的原因，此后的 10 年中几乎没有出现在并行计算机上实现的同步算法。排队网络仿真曾经多年成为研究热点，从某种程度上说，排队网络仿真仍然是评估并行仿真计算性能的一个普遍基准。这是因为排队网络仿真只需要很少特定问题域的知识，能够很快地编程并且代表了许多重要的应用领域，例如远程通信网络和商用空中交通的仿真。其他应用领域的研究成果于 1990 年开始出现，其中引人注目的是喷气推进实验室在 TWOS 项目中为美国国防部开发了高性能并行仿真平台 SPEEDES。随后佐治亚理工大学开发了影响深远的时间弯曲并行仿真引擎 GTW。

分布式并行仿真方面，军用虚拟环境早期的工作始于 1983—1989 年的 SIMNET（SIMulatorNETworking）计划。SIMNET 计划由美国国防部先进项目署（Defense Advanced Research Projects Agency，DARPA）资助，演示了将自主模拟器（例如坦克模拟器）互联用于训练的可行性，并从此部署用于实际训练（而不仅仅是试验）。SIMNET 试验的成功对美国国防建模与仿真团体具有深远的影响，它被以后称为 DIS 的分布式交互仿真（Distributed Interactive Simulation，DIS）所代替。DIS 定义了标准来支持位于地理上分布仿真环境中的自主训练模拟器的互操作。第 2 个起源于 SIMNET 的主要进展是将 SIMNET 互操作概念应用于作战模拟的聚合级仿真协议（Aggregate Level Simulation Protocol，ALSP）。例如，ALSP 具有将陆、海、空军的作战模拟集成到同一演练中进行联合军事行动分析的能力。ALSP 使用了在前述分析仿真中讨论过的同步协议。ALSP 团体的工作与主要关注训练的 DIS 团体的工作同步展开。在分布式并行仿真领域，HLA 始于 1995 年，1996 年 8 月给出了基线定义。尽管在西方先进国家 HLA 的应用较少，并没有达到预期效果，但从技术角度来看，HLA 的重要性在于 HLA 提供了横跨分析仿真和虚拟环境仿真两大领域的单一体系结构。HLA 在某种程度上可看成融合了 DIS 和 ALSP 的一个体系结构。在 HLA 之前，并行 / 分布分析仿真团体和分布式虚拟环境团体的工作大部分是独立开展的，HLA 是个里程碑就因为 HLA 开始将这些技术集成起来。

多处理器乃至多核处理器系统的出现，使得仿真技术从单处理器仿真走向多处理器仿真，为了解决多处理器、数据中心等系统仿真的可扩展问题，并行处理技术被引入仿真领域并结合成并行仿真技术，如基于并行计算机的并行仿真平台有 SPEEDES、BigSim、YHSUPE、MARS、ArchSim、COTSon，基于多核处理器的并行仿真平台有 Graphite 等。其中，并行仿真支撑平台银河舒跑（YHSUPE）是国内第一个基于高性能计算机的并行离散事件仿真支撑平台，构建了三级并行支撑框架，可为大规模复杂体系仿真提供高效支撑。

随着仿真应用的深入发展，仿真规模越来越大，而在传统高性能并行计算机或集群环境中运行大规模复杂仿真应用，采购、运行和维护成本都比较高。云计算技术的出现，给解决这一难题带来了希望。为了支持仿真应用在云上运行，2012 年意大利的 Massimiliano Rak 所在的课题组研制了基于云的仿真平台 mJADES。随着轻量级容器技术的出现，Shashank Shekhar 等人于 2015 年推出了基于轻量级容器技术的仿真即服务（Simulation as a Service）云计算中间件 SIMaaS。近几年，人工智能、大数据、移动通信、物联网、区块链等新一代信息技术得到飞速发展，这些技术与高性能仿真技术交叉融合，将会进一步促进高性能仿真的快速发展和推广应用。如图 5-1 所示。

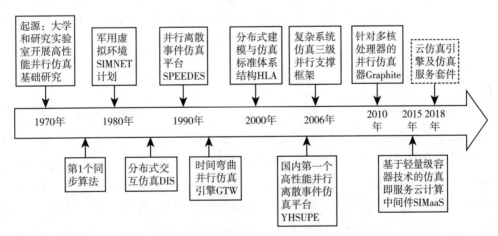

图 5-1　高性能仿真科学和技术里程碑

5.2　国家发展对高性能仿真科技的重大需求

伴随着世界的日新月异，建模与仿真已经渗透到人们生产、生活的各个方面。

5.2.1　经济发展对高性能仿真科技的需求

国家经济发展是典型的复杂系统问题，具有计算复杂性、不确定性的特点。传统的仿真方法难以处理复杂的经济模型，需要高性能仿真的支持。例如，经济周期是国家总体经济活动中反映出的起伏波动，其表现为很多经济活动同时发生，包括扩张、全面衰退和收缩，以及作为下一个经济扩张周期循环开始的复兴过程。对国家经济形势周期性变化进行分析和预测一直以来都是各国政府制定金融策略和应对金融危机的重要依据，对国家政治经济系统的安全和稳定运行具有重要意义。在传统经济周期模拟方法中，首先模拟一个市场。市场中有多类实体，包括消费者、生产者、政府和银行等，通过为每个个体设置初始值来设定个体的初始状态和初始资本。实体有一定的自主能力，来决定自己的行为，也可以根据周围环境和自身现在的状态进行决策，最终通过个体与个体之间的交互影响市场的总体趋势。对于较小市场的模拟，得出的结果和实际相差较大；对于较大市场的模拟，能够得到较好的模拟结果，但数据量的增长和个体复杂度的提升会对传统仿真方法提出较大挑战。基于高性能仿真可以解决多个经济市场并行仿真问题，通过对仿真结果的分析，为国家经济政策的制定提供决策支撑。

5.2.2　社会发展对高性能仿真科技的需求

人工社会是进行社会科学研究的有效手段，其核心方法是基于 Agent 的建模、仿真和实验分析。随着仿真应用需求的发展，人工社会规模逐渐增大，Agent 模型及其行为规则日益复杂、交互关系网络越来越庞大，需要高性能仿真的支持，以满足人工社会仿真计算实验实时性、高效性的要求。面对日益增长的仿真规模和复杂度，基于高性能计算平台的并行仿真能够提供强大的计算性能。例如群体行为是人类的一种典型社会性行为，在虚拟现实技术中有重要的研究价值和广泛的应用空间。研究群体行为，一个侧重点是根据社会学等理论建立群体行为模型：如 Biods 模型以及考虑社会学意义的人际关系的人类群体行为模型等。以 Biods 模型为例，个体对周围环境的感知都要通过查询所有其他个体的信息来辨别出与其相关的个体，时间复杂度为 $O(n^2)$。如果群体达到一定规模后，仿真的每一步计算都将导致较大的时间耗费，无法满足仿真对性能的要求。为使大规模群体行为仿真满足时效性的要求，主要采用的方法有两类。一类是对模型进行优化，降低模型的时间复杂度，但会导致模型的可信度难以满足分析的需要。另一类方法是使用高性能仿真技术提高大规模群体行为仿真执行效率。

5.2.3　国防发展对高性能仿真科技的需求

仿真行业是一项军民共用的关键技术，随着发展的不断深入正在逐渐为各国军队所重视。就军用仿真行业而言，以美军为代表的西方发达国家军队，基于绝对领先甚至跨代优势的装备和技术发展思路、多次局部战争实践及军事转型和武装力量建设改革的需要，以超越知识传播的速度创新，通过立法和鼓励技术创新相结合，大力推动仿真技术的研究创新和应用转化，正在将仿真技术普及应用到武器装备体系论证、装备作战效能评估、作战方案分析等军事领域，推动着军队建设的发展和军事变革。这些军事仿真应用往往需要大样本、超实时快速运行，因而对性能提出了越来越高的要求。如作战方案分析评估是运用计算机仿真技术对作战方案进行推演，用于辅助指挥员科学预判和评估作战方案的可行性和优劣性，从而选择最优的作战行动方案。传统的串行、静态仿真方法将作战方案的多个分支组合成不同的静态方案，不存在计划中的决策点选择问题，然后串行逐个进行仿真，这种仿真方法效率低，难以在有限的时间内完成大样本仿真运行，更不适应现代作战的快节奏以及复杂多变的战场环境对指挥员快速决策的需求。由于在现代战争中指挥员可用的决策时间短、作战方案优选高度复杂且需随战场情况动态变化，因此迫切需要高性能并行仿真的支持。

5.2.4　科学技术发展对高性能仿真科技的需求

在科学技术发展史上，理论分析和实验研究是人们认识世界的两大手段。随着科技的不断发展，研究的对象也日趋复杂。有些研究对象，难以进行直接操作，甚至尚不存在，由于具有多变的结构、高度的不确定性，一方面难以建立或者求解精确的数学模型；另一方面也很难构造真实的实验环境进行实验，所以传统的理论分析和实验研究的方法不适用。仿真技术和高性能计算相结合，正成为分析研究复杂系统的第三种方法论。

信息时代科学技术的发展对高性能仿真的需求日益迫切，主要表现为下述的两个方面：①高性能仿真为求解以往难以解决或无法设想的难题提供了重大机遇。例如对宇宙演变、地球演变、地质变迁、核爆炸、蛋白质折叠、高技术条件下的体系对抗作战等问题的研究，由于难以在实验室进行重现或可能对人类、环境造成危害，传统的科学方法难以有效实施。构建仿真模型在高性能计算机上进行实验为这些问题的求解提供了可能。②物理上的一些基本原理，如基本粒子的 Standard Theory 方程、原子和分子的方程、流体力学的 Navier-Stockes 方程以及电磁领域的 Maxwell 方程等，能够反映物质的基本结构、交互以及动力学性质，为进一步了解地球气候变化、污染物的传播以及各种复杂物理现象过程提供了基础。但这些方程的计算量很大，而且在一般系统上难以精确求解，使得必须借助高性能仿真得以实施。

5.3 国际高性能仿真科技前沿与发展趋势

5.3.1 世界主要国家的高性能仿真发展战略

大规模人工社会仿真、计算系统生物学仿真、危机预测预警与处置决策、大规模作战模拟、武器装备体系论证等复杂系统仿真，往往具有多样本分析、超实时仿真、多实体组成、因果序协同、复杂模型解算等特点。随着仿真研究的不断深入，上述特点对计算能力提出了越来越高的需求，使得仿真实验能力成为制约分析研究产生效用的主要因素之一。高性能仿真能够为复杂系统研究提供良好的解决方案。近几年世界各主要国家针对高性能仿真领域的研究与应用制定了相应的发展战略。

美国在高性能仿真领域处于全球领先地位，已经制定了很多的发展战略，并开发出很多相应的高性能仿真平台软件。例如，在 2012 年 2 月 22 日由美国国家科学技术委员会发布的《国家先进制造战略规划》，该规划明确了先进制造对美国确保经济优势和国家安全的重要基础作用，分析美国先进制造现有模式、未来走势以及所面临的机遇与挑战。其中美国国家标准技术研究院开展了"下一代材料测量、建模及仿真"计划。

美国国家标准与技术研究院积极部署"智能制造系统模型方法论""智能制造系统互操作"等重大科研项目工程。2011 年，美国智能制造领导联盟和美国国家制造科学中心结成了合作伙伴关系，共同打造国家智能制造生态系统，推动工业建模和仿真工具的研发应用。

2010 年 3 月，美国联邦虚拟世界挑战中心在美国佛罗里达州奥兰多市正式成立。该虚拟研究中心的主要任务是创造出一个完全仿真的虚拟世界，来开展训练和挑战项目，并对相关数据进行后续分析研究。美军对虚拟战场的研究已经有多年的历史，其目的旨在构造近似真实的虚拟环境，模拟未来战场环境，提高士兵遂行作战的能力。美军开始尝试模拟虚拟战场作战，世界上的任何国家都可以模拟进系统。利用空间模拟建立虚拟战场，总称"合成训练环境"。作战部队通过虚拟城乡系统，进行有效的实战训练。构建虚拟战场包含了虚拟现实、图像处理、计算机仿真等多种技术，对于大规模的虚拟战场，需要高性能计算机仿真提供技术支撑。

2011年，德国政府提出"工业4.0"战略，目的是为了提高德国工业的竞争力，在新一轮工业革命中占领先机。该战略旨在通过充分利用信息通信技术和网络空间虚拟系统－信息物理系统（Cyber-physical System）相结合的手段，将制造业向智能化转型。其中列举了数字化制造的关键技术，包括制造过程的建模与仿真、网络化敏捷设计与制造以及虚拟产品开发。其中，明确建模与仿真已成为推进过程设计、优化和控制的有效手段。此外，产品和业务流程的网络化和个性化会带来复杂性，可以通过建模、仿真、自组织对这种复杂性进行管理，更快速的分析可以扩大求解空间，并更快的确定解决方案。

英国政府于2011年年底发布了《促进增长的创新与研究战略》报告，旨在提升本国科技创新能力，加快推进英国成为世界科技创新的领导者。该报告重点强调了建模与仿真技术在科技创新中的重要作用。

2017年8月，美国国防部在网络安全与信息系统信息分析中心（Cyber Security & Information Systems Information Analysis Center，CSIAC）的研讨会上概述建模与仿真（M&S）战略愿景和目标，其目标之一是"促进整个国防部企业工具、数据和信息共享"，以实现模型、仿真和相关数据的重用和互操作性，提供国防部企业建模和仿真资源的可视化。美国国防部建模与仿真协调办公室建立了国防M&S目录支持可视化、资源共享及重用，补充了国防企业元数据卡建造资源（Enterprise Metacard Builder Resource，EMBR）工具并发布EMBR 2.0版本，提供更多的增强功能便于用户灵活管理资源。

5.3.2　国际主要高性能仿真科学研究计划

（1）基于超级计算机的高性能建模仿真技术

超级计算机将引领"仿真科学新时代"。超级计算机的发展为高性能仿真的发展提供了强大的计算平台支撑，但超级计算机绝不仅仅是"快"那么简单，更重要的是，它们将启动一系列从前根本"无从下手"的科学研究，开启更具前沿性的新一代"仿真科学"：科学家们对一系列错综复杂、变幻莫测的自然现象将有全新的、更精确的把握；气候模型的辨析度和精确度都将得到极大的提高；用来转化为各种有效能源的新式材料将得到极大的开发；超燃冲压发动机的仿真装置，其复杂性也将达到一个全新的水平。

如何将超级计算机的计算能力充分运用到高性能仿真是各国争相研究的热点。例如在海啸危害预测领域，日本东北大学与富士通研究所成功进行了地震发生后海啸危害程度的快速预测试验。根据海啸模型，使用超级计算机"京"开发了新模型，能够极大缩短海啸危害预测时间。但海啸危害仿真计算量很大，需耗费大量时间，现有的仿真技术还无法做到实时预测。因此，如何根据超级计算机的架构等特点，设计开发新的仿真模型，能够充分利用超级计算机的计算能力来加速仿真，成为高性能仿真领域的一个热点。2017 年 7 月 3 日，源讯公司（Atos）获得英国原子武器研究所（Atomic Weapons Establishment，AWE）合同，安装一台新的 Bull Sequana 超级计算机，为英国国防提供高性能计算解决方案，模拟"三叉戟"核弹头爆炸的建模与仿真，以促进下一代科学建模。2017 年 3 月 27 日，美国国防部在实验室研究、测试、计算机仿真等领域部署 SOL 工程有限责任公司的计算能力升级服务，并应用于高性能计算现代化项目（High Performance Computing Modernization Program，HPCM），以辅助维持国防部在高性能仿真方面的技术优势。

（2）基于人工智能的建模仿真技术

2007 年，美国国防高级研究计划局（DARPA）就启动了"深绿（Deep Green）"计划，目的是将仿真嵌入到指挥控制系统，从而提高指挥员临机决策的速度和质量，其中人工智能知识推理系统用于根据当前态势生成各种可能的行动方案，并呈现给指挥员。

2016 年 6 月 27 日，辛辛那提大学博士生开发的人工智能空战高仿真模拟器 ALPHA，在与拥有丰富空战经验的美国空军退役上校 Lee 的对抗中胜出，并被 Lee 称为"迄今见过的最具攻击性、反应最灵敏、最灵活、最可信的 AI"。ALPHA 将被应用于空战训练仿真系统，用于飞行员的飞行战术战法训练。

2017 年 4 月 26 日，美国国防部设立"算法战跨部门小组"（Algorithmic Warfare Cross Functional Team，AWCFT）。于 2017 年 10 月 24 日，AWCFT 已开发出第一款用于嵌入式武器系统和传感器处理器的紧凑型智能算法，该算法将成为武器系统的一个关键要素，工作主要集中于 MQ-9 和 MQ-19 无人机平台的全动态视频传感器数据。接下来，该小组将人工智能发展到文档分析、采集管理、战争博弈、建模和仿真等方面。

（3）基于云计算平台的高性能仿真技术

基于云技术，企业将可以享受到更加灵活的软件使用价格，并可以随时随地解决复杂的仿真应用难题，借助同时模拟多个不同设计方案的能力，基于云技术的仿真可以支持企业更轻松地进行设计和工程仿真。ANSYS 公司积极地探索和推动高性能云仿真应用。罗尔斯·罗伊斯借助 ANSYS 技术部署高性能云仿真应用，在产品开发的早期实现了喷气发动机的优化设计，相比传统的仿真应用节省了 80% 的仿真时间。ANSYS 高性能仿真技术还将云仿真技术带到了美国 NASCAR（National Association for Stock Car Auto Racing）赛车运动中。作为 NASCAR 赛事的知名车队，RCR 车队过去在赛车设计过程中缺少专门的仿真工程人员，IT 资源也不能很好地满足仿真需求，借助 ANSYS 高性能云仿真技术，RCR 车队可以按需访问具有 512 个核心的仿真平台，完成赛车全身的空气动力学仿真只用了不到 10 个小时。

2017 年 7 月 24 日，麻省理工学院的计算机科学与人工智能实验室（Computer Science and Artificial Intelligence Laboratory，CSAIL）和哥伦比亚大学的研究人员设计开发的 InstantCAD 插件，基于云平台实现多个几何评估和仿真并行计算，节省工程师数天或数周时间。

意大利的 Massimiliano Rak 所在的课题组研制了基于云的仿真平台 mJADES（图 5-2），它采用基于 Java 的架构，支持云上计算资源的自动获取，以驱动并发仿真应用在云计算环境上的运行；基于 RESTful 的云计算中间件 RISE，通过提供相关接口支持与仿真器的交互，并允许资源的远程管理，主要用于分布式交互仿真（图 5-3）。然而，传统的云仿真解决方案主要采用 VMware 虚拟化技术，存在资源占用高、运行效率低等缺点。轻量级容器技术由于具有资源占用少、运行效率高等特点，一经推出即得到了快速的推广应用，成为云计算发展的主流。Shashank Shekhar 等人推出了基于轻量级容器技术的仿真即服务（Simulation as a Service）云计算中间件 SIMaaS（图 5-4），通过调度计算资源为用户提供仿真运行服务，然而其并未关注多容器仿真模型之间的协同问题。

此外，SRIKANTH B. YOGINATH 等人开展了基于云平台的并行离散事件仿真技术的研究，提出了基于虚拟时间的任务调度优化算法，然而该算法有效的前提是支撑仿真应用运行的多个虚拟机在同一局域网内，其实质类似于仿真支撑平台在 SMP 或集群上运行。

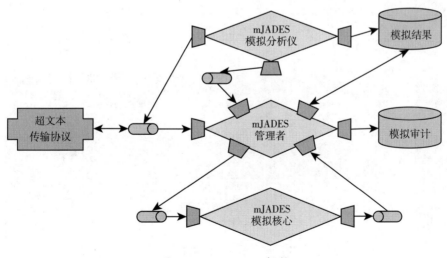

图 5-2　mJADES 架构

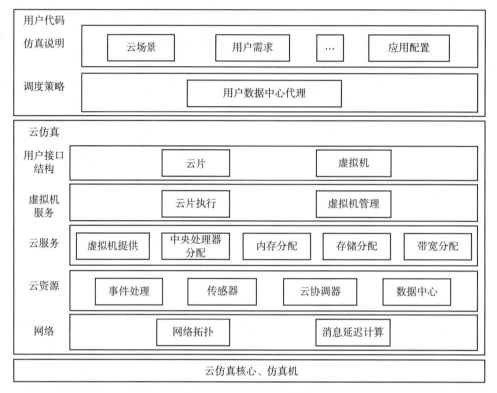

图 5-3　CloudSim 架构

SIMaaS Cloud Middleware

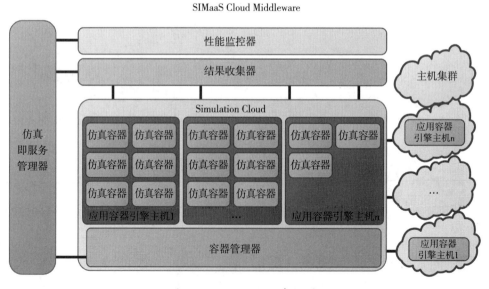

图 5-4　SIMaaS 云中间件

（4）基于大数据分析的高性能建模仿真技术

大数据理论的出现，对传统建模仿真学科带来了挑战。谷歌研究部主任彼得诺维格有一句名言："所有的模型都是错误的，可以进一步说，没有模型也可以成功"。仿真的目的就是发现问题和预测未来，但是某些情况下大数据方法也可以在预测方面做得更好。大数据的出现产生了一些新类型的模型。例如，"嵌入式"平行仿真，在大数据情况下，我们可以将这个方法引入到网络中，利用网络中的大数据，根据"过去和未来"的全面情况深入分析，超前预测和及时处置，可以达到同仿真相似的效果。大数据也为建模仿真带来了机遇，为模型 VV&A 提供了一种新的解决方式，数量巨大的案例数据，大大提高了与目前仿真课题相似案例的出现概率，基于相似性原理，运用足量的相似案例既可得到仿真的逼真度数据和可信度数据，验证仿真的真实性，同时也可验证其中各个模型的正确性。

欧洲防务局启动了"国防建模与仿真中的大数据（BIDADEMS）"研究，不仅取得了研究成果，还促使欧洲防务局启动了旨在研究新方法的"建模仿真方法"（MODSIMMET）项目。目前，大数据在民用领域已获得广泛应用，如帮助企业基于客户消费大数据做出更好的决策，但大数据在国防领域的潜在效益问题还需要进行探索和研究。在建模仿真领域，大数据有助于简化军事仿真设计，生成更逼真的模拟场景与环境，提高对模拟结果的利用水平，甚至有机会将仿真与建模支持应用于军事试验与鉴定活动。

（5）军用高性能仿真技术

在 21 世纪世界军事重大变革的形势下，美国等发达国家非常重视高性能并行仿真在军队建设中的作用。目前，高性能并行仿真技术在武器装备体系论证、装备技术性能与作战效能评估、新概念武器的先期技术演示与作战应用研究、国家与国防战略研究、部队战斗力和作战方案分析评估等军事领域得到越来越广泛的应用。武器系统仿真已经从武器系统研制的局部阶段仿真发展到全生命周期仿真；多武器平台体系对抗仿真已经成为武器装备发展规划及计划制订的依据；体系对抗仿真已经成为打赢高技术条件下局部战争的战法研究及大规模部队训练必不可少的手段。例如：美国国防部高性能计算现代化计划（HPCMP）利用高性能计算能力支持多种武器系统项目的研发、试验与评价工作，如弹道导弹防御系统的建设、F-35 联合攻击战斗机的研发、中型战术武器替换以及"标枪"反坦克导弹试验等；美国兰德公司在高性能计算机上进行战略和决策仿真分析，为五角大楼以及陆、海、空、情报、国防部办公室等机构提供了大量的分析报告。

事实上，为满足军事仿真应用对时效性的需求，美国从 20 世纪 80 年代末即开始了高性能并行仿真支撑技术的研究，虽然由于该技术涉及多学科交叉及其本身的复杂性，目前仍处于不断的发展之中，尚未形成统一的技术标准，但已经推出了一些并行仿真支撑环境，如 TWOS、GTW、SPEEDES、WarpIV、Maisie、PARSEC、Charm++、POSE、SIMKIT、μsik、DSim 等，其中最具代表性的是 SPEEDES，它是 JPL 和 Metron 在 TWOS 的基础上开发的，其研发过程得到了美军长期的支持（90 年代初开至今）。SPEEDES 的目的是提高军事分析仿真的运行效率，它涉及许多高性能计算的特征，如：先进的时间管理、对共享内存通信结构的支持等，SPEEDES 的核心是一组拥有专利的改进的乐观处理算法，它允许用户在高性能并行计算机上乐观地处理并行进程；SPEEDES 还吸收了 HLA 的许多优秀技术成果，如：声明管理、数据分发管理等，以减少节点间的通信量。美国国防部多个项目使用了 SPEEDES 提供的全部或部分核心支撑，如：BMDS–SIM、JSIMS、JBI、EADTB 等。

除此之外，美军联合作战仿真系统（JWARS）是一个战役级别的军事行动模型，用于提供联合作战仿真，包括作战计划与实施、兵力评估与研究、系统采办分析等。联合建模与仿真系统 JMASS 旨在提供可重用的建模与仿真库、开发一个标准的数字化建模与仿真体系结构和有关工具集，来支持对武器系统的分析、开发、采办以及测试与评估。美军网络战仿真系统（NETWARS）为美军或美国政府提供一个较为先进的网络仿真平台、工具，用于较可信地检验和评估美军通信网络的信息流运行状态与安全性、可靠性。美军战场综合演练场（STOW）仿真系统是美国 DARPA 主持研制的先期概念技术示范项目。这个项目是美军具有里程碑意义的综合演练仿真系统，仿真实体数目最高可达 50000 个，这就依靠的是高性能仿真技术，系统开发的许多创新技术至今仍在美军的一些大型联合仿真系统或仿真标准中普遍使用，如 WAR–SIM2000、JSIMS 等。

2017 年 5 月 24 日，美国防部发布了 2018 年国防预算申请，其中导弹防御局预算申请总额为 79 亿美元，多个项目涉及建模与仿真应用。"宙斯盾"系统试验项目将对"宙斯盾"系统进行建模仿真和地面试验，使导弹防御局和作战司令部掌握"宙斯盾"系统的作战能力；先进概念与系统评估项目主要对先进技术概念进行建模、仿真和性能评估，为机载先进传感器、杀伤器模块化开发体系架构试验床、事先和事后性能预测和评估等数字仿真和人在回路试验设施提供资金支持；弹道导弹防御传感器试验项目涉及试验前的数字和半实物仿真；一体化弹道导弹防御系统项目中，导弹防御局采用建模仿真的方法对弹道导弹防御系统进行评估，在特殊想定场景下验证弹道导弹防御系统应对复杂威胁目标的能力；利用系统与组件级的试验、建模和仿真来验证系统的性能与能力；并继续改善系统级的数学仿真以及一体化系统级的地面试验仿真方法。

2017 年 11 月，Cohort 公司发布英国国防科学与技术实验室（Defence Science and Technology Laboratory，DSTL）仿真体系结构、互操作性和管理（Architectures、

Interoperability and Management of Simulations，AIMS）项目研究结果，在仿真和训练、试验和评估、基于仿真的采办等领域实现建模仿真即服务（Modelling and Simulation as a Service，MSaaS）支持，为用户节约成本、提高效率提供更好的整体解决方案。

5.3.3　国际高性能仿真发展趋势

人类正在从信息时代向智能时代迈进，为此对建模仿真提出了越来越高的要求。为提高仿真系统的可信度，支持对各类复杂系统全生命周期活动的研究，仿真技术必须与时俱进，不断与新技术融合发展，为用户建模与仿真活动提供高效而易用的支撑。总的来说，建模仿真技术正朝着数字化、虚拟化、智能化、网络化、服务化和普适化方向发展。

（1）基于新型高性能计算架构的仿真理论和方法

现有高性能仿真方法多以传统的共享存储多处理机和分布式集群为底层基础平台，忽略了众核处理器深度并行、层次化存储、向量处理能力强等特点，无法充分发挥众核处理器的潜能。因此，必须针对众核处理器体系结构特点及其发展趋势，创新研究高性能仿真并行加速理论与方法，以无缝沟通底层硬件平台和仿真实验，有效发掘硬件层的革新红利，满足复杂系统仿真不断增长的计算实验需求。近年来，也出现了一些针对多核 CPU、GPU 等新型处理器的研究工作。Deepak Jagtap 等提出了 ROSS 的多线程架构优化，可利用多核芯片共享存储来提高消息通信的效率和减少同步开销。Roberto Vitali 等提出一种全新的乐观仿真内核设计方案。在此方案下，每个乐观仿真内核实例由一个可变数目的工作线程集合来处理业务逻辑，包括仿真调度和事件处理。因此，多个核心可由工作线程动态分配给各个仿真内核，达到负载均衡的目的。Hyungwook Park 等提出了一种基于 GPU 的仿真应用框架，将未来事件队列分解为若干子队列，再由 GPU 的线程并行处理来推进仿真。基于此框架，他们研究了排队系统仿真的优化方法，包括聚集事件方法来提高并发度和轮流更新方法来避免线程冲突。

2017 年 3 月，IBM 公司推出全球首个商业"通用"量子计算服务 IBM Q；10 月，IBM 公司宣布成功利用一台超级计算机模拟了 56 量子比特的量子计算机（图 5-5），打破了"量子霸权"的断言。而谷歌发布首个执行量子电路模拟的 Open Fermion 开源软件；11 月，IBM 公司成功研发了 50 量子位的量子计算原

图 5-5　量子计算机实物装置

型机，并突破性地将量子计算机的平均相干时间从 50 微秒提升至 90 微秒，同时推进量子计算在美国"军事云"的应用，为美军取得非对称优势提供强大算力保障。量子计算机的兴起对传统计算机建模仿真技术提出了新的挑战，如何针对量子计算机、生物计算机等新型高性能计算架构，研究新的高性能建模仿真方法和技术是未来的趋势。

（2）轻量级智慧云仿真

云计算技术可以通过资源虚拟化、集成廉价节点、有效的容错机制，以及资源"超用"的方式来降低成本，为用户提供超大规模计算能力、高效的资源共享、异构资源协同、高可扩展性、按需服务、廉价的计算环境，所有这些正好可以满足高性能仿真对计算能力、资源共享、多系统联合实验、规模可伸缩的应用需求。也就是说，基于云计算的高性能仿真具有资源利用率和运行效率高、成本低，支持以应用为中心，可实现异地资源的高效共享和联合实验，将成为下一步高性能仿真发展的重要方向。传统的云仿真解决方案主要采用 VMware 虚拟化技术，存在资源占用高、运行效率低等缺点。轻量级容器技术由于具有资源占用少、启动速度快、运行效率高等优点，一经推出即得到了快速的推广应用，成为云计算发展的主流。基于轻量级容器技术的云仿真也就顺理成章成为云仿真发展的主要趋势。

随着人工智能技术的发展，将领域知识引入到仿真应用中，建立决策支持系统，充分发挥人的创造性和计算机的智能学习能力，实现人机协同决策功能。目前的仿真应用要求用户对仿真技术和相关工具有较深入的了解，设置各种参数，才能开展工程应用，其中任何一项参数的变动对仿真结果都会产生影响，要求非仿真专业人员来完成这些工作是一件非常难的事情。因此，利用专家知识系统和智能学习作为辅助，协助应用人员完成这些专业工作成为急需解决的问题。而轻量级智慧云仿真将成为下一步发展的重要方向。

（3）基于大数据的建模仿真理论

大数据时代，仿真科学面临的问题，已经不仅仅是科学模型建立的问题。仿真理论、仿真方法、仿真平台及其技术都发生了较大的变化。大数据时代仿真理论发生革命性的改变。传统仿真理论以模型为驱动，强调模型，然后根据模型再现系统的状态、动态行为及性能特征。而大数据仿真以数据为驱动，更多关注数据本身，挖掘数据之间的关联性、相似性。仿真结合大数据将会如何发展？这个问题还在探索之中，但大数据能够为仿真结果的分析提供更好的手段，为复杂系统建模提供可行的出路，更为长远地看，大数据有助于人类实现智能仿真。

基于案例和模糊匹配的搜索式仿真成为大数据时代下仿真的一个重要趋势，大数据时代由于大量案例数据的发布，为仿真提供大量的样本，一些仿真运行将不再依赖模型进行，只需要输入仿真对象的环境、条件和初始数据，在大量的案例数据库中进行模糊对比，搜索匹配与之相近似的案例，只要近似度达到一定的值，即可作为仿真结果加以应用。

（4）基于人工智能的仿真优化技术

随着人工智能技术的发展，将机器学习、强化学习等引入到仿真模型优化工作中，对提高仿真模型的可信度具有重要意义。

另外，通过分析人工智能理论中的案例推理机制和方法，研究基于案例推理的仿真模型 VV&A 技术，通过参考以往仿真模型 VV&A 的工作经验，来为当前的仿真模型 VV&A 工作提供方法选择、标准选择等多方面的指导，可以进一步提高仿真模型 VV&A 的目的性、便捷性以及自动化和智能化程度。

（5）军用高性能仿真技术领域

在作战实验领域，美军以往重要的作战和非战争军事行动都必须在事前经过大量的计算机仿真评估和优化迭代，以减少因作战方案和行动计划不当带来的损失，近年来多次局部战争等，都在战前进行了大量仿真推演和评估，有效地减少作战伤亡，加速了作战胜利的进程。一个很明显的趋势就是，仿真正逐步嵌入作战系统。仿真系统要实现与指挥控制系统的互联，捕获相关的作战数据，直接从指挥控制系统获取信息，及时更新仿真系统中的战场态势和最新作战目标，以及提供实时在线辅助决策支持，是未来作战仿真领域的发展趋势。这就要求模型要朝着精细化、智能化方向发展，模型变得越来越复杂，而且仿真运行要实现超实时，这就对仿真运行提出了极高的要求。因此，高性能并行仿真将在未来的作战仿真领域发挥不可替代的作用。

为满足武器装备体系论证、装备作战效能评估、战术战法创新研究、作战方案分析评估、战时实时辅助决策等军事仿真对大规模计算能力、异构资源共享、多系统联合推演、实验、规模可伸缩、高可靠性等的应用需求，军事仿真正在向多中心智能作战仿真云方向发展，该作战仿真云可实现情报、态势数据统一接入、管理，分散存储，多中心可实现互联互通，数据一致、分组联合、战时互为热备，为平时和战时提供高性能的作战实验和态势推演等服务。

5.4 中国高性能仿真科技发展现状和机遇

5.4.1 中国高性能仿真科学和技术研究现状

（1）基于新型高性能计算架构的仿真理论和方法

近几年来，随着众核加速器/协处理器的普及应用，高性能计算平台已经向多核与众核异构集成的方向发展，即系统中的计算节点由多核 CPU 和众核协处理器组成，针对多核 CPU 与多种不同的众核协处理器（如 GPU、MIC 等）的高性能仿真技术也涌现出来。目前在并行离散事件仿真领域，GPU 可以通过两种模式支持并行仿真：一是作为协处理器负责数据并行计算，二是作为仿真主处理器直接调度和处理事件。在国内，唐文杰博士设计和实现了一种基于 GPU 的通用离散事件仿真内核，提出了一种拓展辅助的同步保守时间管理算法和基于入口映射的存储管理算法，较好地解决了 GPU 仿真内核中内存读写的并发性问题，并通过时间管理算法尽可能多地导入并行处理事件，提升了仿真引擎的并行度。陈慧龙博士设计和实现了基于 CPU 和 MIC 处理器异构平台下的高性能仿真引擎内核，实现基于新型平台的高性能仿真支撑环境。杜静和王琼等人根据大规模网络仿真的大地域范围、大规模网络节点、复杂化网络拓扑、多种异构网络设备以及海量的数据交互等特征提出和设计一套能够对大规模网络进行高性能仿真的支撑平台技术。李祯根据 Agent 仿真特点和 GPU 硬件执行特点，提出了面向大规模人工社会的 CPU/GPU 异构并行系统计算加速方法和实现框架，并基于此设计和实现了面向大规模 Agent 仿真的 GPU 仿真内核。乔海泉、张耀程等人对并行仿真的算法、引擎、组件模型等进行了广泛而深入的研究。余文广等人重点对多核 CPU 和 GPU 并行仿真中的负载均衡问题开展了研究。邹鹏等提出利用 GPU 计算机集群来加速仿真计算解决大规模传染病仿真的执行效率问题。目前，国内尚未发现有关基于量子计算、生物计算平台的高性能仿真研究。

（2）高性能智慧云仿真技术

由于云计算强大的优势，在云平台上进行仿真，即云仿真成为高性能仿真技术的一个重要发展方向。2009 年，基于仿真网格的研究成果，李伯虎院士提出了"云仿真"的概念，它把云计算应用到仿真领域，提出要将分布、复杂、动态和异构的仿真资源通过云仿真平台进行灵活使用。

1）云仿真支撑平台（图 5-6）。国内的云仿真技术研究主要集中在平台的构建上。北京航空航天大学的张雅彬基于 VM 虚拟化技术研究了云仿真运行环境动态构建技术，设计了基于 VM 虚拟化技术的云仿真运行环境动态构建模型，它将虚拟机作为虚拟的计算资源取代原来的物理计算节点。针对复杂系统的高效能仿真，北京航空航天大学的李潭提出了对应的云体系架构，它以高性能仿真计算机为仿真硬件载体，以 RTI 为仿真中间件，开展了协同互操作、可重用性等问题研究。此外，北京航空航天大学的杨晨还开展了面向云制造的云仿真支撑框架研究，用以支持异构仿真模型的联合仿真。提出了协同仿真应用过程模型以促进仿真应用过程自动化、仿真资源共享和敏捷使用、按需获取持续稳定仿真服务以及两种类型的协同。但由于其采用 HLA/RTI 作为仿真中间件，使得系统有可能出现通信瓶颈，支持的仿真规模有限。

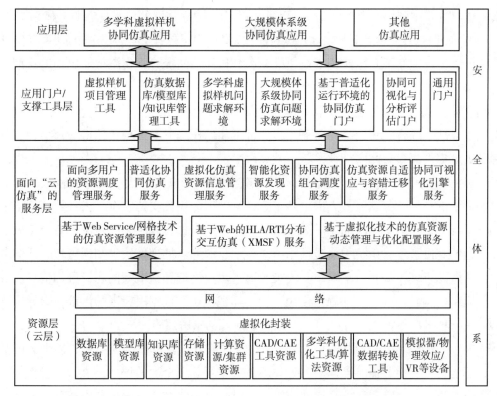

图 5-6　基于云仿真平台的云仿真系统体系结构

华中科技大学设计了基于虚拟化技术的云仿真运行环境动态构建模型，将仿真模型、仿真流程等资源接入到云计算环境中，通过仿真模型即服务（SMaaS）或者仿真流程即服务（SPaaP）的模式提供给用户使用。它通过在虚拟机中部署仿真软件、模型等资源组件，动态地根据仿真任务需求使用计算资源。

西安工业大学的周利敏提出了模块化的云仿真平台框架，它以 HLA 为基础，对 HLA 的框架进行了改进，通过 Web 服务的 RTI 组件构建云仿真任务联邦成员。

为支撑广域网环境下大规模的军事仿真应用，陆军军官学院的朱东方开展了基于云计算理念的网络化仿真框架研究。它基于 HLA 仿真框架，设计了基于云计算理念的网络化仿真框架，并对仿真资源池构建、仿真服务总线设计、联邦成员的云化进行研究。基于该框架，开发了装备虚拟维修训练领域的云仿真平台。

在基于云仿真的系统培训方面，西安热工研究院的胡波突破火电仿真系统培训受地域、资源、时间和维护上的局限，设计了一种基于云计算的火电仿真平台，给出了仿真资源调度、用户协同仿真、模型迁移、安全机制等问题的解决方案。

2017 年 7 月 7 日，"2017 年度国产工业软件优秀解决方案展示对接会——大连专场"在大连世博广场召开。由英特仿真和华为公司合作建立的"工业仿真云平台"正式上线，这是中国第一个工业仿真云平台，致力于建立完整的仿真生态服务体系。

2）面向在线智能决策的云仿真。在作战指挥中，依托云技术超强的计算存储能力，可以很好地发挥高性能仿真快速推演和分析评估的优势，实施智能化辅助决策支持。基于云技术的数据库及其后台数据关联挖掘能力，平时可将大量的作战信息进行汇集存储，战时则可根据对情报信息、战场管理、气象水文等海量信息的综合处理，迅速生成战场综合态势图，并对下一步各种可能的作战方案进行快速推演评估，为指挥员决策提供数据支撑。

云计算的出现与成熟，为决策支持系统的发展带来了巨大的机遇和挑战。西北工业大学的崔曼、薛惠锋等人提出基于云计算的智能决策支持系统，云计算环境下的IDSS（Intelligent Decision Support System，IDSS）的运作过程主要指对决策者提出的决策问题的解决过程，系统主要包括用户端、信息服务、推理模块、知识模块、云服务模块、资源管理模块和决策模块。决策者通过用户终端提交决策问题，调用信息服务进行模型的构建，同时启动推理模块，调用知识模块，根据决策者的需求，引导决策者选择合适的决策模型，并且可以跟踪决策问题的求解过程。

3）云仿真推演与评估技术。基于云技术的战场仿真模拟推演系统，以强大的数据计算能力为支撑，能够迅速对各种作战方案进行系统全面的评估，进行大量作战计算和模拟推演，跟踪对比多个作战方案的全过程和最终结果，分析各方案利弊，智能选择最佳方案，同时根据方案发现的问题，提出修改建议，优化决策方案。

（3）面向新一代人工智能的高性能仿真技术

人工智能（Artificial Intelligence）是研究、开发用于模拟、延伸和扩展人的智能的理论、方法、技术及应用系统的一门新的技术科学。人工智能是计算机科学的一个分支，它企图了解智能的实质，并生产出一种新的能以人类智能相似的方式做出反应的智能机器，该领域的研究包括机器人、语音识别、图像识别、自然语言处理和专家系统等。近年来，人工智能发展进入新阶段。经过60多年的演进，特别是在移动互联网、大数据、超级计算、传感网、脑科学等新理论新技术以及经济社会发展强烈需求的共同驱动下，人工智能正在加速发展，呈现深度学习、跨界融合、人机协同、群智开放、自主操控等新特征。大数据驱动知识学习、跨媒体协同处理、人机协同增强智能、群体集成智能、自主智能系统成为人工智能的发展重点，受脑科学研究成果启发的类脑智能蓄势待发，芯片化硬件化平台化趋势更加明显，人工智能发展进入新阶段。当前，新一代人工智能相关学科发展、理论建模、技术创新、软硬件升级等整体推进，正在引发链式突破，推动经济社会各领域从数字化、网络化向智能化加速跃升。

1）人工智能在仿真中的应用。新一代人工智能的推进，给世界带来了翻天覆地的变化，高性能仿真与新一代人工智能技术也正在相互促进相互融合。高性能仿真中的模型，其实可以看作是对输入数据进行处理的黑盒子，因此可以采用机器学习的方法进行建模。通过选择合适的机器学习模型，然后再使用足够的数据对其进行训练，获得合适的参数，就可能得到与真实世界几乎一致的模型。这是一种全新的建模思路，对于一些复杂的模型与传统的建模方法相比基于人工智能的建模方法可以获得更好的建模效果。对于一些简单的仿真系统，甚至可以采用机器学习的方法直接对其进行建模，从而能够简化系统构建的过程。如对于股市的量化交易仿真，就可以直接采用机器学习的算法对影响股市的参数进行学习，从而构建股市量化交易模型。

2）高性能仿真在人工智能中的应用。为了使人工智能的模型具有更高的精度，需要提供大量的样本数据训练模型，如计算机视觉需要大量的图像数据，自然语言处理需要大量的语音信息，而这些正是高性能仿真擅长处理的。高性能仿真能够快速构建供人工智能模型训练的虚拟环境，根据需要模拟多种不同的真实场景，从而有针对性地提高模型的精度。就作战仿真而言，高性能作战仿真能够快速模拟各种态势信息，供不同层面的决策模型训练，而这是真实世界所不能提供的，我们不能为了训练模型而发动真正的战争。再如自动驾驶领域，百度发布的"阿波罗（Apollo）"正是向汽车行业及自动驾驶领域的合作伙伴提供的高性能仿真平台（图5-7）。阿波罗高性能仿真平台提供贯穿自动驾驶研发迭代过程的完整解决方案、帮助开发者发现问题、解决问题和验证问题。阿波罗仿真引擎拥有大量的场景数据，基于大规模云端计算容

量，打造日行百万公里的虚拟运行能力，形成一个快速迭代的闭环，让开发者轻松实现"日行万里"。内置了基于路型，包括十字路口、掉头、直行、弯道等；基于障碍物类型，包括行人、机动车、非机动车等；基于道路规划，包括直行、掉头、变道、转弯、并道等；基于红绿信号灯，包括红灯、黄灯、绿灯等高精度地图的仿真场景并支持同时多场景的高速运行。

图5-7　阿波罗（Apollo）自动驾驶仿真平台

3）个体智能、群体智能的建模仿真。随着人工智能的发展，智能算法、智能模型已经越来越多地融入真实系统、真实装备之中，如具有自动驾驶能力的无人车、无人机，具有自主决策能力的家政机器人等运动仿真（图5-8）。对这些智能系统、智能装备进行模拟势必需要对其中的智能模块进行建模。为此，系统仿真也必须从人工智能领域借鉴相关算法，从而保证仿真模拟的准确性和真实性。如在飞行器建模领域，对无人机的建模就需要模拟其自动控制功能，无人机的自动控制模块一般为经过

图 5-8　智能车运动仿真

训练后的机器学习模型，建立相应的系统仿真模型就需要采用对应的机器学习模型及相关参数。目前对智能系统、智能装备的建模仿真正方兴未艾，因为相应的智能系统、智能装备也正在发展之中。但是在可预见的未来，随着智能系统、智能装备的普及，这必然会成为高性能仿真需要关注的重点领域。群体智能建模与仿真越来越重要，已经在很多领域得到应用（图 5-9）。

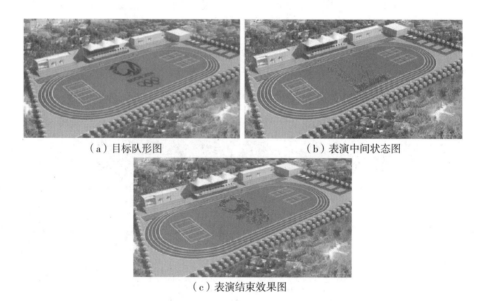

（a）目标队形图　　　　　　　（b）表演中间状态图

（c）表演结束效果图

图 5-9　人群智能运动仿真

（4）大数据建模与仿真预测

大数据技术在国内起步稍晚，企业使用数据挖掘技术尚不普遍，但近几年出现了蓬勃发展的态势。我国国家自然科学基金于 1993 年首次支持对数据挖掘领域的研究项目。1999 年，在北京召开第三届亚太地区知识发现与数据挖掘国际会议（PAKDD）。2011 年，第十五届 PAKDD 在深圳举办，会议就数据挖掘、知识发现、人工智能、机器学习等相关领域的主题进行交流讨论，反响热烈。2012 年 6 月 9 日，中国计算机学会常务理事会决定成立大数据专家委员会。2012 年 10 月，成立了首个专门研究大数据应用和发展的学术咨询组织——中国通信学会大数据专家委员会，推动了我国大数据的科研与发展。2012 年 11 月，Hadoop 与大数据技术大会以"大数据共享与开放技术"为主题，总结了八个热点问题：数据科学与大数据的学科边界、数据计算的基本模式与范式、大数据的作用力和变换反应、大数据特性与数据态、大数据安全和隐私问题、大数据对 IT 技术架构的挑战、大数据的生态环境问题以及大数据的应用及产业链。大会还成立了大数据共享联盟，旨在搜集大数据、展示大数据、促进大数据的研究与开发。目前，国内相关技术主要集中于数据挖掘相关算法、实际应用及有关理论方面的研究，涉及行业比较广泛，包括金融业、电信业、零售业、制造业、医疗保健、制药业及科学研究领域。

在大数据建模与仿真预测方面，中国国防大学胡晓峰发表了题为《大数据时代对建模仿真的挑战与思考》，主要讨论了以大数据为基础的科学研究第四范式是否能够成立，大数据给建模仿真带来哪些挑战，又带来了哪些机遇等问题。空军指挥学院作战模拟中心毕长剑讨论了大数据时代建模与仿真面临的挑战，分析了大数据时代的基本特征，预测未来大数据时代的新科学研究方式将应运而生，基于大数据量的无假设的科学发现、案例匹配研究方式、模糊的非精确化处理以及大数据量结果佐证科学结论是大数据时代科学研究方式的基本特色。胡巧玲等基于大数据构建了人口迁移量预测模型，满足城市人口规划的需求（图 5-10）。龚伟志等开展了基于大数据分析恐怖袭击风险预测研究与仿真研究，建立恐怖袭击风险综合评判的大数据分析模型，采用

图 5-10　基于大数据的城市仿真预测

大数据分析模型对恐怖袭击历史数据中隐含的可演化信息进行学习，利用所获取的结果进行未来的恐怖袭击预测。总之，基于大数据进行建模与仿真预测还处于基于实际案例的探索阶段，尚未形成整体性的技术方案。

5.4.2　中国高性能仿真科技发展面临的机遇与挑战

（1）基于新型高性能计算架构的仿真理论和方法

高性能计算发展日新月异，现场可编程逻辑门阵列（FPGA）、图形处理器（GPU）、MIC 等都逐渐在高性能计算平台中获得了广泛的应用，其中"天河二号"超级计算机利用 MIC 作为加速设备曾连续两年斩获了世界超级计算机第一的殊荣。"神威·太湖之光"超级计算机安装了 40960 个中国自主研发的"申威 26010"众核处理器，该众核处理器采用 64 位自主申威指令系统，峰值性能为 12.5 亿亿次 / 秒，持续性能为 9.3 亿亿次 / 秒。在 2016 年世界超算大会上，"神威·太湖之光"超级计算机登顶榜单之首。2010 年国防科技大学研制成功基于多 CPU 的"银河高性能仿真计算机"，并在体系结构、硬件和软件等方面进行了面向仿真的针对性设计改进。在未来研究中，一方面可以基于新型 E 级计算架构，优化现有的高性能仿真支撑平台，为大规模复杂系统仿真提供高效支撑。另一方面，量子计算与通信理论、生物仿真计算机系统能够颠覆当前的建模仿真理论和技术，依托其可扩展、体积小、功耗低的优良特性及超常的存储能力，预计能够为超大规模、可扩展的复杂系统仿真实验提供当前超级计算机数以万倍的计算和存储能力，且功耗仅为其十亿分之一。当然，采用量子计算与生物计算，需要突破传统并行仿真时间同步算法、事件管理、对象管理等技术理论。

（2）高性能智慧云仿真技术

基于云平台的云仿真技术能够为用户随时随地提供按需仿真服务的能力，实现仿真资源和能力按需共享，极大降低复杂仿真应用软硬件采购、运行和维护成本。此外，云计算突出的信息管理、分布计算、分散存储、网上协作以及软、硬件资源等服务统一调度的能力，能够在很大程度上满足复杂系统对高性能仿真应用的需求。

（3）面向新一代人工智能的高性能仿真技术

面向新一代人工智能的高性能仿真技术是人工智能技术与高性能仿真技术的融合，它的重要性以及实际应用价值正在被不断认识和扩展，尤其是在军事仿真与建模领域。但是人们对面向新一代人工智能的高性能仿真技术的研究才刚刚起步，还有许多科学问题需要我们研究和解决。

1）人工智能在仿真中的应用。人工智能的发展为高性能仿真建模提供了全新的思路，但是如何选择合适的机器学习模型以及相应的参数，还需要仿真人员在实践中归纳出一套完善的指导方法。同时为了保证模型的精度，还需要有足够的数据对模型进行学习，如何获得足够的高质量的学习数据也是需要研究的问题。与传统的建模方法一样，通过机器学习建立的模型也存在模型校验的问题，如何快速实现模型 VV&A 也是不小的挑战。

2）高性能仿真在人工智能中的应用。高性能仿真能够产生供人工智能模型训练的数据，但是由于仿真的精度问题产生的数据可能与真实数据有所偏差，如何对数据进行校正，减少数据的噪声是值得研究的问题。同时怎样有针对性地设计仿真实验，产生能够覆盖机器学习模型所有特征的训练数据也是不小的挑战。

3）个体智能、群体智能的建模仿真。智能系统、智能装备的建模仿真不仅要对其传统部件进行建模，还要对其智能模块进行建模。如何构建与真实系统或装备的智能决策模块相一致的仿真模型，传统的基于编程的建模方法可能无能为力，需要引入机器学习模型通过数据训练进行建模，同样模型的选择与训练数据的获得也将成为不小的挑战。对于一些复杂的大系统，系统中相同种类的模型可能具有不同的智能水平，因此如何构建多样化的智能模型也是未来需要关注的问题。

（4）基于大数据的智能建模与仿真预测技术

建模仿真的可信度是其生存的基础，建模仿真最大的难题是其可信性的验证，模型 VV&A 技术成为了当前仿真的一大难题。大数据时代的到来为模型 VV&A 提供了一种新的解决方式，基于数量巨大的案例数据，运用足量的相似案例可得到仿真模型的逼真度数据和可信度数据。

另外，大数据提供了利用数据模型的新途径。某些复杂的事物因为某种原因未必有可行的模型：如复杂度非常高、计算量非常大、在可接受的时间内做不到等。但在大数据时代，针对这类可以描述但不能用模型方程解释的现象，可以通过大数据建立起认识问题的数据模型。也就是说，大数据可以为我们提供利用"数据模型"的新途径。这种数据模型新途径为智能仿真的实现带来了曙光。

5.5　重点研究领域关键科学问题与技术

5.5.1　基于新型高性能计算架构的仿真理论和方法

随着新型计算平台的不断发展，如多核/众核异构混合计算平台、量子计算机、生物计算机等，如何基于这些新型计算架构实现复杂系统仿真整体性能的跃升，是未来高性能并行仿真发展需要解决的重要问题。

（1）基于多/众核计算环境的体系仿真深度并行技术

多/众核 CPU/GPU/MIC 是当前超级计算机的主流配置。多/众核革命在带来硬件性能提升的同时，也颠覆了传统的软件设计模式。体系仿真系统设计不仅需要考虑如何针对多 / 众核 CPU/GPU/MIC 进行并行优化，而且必须考虑是否具有"在核数增加条件下保持高效能"的可扩展特性。通过深入挖掘仿真系统的多级并行特征，优化数据存储结构，实现多 / 众核环境下的高性能并行仿真可扩展深度并行，以获得可持续的性能提升。

（2）基于新型计算架构的高性能仿真支撑技术

在可以预见的未来，量子计算机、生物计算机等新型计算平台可为超大规模、多尺度、细粒度、高可信、高逼真度的复杂系统仿真提供当前超级计算机数以千万倍的计算和通信能力，传统计算与通信技术的颠覆将使高效能并行仿真技术得到全面革新，现有并行仿真同步算法、通信机制等难以在新型体系架构上发挥作用，因此，需要重点突破基于量子计算机、生物计算机等新型计算平台的高性能仿真运行支撑技术，将量子、生物计算理论原理和传统仿真理论结合，运用量子 / 生物算法对传统仿真模型计算进行改造加速。

5.5.2　高性能智慧云仿真技术

云仿真能够很好地满足复杂系统仿真对大规模计算、存储、资源共享、高可扩展、按需服务等应用需求，正成为高性能仿真发展的重要方向。然而，云仿真要想真正得到普及应用，还需要进一步解决易用、好用、实时高效等问题，实现高性能智慧云仿真。

然而当前云仿真技术还面临着仿真规模有限、需要专业人员使用、缺少自适应智能服务能力、在线实时辅助决策支持等问题，严重影响了云仿真的推广使用。如何依托云平台超强的计算存储能力，更好地发挥云计算优势，并利用人工智能技术，为仿真用户提供在线智能调度和分析评估服务、减少用户使用屏障、简化用户使用操作等，成为未来云仿真发展需要解决的重要问题。首先，如何针对每次仿真运行的特定需求进行仿真初始化参数的自动生成和装配、运行节点的自动高效分配和调度，以达到简化用户使用、减少运行时间、提高运行效率的目的。其次，如何针对大量的仿真结果数据进行高效的数据挖掘、分析评估，以获取用户期望的仿真结果、知识并满足用户对时效性的要求？最后，对于实时辅助决策支持，如何获取完整的实时态势数据、并依据态势数据快速自动形成各种可能的处置方案，然后对方案进行快速的推演评估、形成分析评估结论，为用户提供智能辅助决策支持？

（1）云仿真自适应智能服务技术

现有的云仿真大都需要专业人员使用，难度大、使用困难，为简化用户使用、提高使用效率，需要引入人工智能技术，解决云仿真服务的自适应智能调度和仿真结果的自主智能评估难题。一方面需要研究云仿真初始化参数的自动生成和装配、运行节点的自动分配和高效调度技术，另一方面需要研究基于云平台的高性能数据挖掘技术，创建面向云仿真的数据仓库 – 数据挖掘 – 知识库技术体系，实现从云仿真结果数据到知识的实时转换。同时，需要研究基于云仿真的知识库中知识的不确定表示方法，通过建立知识的表示方式，为智能决策提供支撑。最后，要研究基于云仿真平台的智能决策支持系统的体系结构，通过创建云仿真智能决策支持体系，实现面向在线智能决策的云仿真技术。

（2）基于云仿真的实时智能辅助决策支持技术

基于云仿真的实时智能辅助决策支持技术无论在民用还是军用领域都有着十分广阔的应用前景。首先需要研究基于云仿真平台的智能辅助决策支持系统体系结构；其次需要研究完整实时态势数据获取技术；再次需要研究基于实时态势数据的处置方案快速自动生成技术；最后对生成的各种可能处置方案快速推演评估技术。

5.5.3　面向新一代人工智能的高性能仿真技术

面向新一代人工智能的高性能仿真技术通过将高性能建模仿真技术与新一代人工智能技术以及各类应用领域专业技术进行深度融合，以各类大数据资源、高性能计算能力、智能模型/算法为基础，以提升复杂系统建模、优化运行及结果分析/处理等整体智能化水平为目标。面向新一代人工智能的高性能仿真技术将重点关注人工智能在仿真中的应用、高性能仿真在人工智能中的应用、智能系统与智能装备的高效能仿真等几个方面的问题。

（1）人工智能在仿真中的应用

将人工智能技术应用于高性能仿真，能够采用机器学习的方式通过数据训练构建仿真模型。但是如何针对不同的建模需求和应用类型选择训练模型及其特征参数，还需要仿真人员在长期的实践过程中积累经验，形成相应的指导规范。采用机器学习的方式构建仿真模型，需要收集大量的训练数据以保证模型的正确性和精度，然而对于某些应用，训练数据是难以获得的，如作战仿真应用。因此，如何在有限的训练数据的基础上训练出可靠的模型，是未来需要解决的技术问题。通过人工智能技术构建的仿真模型与传统模型一样也存在可信度问题，因此，也需要关注人工智能模型的VV&A问题。

（2）高性能仿真在人工智能中的应用

高性能仿真能够根据需要模拟真实世界的各种场景，因此可以为新一代人工智能模型提供大量的训练数据。但是由于仿真模型与真实世界难免存在一定的偏差，通过仿真产生的训练数据可能质量不高或者存在一些错误，因此如何提高仿真产生的训练数据的质量、减少噪声是未来需要研究的科学问题。

（3）个体智能、群体智能的建模与高性能仿真

智能系统、智能装备的智能模块进行建模一般无法通过传统的编程方式实现，需要引入机器学习的相关方法，因此也存在如上所述的模型选择与训练数据收集的问题。相应地，如何减少训练样本的数量，提高训练的效率，是需要关注的重点研究领域。对于一些复杂大系统，相同模型的不同实例可能具有不同的智力水平，如何模拟这种差异也将是未来需要解决的科学问题。另外，对于群体智能的模拟，如人类的群体智能，可能与单个智能的建模有很大差别，如何利用单个智能模型构建复杂的群体智能系统，也将是未来的重点研究领域。

5.5.4　基于大数据的智能建模与仿真预测技术

复杂系统的非线性性质、演化不确定性和整体涌现性等特征，使得传统基于还原论的建模仿真方法很难发挥实效。大数据的出现为整体性分析提供了条件。大数据抛弃了对因果关系的追求，而把重心放到了寻找相关关系上。对基于传统科学的分解方法仍然解决不了的社会、经济、战争等复杂系统问题，放弃还原论的分解建模方法，而代之以整体数据的分析，成为复杂系统研究的新方向。可以预见，将大数据与高性能仿真技术进行柔性、有机的融合，将为社会、生命、工程、军事、科学等领域的研究，特别是复杂系统研究提供更为高效的研究模式和手段。

（1）大数据智能化建模技术

云计算数据存储和处理能力的不断增强，网络、存储设施、数据库等技术的深入发展，以及互联网应用的广泛普及，使我们进入大数据时代。大数据模型是通过对现实数据进行搜索与统计分析得到的模型。然而，传统的建模仿真方法建立在相似理论之上，数据只是为模型的仿真运行试验提供的基础条件。这种理论上的颠覆使得基于大数据的智能化建模技术需要应对如下科学问题：①在大数据技术本身尚不成熟的前提条件下，如何结合建模仿真技术需求与特点，开展基于数据的智能化建模的探索性研究；②如何将大数据方法与仿真建模方法相融合，应对大数据时代下建模与仿真面临的挑战，包括大数据驱动下的建模与仿真、基于数据的智能化建模/模型校核与确认等。

（2）大数据仿真预测技术

高性能仿真是在高性能计算平台上开展基于模型的实验，其目的是更加高效地发现问题和预测未来。然而，传统的仿真模型仅是对问题某一侧面的描述，这种简化必然带来模型使用的风险。另外，对于某些复杂的事物或社会现象，由于缺乏对背后隐藏的众多规律的了解，即使建立某种模型，也很难真正起到预测作用，如人群模型、经济模型等。基于大数据的数据模型在某些情况下却可以做得更好，例如依据相关性，通过外延效应、间接预测等方法，谷歌对流感的预测与官方结果相关性高达

97%。然而，目前的大数据理论、方法与技术还处于早期的思想萌芽状态，还缺乏系统的理论体系、技术方法和应用实践等支撑，因此，如何基于大数据的相关理论进行仿真预测，如何基于大数据的相关理论取代或部分替代建模仿真，是大数据仿真预测需要解决的核心科学问题。

5.6　未来高性能仿真科技领域发展路线图

5.6.1　中国未来高性能仿真科技领域发展路线图的制定

信息环境、社会需求、建模仿真的基础和目标等因素促使高性能仿真技术与快速发展的新技术融合，迈向新的一代，这些新技术包括：新型计算架构、人工智能技术、云仿真、网络群体智能、大数据、物联网、移动通信等。因此，为更具有前瞻性地思考与谋划未来高性能仿真科技领域发展战略，需要为这个领域的研究提供发展线路图与政策建议。

5.6.2　中国未来高性能仿真科技领域发展目标

人工智能、云计算、大数据、新型高性能计算架构、物联网、移动通信、量子计算，以及大数据智能、群体智能、自主智能等的快速发展，正引发国民经济、社会发展和国防安全等领域新模式、新手段和新生态系统的重大变革，促进人类社会从信息社会迈向智能社会。针对新的社会形态对高性能仿真的需求，需要我们以先进信息技术（新型计算架构、大数据、云计算、物联网、移动通信、量子计算等）、先进人工智能技术（机器学习、基于大数据的人工智能、群体智能、人机混合智能等）与建模仿真技术的深度融合为技术手段，以自主可控为基本出发点，突破基于新型高性能计算架构的仿真理论和方法、高性能智慧云仿真支撑技术、面向新一代人工智能的高性能仿真技术、基于大数据的智能建模与仿真预测技术等，争取产出一批国际领先的原创成果，抢占高性能并行仿真技术发展的制高点，为我国的科学技术研究、经济社会发展、国防现代化建设等提供易用好用、高效便捷的仿真支撑。

5.6.3　中国未来高性能仿真科技领域发展路线图

由于我国对仿真技术的研究投入较少，导致国内自主研制的仿真平台远不能满足应用需求。特别是在高性能仿真方面，目前主要以跟踪国外技术为主，在前沿研究方面自主创新不够。因此，为实现我国未来高性能仿真科技领域发展目标，在各类国家重大 / 重点项目的引导下，其总体技术发展路线如图 5–11 所示。

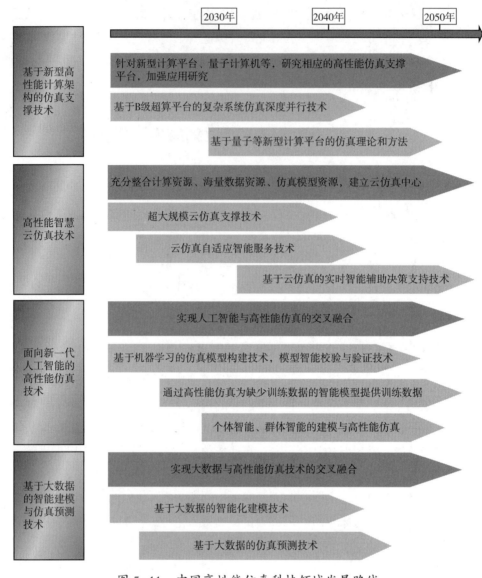

图 5-11   中国高性能仿真科技领域发展路线

5.6.4   高性能仿真建模理论与方法科技发展路线图

仿真建模是对实体（飞机、导弹、舰艇、车辆、机器设备等）、自然环境（地形、大气、海洋、空间）、人的行为（个体、群体、组织）等被仿真对象的抽象描述。各个应用领域大多采用机理建模方法来描述客观事物的特性和行为，包括连续系统建模、离散事件系统建模或混合系统建模。随着复杂系统的发展，其非线性性质、演化不确定性和整体涌现性等特征使得传统基于还原论的建模仿真方法很难发挥实效。大数据、机器学习与高性能建模与仿真技术相融合，放弃还原论的分解建模方法，而代之以整体数据的分析，是高性能仿真建模理论与方法的新方向。

高性能仿真建模理论与方法将重点发展基于机器学习的建模理论与方法、个体智能与群体智能的建模理论与方法以及基于大数据的智能化建模理论与方法，图5-12为高性能仿真建模理论与方法科技发展路线图。

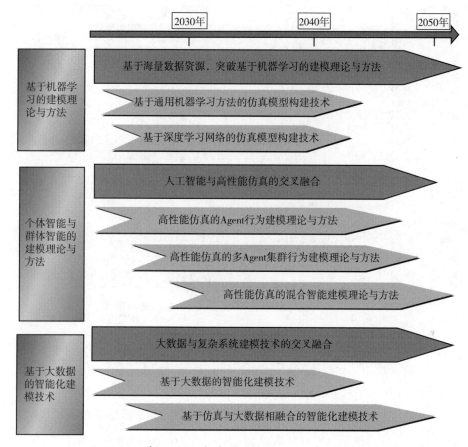

图5-12 高性能仿真建模理论与方法科技发展路线

5.6.5 高性能仿真系统与支撑技术科技发展路线图（图5-13）

针对复杂系统仿真大样本、多实体、模型复杂、数据交互繁多等计算特点及国产自主可控多核＋众核等新型高效能计算结构特点，以组件化、可视化、自动并行化等先进软件技术、人工智能技术与建模仿真技术的深度融合为技术手段，研究能充分利用计算资源的高性能仿真多级多粒度并行支撑技术，为从样本、实体、模型、算法等多个层次来挖掘复杂系统仿真的并行性提供直观易用的开发和运行平台支撑。

针对用户对仿真资源和能力按需共享，随时随地获取仿真服务的应用需求，在云计算和大数据基础服务的基础上，研究基于轻量级容器的云仿真平台智能化服务技术及支撑广义复杂系统仿真模型高效协同的高性能云仿真平台技术，采用虚拟化、服务化仿真系统智能调度方法，实现云环境下仿真模型的高效协同。

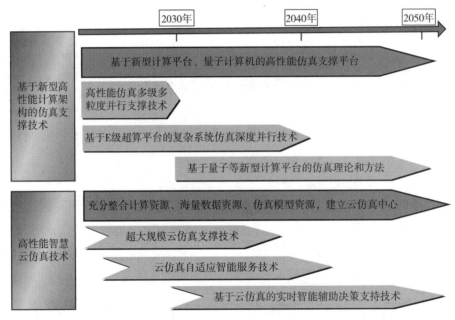

图 5-13　高性能仿真系统与支撑技术发展路线

5.6.6　高性能仿真应用工程科技发展路线图（图 5-14）

（1）仿真模型智能校核、验证与确认

建模仿真的可信度是其生存的基础，建模仿真最大的难题是其可信性的验证，特别是复杂系统仿真模型，其校核、验证与确认成为当前仿真的一大难题。大数据时代的到来为复杂系统仿真模型 VV&A 提供了一种新的解决方式，通过运用足量的相似案例得到仿真的逼真度数据和可信度数据，验证仿真的真实性，同时也验证其中各个模型的正确性。

（2）基于大数据和人工智能的多样本仿真实验设计技术

针对大型复杂仿真系统设计空间结构复杂、方案众多，影响系统效能的因素类型多、关系复杂等特点，研究基于大数据和人工智能的复杂大系统智能化仿真试验设计技术，基于由大数据挖掘的信息并采用人工智能技术指导样本空间的搜索过程，为复杂大系统仿真试验设计提供新的高效手段。

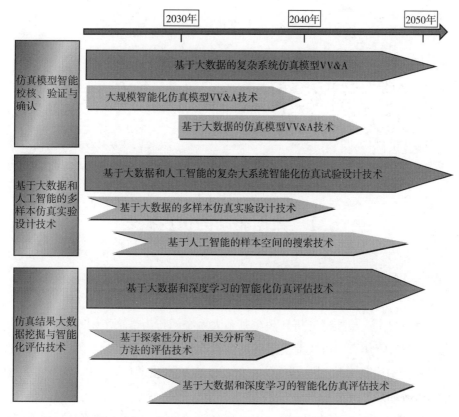

图 5-14　高性能仿真应用工程科技发展路线图

（3）仿真结果大数据挖掘与智能化评估技术

针对复杂系统仿真各仿真因子和效能指标之间关系复杂的特点，基于神经网络、Sobol 分析、探索性分析、相关分析等方法，研究基于大数据和深度学习的智能化仿真评估技术，支持效能指标与各仿真因子的大数据分析和智能化评估。

第6章 动态数据驱动的仿真发展趋势预测及路线图

6.1 数据驱动的仿真概要

6.1.1 数据驱动的仿真定义

由于复杂大系统通常具有非线性、时变性、多变量和不确定性等特点，很难对其建立准确模型，这给准确分析和预测复杂大系统的行为带来了困难。基于数据驱动而非准确模型进行仿真为解决此类系统的仿真提供了新的思路，为复杂大系统的仿真研究开辟了新的途径。数据驱动的仿真包括动态数据驱动仿真（Dynamic Data Driven Application Systems，DDDAS）、人机物融合仿真、数字孪生技术、平行系统等。

DDDAS 是一种全新的仿真应用和测量模式，旨在将仿真和实验/试验有机结合，使仿真可以在执行过程中动态地从实际系统接收数据并做出响应，反之，仿真结果也可以动态地控制实际系统的运行，指导测量的进行。仿真和测量之间构成了一个相互协作的共生的动态反馈控制系统。DDDAS 思想的提出使得仿真应用从论证、设计等实时性要求较弱的领域扩展到控制、预测和决策等具有明确的实时性和可靠性要求的领域。DDDAS 在工程设计和工程控制、危机管理和环境系统、医学、制造/商业/金融以及军事领域都将具有良好的应用前景。

人机物环境融合系统仿真是仿真技术发展到一定阶段后的必然趋势，仿真逐渐由在建模中简化或忽略部分外部物体或环境信息到全面考虑真实情况下的所有细节发展，形成了人机物环境融合系统仿真。人机物环境融合系统仿真包括人与物、物与物、人与环境等进行智能感知与无缝互联情形下的建模与仿真，以及虚拟世界和现实世界、信息世界和物理世界的互联互通与信息交换，广泛应用于智能制造、人机自然交互、智能电网、智能交通等领域，以提升该领域的自动化、智能化应用水平，以达到提质增效的目标。

数字双胞胎（Digital Twin）是以数字化方式创建物理实体的虚拟模型，借助数据模拟物理实体在现实环境中的行为，通过虚实交互反馈、数据融合分析、决策迭代优化等手段，为物理实体增加或扩展新的能力，又称为数字化双胞胎、数字双胞胎、数字镜像等。作为一种充分利用模型、数据、智能并集成多学科的技术，数字双胞胎面向产品全生命周期过程，发挥连接物理世界和信息世界的桥梁和纽带作用，提供更加实时、高效、智能的服务。数字双胞胎技术近期得到了广泛和高度关注。全球最具权威的 IT 研究与顾问咨询公司高德纳（Gartner）连续两年（2016~2017 年）将数字双胞胎列为当年十大战略科技发展趋势之一，许多国际著名企业已开始探索数字双胞胎技术在产品设计、制造和服务等方面的应用。

平行系统是指由某一个自然的现实或设想系统和对应的一个或多个虚拟的人工系统所组成的共同系统，其中人工系统是一种模型系统，人工系统对应实际系统的平行运行即是平行仿真。相对于其他类型的仿真，含义上有比较大的变化。平行系统技术中既有仿真又有管理控制，是仿真与管理控制的一体化，或基于仿真的管理控制。平行系统技术以计算实验的方式为实际系统运行的可能情况提供借鉴、预估和引导，从而为实际系统管理运作提供高效、可靠、适用的科学决策和指导。其研究对象主要包含社会的复杂系统，其基础是人工社会（Artificial Societies，ACP）、计算实验（Computational Experiments）、平行执行（Parallel Execution）理论与方法。

6.1.2 数据驱动仿真（发展对人类社会）的作用

随着社会信息化程度越来越高，用户对信息的呈现方式以及交互方式也提出了更多新的需求，仿真技术便应运而生。数据驱动仿真技术打破了空间、时间以及其他客观条件的限制，为提高人的认知能力开辟了一条新的道路，其核心问题是如何让仿真环境最大限度地接近真实世界。为了进一步提升仿真环境的真实度，大量真实数据被不断地引入到仿真系统中，使得仿真技术更加具有现实意义，而如何让数据更好地服务于仿真技术是一个值得思考的问题。

数据驱动仿真对人类社会有着非常重要的作用，如：

虚拟现实技术（Virtual Reality，VR），在缺乏实验设备以及实验条件的情况下，很多科学研究的开展只能通过虚拟仿真来创造实验条件，虚拟现实作为一种科研手段而存在。当今虚拟现实的热浪赋予了数据驱动仿真技术新的生命力，那就是现实世界指导虚拟仿真，而数据是现实世界的一种存在形式。

3D 打印（3D Printing）技术是一项新兴的增材制造技术，发展十分迅猛，备受各界的关注。但 3D 打印设备的成本却在一定程度上提升了这项技术的门槛，因此，将数据驱动仿真技术应用到该领域可以帮助更多的科研人员了解这项技术，进而投入到相关研究中。

人群仿真技术应用在不同的领域，侧重的技术要点也有所不同。游戏工业领域，人群仿真技术更加关注行为建模，游戏建立了多个虚拟城市，并对城市内的人群进行仿真；安全科学领域与游戏工业领域的关注点相同，也是人群行为建模技术，但是，技术要求更高。游戏中满足娱乐的需求即可，而安全科学领域则力求虚拟环境的行为与现实更加接近。典型的应用有紧急疏散仿真系统，在虚拟环境中，对紧急情况下人流变化状况进行预演；军事训练领域则更加关注虚拟训练场景的构建，人群仿真技术用于虚拟战场的排兵布阵，使得战士们能够在虚拟环境中完成训练任务，帮助提升训练效率。

从 1950 年首次将蒙特卡洛仿真用于核武器的研制后，仿真技术开始大规模发展起来。1970 年的专家系统、神经网络等技术支持下，人工智能开始服务于仿真技术。动态数据驱动的提出在 20 世纪 90 年代初，针对的是复杂大系统具有非线性、时变性、多变量和不确定性等特点，很难对其建立准确模型的问题，将仿真和实验有机结合，使仿真可以在执行过程中动态地从实际系统接收数据并做出响应。90 年代末，Agent 理论的提出，使数据驱动仿真可以应用于更多的复杂环境。2007 年提出的"深绿"计划，针对的是军事系统的非线性、时变性、多变量和不确定性等特点，其思路与实现和平行系统基本一致。2010 年，德国工程院启动 agendaCPS 项目，数据驱动仿真开始服务于智能制造领域。2013 年德国发布工业 4.0 概念，其中大量应用数据驱动仿真。2016 年，西门子公司提出他们的数字化双胞胎理念，是数据驱动仿真技术在制造领域的具体体现。

平行系统技术是数据驱动仿真的进一步发展。平行系统的特色首先表现在其必须依靠数据驱动，特别是来自网络（Web）和赛博空间（Cyberspace）实时海量数据驱动；同时通过计算实验和反馈控制，人工系统可以直接影响或改变实际系统的运行方向甚至规律。这时仿真不再是单向的解释模式，而是双向的交互模式。平行系统中的实际系统和人工系统之间可以互相修正，通过实际系统和人工系统的相互连接，对二者之间的行为进行对比和分析，完成对各自未来状况的借鉴和预估，相应地调节各自的管理与控制方式，达到实施有效解决方案以及学习和培训的目的。平行仿真挖掘平行系统中人工系统的潜力，使其角色从被动到主动、静态到动态、离线到在线，以致最后由从属地位提高到相等的地位，使人工系统在实际复杂系统的管理与控制中充分发挥作用。因此，平行仿真对人类社会发展的作用主要体现在为复杂社会系统研究提供了实验的方法。经济、社会、国防等复杂应用领域的需求在传统仿真模式下不能得到充分的满足，提高动态数据驱动的平行仿真模式应用能力势在必行。数据驱动仿真里程碑见图 6-1。

图6-1 平行仿真里程碑

6.2 国家发展对数据驱动的仿真的重大需求

数据驱动仿真技术基于动态数据驱动，强调仿真系统与真实系统的同时运行和互动：将仿真系统与实际系统进行同步推进和相互补充分析，对二者之间的行为进行平行控制与管理，通过对各自未来发展和演化状况的"借鉴"和"预估"，相应地调节实际系统的管理与控制方式，完成复杂系统的计算实验与管理控制。因此，控制、预测和决策等具有明确的实时性和可靠性要求的领域，对数据驱动仿真技术有强大的需求。

数据驱动仿真技术应用有助于提升信息优势转为决策优势的速度，并获得执行优势，从而应对复杂系统的快速变化。

随着仿真技术的不断进步，仿真对研究对象的模拟能力也不断增强，针对复杂系统的大规模仿真研究不断增多，快速协同的仿真环境因此成为当前仿真研究和发展的重要方向。其中，快速性不仅是对仿真计算的要求，更是对整个仿真过程的要求。一直以来，非计算消耗在整个仿真实验中所占比重都不容忽视，任务的执行效率远不止计算效率那么简单。仅输入数据的管理就占整个项目周期的31%，更不用说在分布式仿真环境中面对潜在的异构风险的资源发现和环境部署问题所耗费的时间和精力。网格之父 Ian Foster 就曾在网格和集群的效率对比研究中指出：对于一项计算任务来说，虽然单从计算效率来看集群要优于网格，但是若将环境申请和部署的时间计算在内，从整个任务生命周期来看，网格凭借其中间件支持服务则更具优势。此外，分布式仿真开发还具有协同性的要求，要求其支持环境能够对仿真的全生命周期——从仿真所需的资源发现、集成、部署、运行控制，直至结果分析提供全过程支持。因此，对于以快速协同为需求的仿真应用，高性能的仿真计算平台固然重要，支持快速集成和仿真全生命周期管理控制的环境同样不可或缺，这对仿真支持环境提出了更高的要求。

6.2.1　经济发展对数据驱动仿真的需求

将复杂系统的管理和控制中的虚拟系统方法引入经济的决策分析、支持和产生。即将基于人工社会而生成的人工经济系统，与实际的经济系统组成共同系统，使之达到映射，然后进行计算或实际实验，可对不同的经济决策进行各种分析，帮助制定决策和提供决策支持，并按照离线或在线，实时或延时的方式加以应用。

利用计算机和代理技术"培育生长"经济系统，模拟并"实播"人工经济系统的各种状态和发展特性，是一种自下而上的主动综合型整体研究方法。传统的模型经济是将研究对象分解为相关的子系统，如不同的行业，利用计算机和数值技术建模集成、仿真并"回演"实际经济系统的各种状态和发展特性，是一种自上而下的被动还原型组合研究方法。

例如在交通物流生态方面，通过建立人工交通、物流生态综合系统，进行计算实验，构造城市建设与管理和监控的仿真系统，对城市的全面、综合以及可持续的发展创造科学依据和决策支持。在农业方面，通过建立植物生长的人工模型，进行计算实验，构造植物生长的仿真系统，将控制方法用于植物栽培，在制造化受控环境下进行农业生产的制造化，并同市场需求相结合，进行生产的安排和调度。在制造领域，通过综合仿真和实时现场数据，支持设备控制运作决策的优化，以减少对额外设备的需求，提高制造工具的效率和其他各项性能指标。

6.2.2　社会发展对数据驱动的仿真需求

社会系统中的决策分析、支持和产生需要仿真系统方法来应对其复杂、动态、博弈的特征。基于人工社会而生成的人工社会系统，与实际的社会系统组成仿真系统，然后进行计算或实际实验，可对不同的社会决策进行各种分析，深入研究社会系统的动态行为并评估各种不同政策的效果，帮助制定决策和提供决策支持，并按照离线或在线，实时或延时的方式加以应用。例如通过构造人工人口系统，描述人口的动态变化以及个体和整体人口状态，进行计算实验，构造人口仿真系统，可支持国家人口综合规划和人口政策研究，并对人口进行动态管理和控制。

社会发展对数据驱动仿真的典型需求体现在社会性事件的应急管理上。社会性突发事件发生的时间突然、地点难以预测、传播和转换迅速、模式多变，严重危及社会秩序、给社会局部或整体造成重大损失。例如恐怖袭击事件、经济安全事件以及社会影响严重的疫情、舆情突发事件等。随着财富与人口向特定区域的集中，以及发达的交通网络使得世界变成了地球村，新型社会传播媒体的出现与广泛应用放大了事件演化的不确定性，社会性突发事件的出现更频繁、发展更迅速、影响更广泛、危害更巨大。社会性突发事件以社会人群作为事件的主要载体，其重要特征是传播和演化与个体及群体的行为有密切的关系。由于人的日常行为和心理行为具有极大的不确定性，因此难以采用一般的数学理论进行分析研究。而人工社会采用自下而上的方法，对社会中的每类个体进行抽象，建立每个个体的 Agent 模型，从而实现使用的简单的规则涌现出复杂的现象。因此通过构建人工社会进行计算实验的方法，成为认识该类事件的演化规律的重要途径。

通过建立各种人工系统，完善计算实验步骤，构造相应的仿真系统，为"全面、综合、可持续的科学发展观"提供一种可行的分析和评估方法，并应用于实际复杂社会系统的管理与控制，为将要到来的数字化社会和数字化政府管理奠定基础。

另外，在电力领域，当前全国各大电网能量管理系统也相继建成，铁路、机场、航空等电力网络建设迅速发展，利用电力系统仿真技术可以模拟实际电网运行特性，进行电网的实际故障重现和反事故演习，同样可以培训调度及运行部门的工程技术人员，帮助调度运行人员熟悉系统特性、掌握系统运行规律、分析电网事故原因、提高事故应变能力等。因此，电力系统仿真是电力行业规划、设计、运行及试验研究的重要手段，在社会发展的方方面面应用非常广泛，对电网安全稳定运行意义重大。

6.2.3 国防发展对数据驱动的仿真需求

传统上，作战方案的制订主要依靠有经验的军事指挥人员和参谋人员根据战场态势进行定性分析与筹划。由于人类的认知能力和认知容量的局限以及辅助手段的缺乏和决策的时间压力，决策者在决策时仅能制订有限的几种备用方案，同时，主要依靠定性分析和经验判断进行最后方案的选择。随着战争形态的变化，作战过程涉及的因素越来越多，对作战过程分析的准确性要求越来越高，这种方式已经无法满足现代战争的需求：一是决策时效性不强，二是决策准确性不高，三是战场适应性不够，四是决策智能化不高，五是临机应对性不足。通过人工军事系统和相应的计算实验和仿真系统方法，可提供更有效和逼真的战争模拟，并对不同军事战略的效果、应变能力、社会经济影响和国内外政治影响等进行评估。

美国 DoD Digital Twin. 空军研究实验室结构科学中心采用数字双胞胎技术建立了飞行模型，并将虚拟模型数据与物理数据相结合，从而做出更精确的寿命预测。

基于 ACP 方法，建立开源军事情报体系，创新自己的平行军事作战体系，是对钱学森提出的从定性到定量的综合集成研讨厅的延伸和拓展，是一种可行、可操作的科学方法论。从复杂系统理论、人的智能行为建模、大数据、动态模型演化、高性能计算等基础理论和关键技术出发，结合决策支持、装备体系、作战模拟和实验、战略分析和推演等具体任务、需求和背景，是今后应努力的方向。

在电力领域，当今世界，国际形势不断发生变化，各国关系错综复杂，面对美国、俄罗斯、日本、韩国及欧洲各国的迅猛发展及潜在威胁，增强国防便显得尤为重要。电力设备在航空、航天、武器装备中的应用越来越广泛，结构也越来越复杂。各类国防设施电力系统设计过程复杂烦琐，在方案成熟之前必须进行反复优化和评估，系统参数选择、电力负荷计算、配电装置选型、整体系统调试、各种工况和故障假设等都应该考虑在内。随着科学技术的不断进步，数据驱动仿真技术被引入到国防设施电力系统设计及仿真中来，不但加快了设计的时间，节约了许多人力、物力、财力，提高了设计的准确性和可靠性，也为整个系统的安全性及可靠性能的测试带来了极大的方便。

6.2.4 科学技术发展对数据驱动的仿真需求

理论解析、实验测量、仿真计算被认为是探索未知世界的三种基本方法。然而，这三种方法之间的联系往往是静态的，即一方的改变不能影响另一方的响应调整，相互之间存在明显的阶段性。数据驱动的仿真方法可以有效地结合实验测量与仿真计算，通过综合仿真和实时现场数据来监控和优化生产，交互式地操纵科学应用，拓展了科学技术研究和应用的方式。采用数据驱动仿真的思想进行工程优化设计，可将工程设计的仿真和试验融合入自动化的设计优化过程中。支持连续同化动态物理过程传感器数据的联机仿真算法和软件工具，可以为控制产生最优的策略。多学科数据流的实时适应性采样可以支持跨学科预测的多尺度模型建立，该适应性模型动态改进的特征，能够为耦合的多学科模型动态选择最优的结构和参数。

数据驱动的建模与仿真基于研究对象的所有数据，利用统计分析、机器学习等方法揭示实际系统内在行为规律，支撑建模过程，同时将在线获取或历史记录的实际数据作为仿真启动的模型输入，或者动态注入仿真执行过程中，以实现仿真的自动化运行、模型参数的校核、增强仿真结果可靠性。因此，数据驱动的仿真拓展了仿真科学技术，提升了其应用的范围和可信度。数据驱动的仿真可为大数据技术应用提供支撑，通过将人机物环境的数据加入数据驱动的仿真中，可以更好地更真实地呈现大数据在实际系统运行中的作用。

平行系统可为大数据技术应用提供支撑。在数据处理阶段，平行学习首先从原始数据中选取特定的小数据，结合先验知识，使用描述学习产生一个人工系统。结合特定的原始小数据与人工系统，使用预测学习的方法产生大量的新数据，构成了解决问题所需要的大数据。在行动学习阶段，平行学习沿用强化学习的思路，使用状态迁移来刻画系统的动态变化，通过指示学习的方式在人工系统中对行动空间进行探索。通过学习提取，我们可以得到小知识——应用于某些具体场景或任务的精准知识，并将其应用于平行控制和平行决策。而平行控制和平行决策将引导系统进行特定的数据采集，获得新的原始数据，并再次进行新的平行学习，使系统在数据和行动之间构成一个闭环。

6.3 国际数据驱动的仿真前沿与发展趋势

作为跨学科的新兴学科领域，数据驱动的仿真技术得到了国内外控制学科、管理学科、信息科学及相关交叉学科领域的高度重视。

6.3.1 世界主要国家数据驱动的仿真发展前沿

主要包含动态数据驱动的仿真、人机物融合仿真、数字孪生等相关技术的发展前沿。

（1）动态数据驱动的仿真

由于复杂大系统通常具有非线性、时变性、多变量和不确定性等特点，很难对其建立准确模型，这给准确分析和预测复杂大系统的行为带来了困难。动态数据驱动应用系统（Dynamic Data Driven Application Systems，DDDAS）思想的提出，为复杂大系统的研究开辟了一条新的途径。

DDDAS 是一种全新的仿真应用和测量模式，旨在将仿真和实验/试验有机结合，使仿真可以在执行过程中动态地从实际系统接收数据并做出响应，反之，仿真结果也可以动态地控制实际系统的运行，指导测量的进行。仿真和测量之间构成了一个相互协作的共生的动态反馈控制系统，见图 6-2。

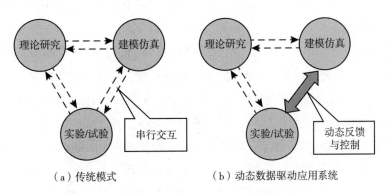

（a）传统模式 　　（b）动态数据驱动应用系统

图 6-2　传统模式与动态数据驱动应用系统

DDDAS 思想的提出使得仿真应用从论证、设计等实时性要求较弱的领域扩展到控制、预测和决策等具有明确的实时性和可靠性要求的领域。因此，美国国家自然科学基金会（NSF）在 2000 年的第一次会议报告中就指出，DDDAS 将开创一个新的具有高度潜在功能的仿真领域，构建新型的具有增强功能的应用系统，转变目前科学和工程研究领域的工作方式，对当前社会中的许多领域产生有益的影响。DDDAS 在工程设计和工程控制、危机管理和环境系统、医学、制造/商业/金融以及军事领域都将具有良好的应用前景。

美国 NSF 高级科技顾问 Frederica Darema 博士在 20 世纪 80 年代初期利用仿真和测量进行石油勘探的辐射传播计算时，产生了 DDDAS 的构想，其初始动机是附加相关实验数据以提高计算速度、改进采样统计的精确度和加快兴趣区域的收敛，反过来更有效地控制高耗费的测量过程。然而，由于技术上的限制，DDDAS 仅停留于构想。20 世纪 90 年代初，Gedanken 实验室初步分析了 DDDAS 面临的机遇与挑战。进入 21 世纪，计算机技术、先进仿真技术、网格计算技术、计算网格平台技术、传感器组网技术等各种技术取得了长足的进步。在 Frederica Darema 博士的倡导下，NSF 于 2000 年 3 月举行了一次专题讨论会，正式确立了 DDDAS 概念，自此，DDDAS 得到了学术界的广泛关注，对 DDDAS 的研究全面展开。

2000—2004 年，NSF 每年都在其信息技术研究计划（Information Technology Research，ITR）中支持 DDDAS 的研究，NSF 于 2005 年将 DDDAS 研究列为专项资助计划。除 NSF 之外，美国 DARPA、NASA、DoE 也有类似的计划。同时，NSF 鼓励其所资助的项目与工业部门展开合作，以验证和提高研究内容的实用性。另外，NSF 还和欧盟信息社会技术计划（EU IST Programme）和英国科研委员会（RCUK）在此领域开展了相关项目的国际合作。从 2006 年开始，英国已有 DDDAS 相关的立项研究。

美国得克萨斯大学的 Wheeler 等人将仿真与测量相融合，研究通过综合仿真和实时现场数据来监控和优化石油和天然气的生产，并实现了计算平台 DISCOVER。在该平台框架内可以交互式地操纵科学应用，同时也能够进行仿真产生数据集的协同可视化。美国新泽西州立大学的 Knight 等人采用 DDDAS 的思想进行工程优化设计，开发了数据驱动设计优化方法学（DDDOM）的集成软件系统，将工程设计的仿真和试验融合入自动化的设计优化过程中。美国得克萨斯大学的 Beigler 和 Ghattas 正在开发能够连续同化动态物理过程传感器数据的联机仿真算法和软件工具，以便为他们需要的控制产生最优的策略。在 Poseidon 项目中，美国马萨诸塞大学的 Patrikalakis 等人正在开发一个利用多学科数据流的实时适应性采样进行跨学科海洋动力学预测的多尺度模型。该适应性模型的改进是动态的，能够为耦合的多学科模型动态选择最优的结构和参数。Mandel 等人正在研究利用大量的数据流（地图、传感器、监视和天气数据）进行灾情管理的动态仿真。该系统由一能够同化无序数据的非高斯集合滤波器所控制。计算模型运行在远程的超级计算机上，再通过卫星与互联网相连的 PDA 上进行可视化。

美国诺特丹大学的 Gregory Madey 等人研究开发了基于手机信号的突发事件响应系统（Wireless Phone Based Emergency Response System，WPBERS）。通过实时监视手机用户的正常通信和活动模式，该系统能够识别不正常的聚集行为、可能的突发事件以及交通堵塞事件。通过从大量数据流中选择通信异常或流量异常地区的高分辨率信息并将其动态注入基于 Agent 的仿真系统，利用多"what if"分析进行态势与多模型之间的匹配，预测突发事件的类型，并能够实时跟踪事件的演变。同时，基于 Agent 的仿真系统还可以动态操控异常地区数据的收集，以便更好地分析与预测。WIPER 利用面向服务的体系结构集成分布的数据收集、监视、分析、仿真和决策支持模块，为社会安全和突发事件响应等人员提供流量预报和突发事件警报信息，并指导疏散方式，实现决策支持。

英国伯明翰大学的 Kennedy 等人利用 DDDAS 思想，将历史数据和现实数据注入基于 Agent 的仿真，研究居民当前与未来的住房选择倾向，以期通过 DDDAS 仿真，实现对被观察系统的更准确认识和更可靠预测，为英国住房政策的制定提供支持，其长远目标则是社会政策的诊断和管理。美国肯塔基大学的 Douglas 等人进行了污染预报的研究，美国俄克拉荷马大学的 Brotzge 等人进行了天气预报的研究。德国马格德堡大学的 Thomas Schulze 和 Steffen Straßburger 等人进行了城市交通拥挤问题的研究。

与传统的仿真模式相比，DDDAS 仿真具有多个方面的能力提高：

1）DDDAS 面对的目标系统更为复杂：DDDAS 将研究目标定位在已有仿真模式研究能力有限的复杂系统上。

2）DDDAS 是一种具有良好定义的综合集成范型。主要体现：一是多学科模型的综合集成，以对复杂系统进行建模；二是已有的仿真相关技术的综合集成，以能推演模型并产生更为精确的仿真结果；三是仿真系统与测量系统、决策系统和执行机构的综合集成，以能使仿真应用于实际环境之中。

3）DDDAS 将仿真系统从离线环境更多地转移到了在线环境，提高了仿真技术的应用范围。传统仿真范型多以初始设定的静态数据驱动方式为主，系统时效性差，结果一般只能在仿真结束之后给出。而 DDDAS 仿真采用动态数据注入的方式，以实际数据驱动仿真结果的动态修善和调整，可以实现仿真与实际数据之间的动态紧耦合关系。同时，DDDAS 的输出也是动态的，这使得仿真能够直接用于实际环境的控制与决策。

（2）人机物融合仿真

自从 1946 年世界上第一台数字计算机 ENIAC 正式被美国军方的炮兵部队使用以来，计算机技术在这短短的 50 年时间内得到了飞速的发展。在计算机技术发展的过程中，人和计算机的关系一直影响着计算机的发展以及人的生活方式，人机自然交互技术伴随着计算机技术的飞跃而不断进步。人机自然交互技术（Human-Computer natural Interaction，HCNI）是研究人、计算机以及二者之间相互关系、相互影响的技术。如何让计算机等智能设备更顺畅、更高效地理解人的思维，继而完成人所希望其完成的任务是人机自然交互的目的。目前，人机自然交互技术在多个领域已取得突破，其中包括语音识别、情绪感知、手势识别、体感技术、虚拟现实等方面。越来越多的科研人员投身于人机自然交互的研究中，致力于更深层次、更无缝的人机自然交互。

计算机技术飞速发展的 50 年，不仅在于计算机处理速度、内存容量等性能的提升，更在于计算机与使用者之间交互的更加深入。人机交互在发展早期，采用的方式是二进制机器语言交互模式和命令语言交互模式。随着显示器和键盘的发明与应用，交互方式更新为键盘和字符显示器的交互模式。1968 年，美国斯坦福大学的 Douglas Englebart 博士发明了鼠标，开启了鼠标和图形显示器的交互模式，第一代简单人机交互时代正式开启。19 世纪末期，人们的交互需求倾向于便携性，伴随着以触摸方式为主的智能手机的诞生，人机交互进入第二代便携式平面人机交互时代。针对目前的人机交互模式，使用者渴望更自然的人机交互模式，因此，随着计算能力的大幅度提升，互联网技术日新月异，以自然交互为主的第三代人机自然交互快速发展起来。

随着计算机技术的飞速发展，人机自然交互理念已经逐渐得到了人们的认可，一大批人机交互设备应运而生。目前，人机自然交互技术主要有手势识别技术、人脸识别技术、语言自然交互、虚拟现实技术、三维交互技术、脑机接口技术等。中国正在实施"智能制造 2025"国家战略和"互联网+"行动计划，产业结构调整与产业升级，为机器替代人提供了良好的发展机遇和重大的产业需求。随着工业 4.0 向纵深方向发展以及工业机器人、服务机器人的广泛应用，在物联网中物物互联互通进一步延伸到人与物的互联互通，尤其是人与机器的自然交流有了更迫切的需求。在物流行业或工业自动化生产线上的人与机器进行协同作业，在老龄化社会中，对于存在肢体运动障碍等状况的特殊人群提供更加便捷的人与机器自然交流方式。加快人机自然交互设备原始创新，加快人工智能相关理论和技术在人机自然交互领域的应用，在各领域中如何提供更方便的人与机器自然交互手段，更准确地达到交互要求，将是未来国内人机自然交互领域研究的机遇和面临的挑战。

（3）数字双胞胎

"孪生体／双胞胎（twins）"概念在制造领域的使用，最早可追溯到美国国家航空航天局（NationalAeronautics and Space Administration，NASA）的阿波罗项目。在该项目中，NASA 需要制造两个完全相同的空间飞行器，留在地球上的飞行器称为孪生体

（twin），用来反映（或作镜像）正在执行任务的空间飞行器的状态 / 状况。在飞行准备期间，被称为孪生体的空间飞行器广泛应用于训练；在任务执行期间，使用留在地球上的孪生体进行仿真实验，该孪生体尽可能精确地反映和预测正在执行任务的空间飞行器的状态，从而辅助太空轨道上的航天员在紧急情况下做出最正确的决策。从这个角度可以看出，孪生体实际上是通过仿真，实时反映真实运行情况的样机或模型。

2016 年 7 月 12 日，西门子公司在工业论坛首度提出他们的 "数字双胞胎（Digital Twin）（又称数字孪生、数字镜像）" 理念。数字孪生又被称为 "数字镜像"、"数字化双胞胎" 或 "数字化映射"，是指西门子支持企业进行涵盖其整个价值链的整合及数字化转型，为从产品设计、生产规划、工程组态、生产制造直至服务五大环节打造统一的、无缝的数据平台，形成基于数字模型的虚拟企业和基于自动化技术的现实企业镜像。简单地说，就是以数字化方式拷贝一个物理对象，模拟对象在现实环境中的行为，实现整个过程的虚拟化和数字化，从而解决过去的问题或精准预测未来。"数字孪生" 是一种创新意识的体现。在数字孪生实现的过程中，需要两方面的必要条件：一套集成的软件工具和三维形式的展现。数字化双胞胎不是要让虚拟世界做现在我们已经做到的事情，而是要发现潜在问题、激发创新思维、不断追求优化进步，这才是数字孪生的目标所在。

全球最具权威的 IT 研究与顾问咨询公司高德纳连续两年（2016 年和 2017 年）将数字孪生列为当年十大战略科技发展趋势之一。世界最大的武器生产商洛克希德马丁公司 2017 年 11 月将数字孪生列为未来国防和航天工业 6 大顶尖技术之首；2017 年 12 月 8 日中国科协智能制造学术联合体在世界智能制造大会上将数字孪生列为世界智能制造十大科技进展之一。此外，许多国际著名企业已开始探索数字孪生技术在产品设计、制造和服务等方面的应用。

在产品设计方面，针对复杂产品创新设计，达索公司建立了基于数字孪生的 3D 体验平台，利用用户交互反馈的信息不断改进信息世界中的产品设计模型，并反馈到物理实体产品改进中。在生产制造方面，西门子基于数字孪生理念构建了整合制造流程的生产系统模型，形成了基于模型的虚拟企业和基于自动化技术的企业镜像，支持企业进行涵盖其整个价值链的整合及数字化转型，并在西门子工业设备 Nanobox PC 的生产流程中开展了应用验证。在故障预测与健康管理方面，美国国家航空航天局（National Aeronautics and Space Administration，NASA）将物理系统与其等效的虚拟系统相结合，研究了基于数字孪生的复杂系统故障预测与消除方法，并应用在飞机、飞行器、运载火箭等飞行系统的健康管理中。美国空军研究实验室结构科学中心通过将超高保真的飞机虚拟模型与影响飞行的结构模型进行融合，实现了数据驱动的仿真。

美国通用电气公司基于 Predix 工业互联网平台，也打造自己的数字孪生技术。每个引擎、每个涡轮、每台核磁共振，GE 都可以在虚拟世界为它们创造一个"数字双胞胎"，人们可以在电脑上清晰看到机器运行的每一个细节。通过这些拟真的数字化模型，不再需要在庞大的机器上进行反复调试、试验，只需要轻动鼠标，就可以知道如何让机器效率达到最高。随后，只需要将最佳方案应用在机器上，就能轻松节省大量维修、调试成本。在 GE90 发动机上应用数字孪生技术后，大修次数减少，节省了上千万成本；在铁路上应用数字孪生技术后，大大提升了燃油效率，同时降低了排放。到 2020 年，预计将有 10000 台燃气轮机，68000 架飞机引擎，1 亿支照明灯泡和 1.52 亿台汽车连入工业互联网。

数字双胞胎模型具有模块化、自治性和连接性的特点，可以从测试、开发、工艺及运维等角度，打破现实与虚拟之间的藩篱，实现产品全生命周期内生产、管理、连接的高度数字化及模块化。

（4）人工社会

人工社会的研究起源于 20 世纪 90 年代初的"仿真社会"（Simulating Societies）的研究。1992 年举行了第一次相关的研讨会。1994 年开始，美国圣菲研究所（theSanta Fe Institute，SFI）开展了类似的工作。Epstein 和 Axtell 在 1996 年的专著《生长型人工社会：从底向上的社会科学（*Growing Artificial Societies：Social Science from the Bottom Up*）》奠定了复杂系统研究的许多基础性工作，对人工社会这一概念进行了系统的定义和论述。作者采用代理的建模和模拟方法，打破学科界限，从生死、性别、文化、冲突、经济、政治等各种活动和现象的动态交互入手，综合性并系统性地由微观个体的行为机制入手，分析宏观的社会结构、群体规律与政治现象。

基于 Agent 的人工社会建模以 Agent 模型为核心，是对真实社会中"人"的抽象建模。人工社会建模经历了以下几个主要的发展阶段：

1）基于简单行为规则单机运行的人工社会，典型的代表为"糖域（Sugarspace）"模型。在这个阶段的人工社会模型中，Agent 由简单的内部状态和行为规则构成，通过对环境的感知和行为规则的驱动在人工社会中自适应生存。对 Agent 而言，简单的内部状态和行为规则的优势是在耗费有限计算资源的条件下，能够重演从微观个体交互感知行为到宏观现象涌现的过程。其劣势有两点，一是对个体模型的抽象程度很高，个体内部状态集和行为规则集的复杂度较低；二是仿真系统的规模较小，个体的数量一般在 10^4 数量级范围内。

2）基于复杂社会环境构建的人工社会，典型的代表为 Los Alamos 实验室于 1995 年公布的 TRANSIMS（TRansportation ANalysis and SIMulation System）系统。TRANSIMS 是一个交通仿真系统，然而它同时也对社会环境如城市道路网络、活动场所进行了建模，并根据普查数据等建立起人口模型，令个体 Agent 根据行为规则在城市内有目的迁移。TRANSIMS 构建的人工社会中，无论是外部环境模型还是个体 Agent 模型，其复杂度与"糖域"模型中的 Agent 相比明显增加，同时仿真的规模也从 10^4 数量级扩大到城市级。

3）融合社会关系网络的人工社会，典型代表为 EpiSims 和 GSAM 系统。Eubank S 等人在 2004 年第 429 期的 *Nature* 上发表了一篇《在城市社会关系网络基础上研究疾病传播》的文章，将社会关系网络作为人工社会的一个重要组成融合到个体 Agent 的日常行为模型中，系统地描述了 EpiSims 仿真系统的内部机理。EpiSims 继承了 TRANSIMS 系统中的城市环境模型和人口模型，并进一步根据个体在城市内的迁移建立个体之间时空相关的临时社会关系网络模型。2009 年甲型 H1N1 流感在全球范围暴发时，Joshua M. Epstein 等人在 *Nature* 杂志第 460 期上发表了《利用 GSAM（Global-Scale Agent Model）系统研究如何控制传染病蔓延》的文章，利用固定和非固定两种社会关系对个体的空间接触行为进行建模。随后，Jon Parker 在文献中系统地描述了如何构建并运行这个有 65 亿 Agent 的人工社会，并详细地讨论了对计算资源的优化利用。自此，人工社会的发展已经进入一个以重构高分辨率真实社会为目标的新时期。2009 年，二十多名物理学、数学、计算机、经济学和社会学界的顶尖学者联名在 *Science* 杂志上发表了一篇名为《计算社会科学》的文章，标志着使用计算机仿真的方法研究社会学问题已经成为一门新的学科。

4）融合实时信息的全球规模的人工社会，典型代表为 FutureICT 系统。Dirk Helbing 等研究人员于 2011 年提出构建"活地球模拟器"的规划，通过对当前可获取的海量数据进行分析处理，预测全球范围内的社会、经济等各个方面的发展趋势。FutureICT 还处于研究阶段，它所勾画出的未来人工社会的场景、对复杂系统的预测能力为人工社会的研究提供了一个值得关注的方向。

表 6-1 从人工社会的规模、人口数量、应用领域三个方面对近些年典型的人工社会系统进行了对比。

BioWar 软件提供了基于 MAS 系统的仿真环境。该软件可支持人口上千规模的城镇，并具有生物颗粒扩散与接触传播模型。荷兰代尔夫特理工大学 Verbraeck 团队的 D-SOL 系统运用 MAS 理论建立了完善的支持大型城市的社会仿真系统。

表 6-1　典型的人工社会系统

名称	年份（年）	规模	人口	应用领域
TRANSIMS	1995	中心城市	百万级	交通
EpiSims	2004	城市	18800000	传染病
BioWar	2006	城市	148000	传染病

名称	年份（年）	规模	人口	应用领域
Big Italy]	2008	国家	56995744	传染病
GSAM	2009	全球	65 亿	传染病
Little Italy	2010	国家	18085	传染病
Washington DC	2010	城市	7414562	传染病
Poland	2010	国家	38000000	传染病
Ann Arbor	2011	城市	108000	个体出行
MoSeS	2012	城市	760000	公共政策
EASEL	2012	城区	36000 家庭户	经济
人工北京	2012	城市	19610000	传染病、舆情

6.3.2 国际主要数据驱动的仿真科学研究计划

（1）基于动态数据驱动仿真思想的"深绿"计划

美国 DARPA 于 2007 年提出并着手研究基于动态数据驱动仿真思想的"深绿（Deep Green）"计划。预估计划和适应执行是"深绿"计划的两个基本概念。预估计划就是将仿真系统与指挥控制系统互联，如，FBCB2（Force XXI Battle Command, Brigade and Below）、CPoF（Command Post Of the Future）或 ABCS 6.4+ 的 PASS（Publish And Subscribe Services）系统，作战过程中，通过捕获公共作战图（Common Operational Picture，COP）数据，仿真系统将直接从指挥控制系统获取相应信息，及时更新仿真系统中的战场态势和最新作战目标，基于最新态势和目标进行仿真。

通过超实时仿真分析与评估，指挥员能够"透视"未来并迅速理解军事行动的展开，不断匹配、优选、调整和补充未来方案，在实际需要之前主动生成多种合理的行动方案，需要时做出选择，而不是在形势迫使其改变计划时被动生成行动方案。某种程度上说，"深绿"计划将以深度换宽度。适应执行则与人工智能规划中的迟绑定概念相似，意欲最后一刻做出决策，以期达到最大的灵活性。这样就可以"将敌人纳入自己的决策环"。"深绿"计划强调指挥员在方案制定过程中的主导作用，是一种人在回路的指挥员驱动的方式。"深绿"计划支持旅级的作战决策，系统由"指挥员伴侣"人机接口系统、"闪电战"仿真系统和"魔球"控制系统组成。深绿体系结构概略图如图 6-3 所示：

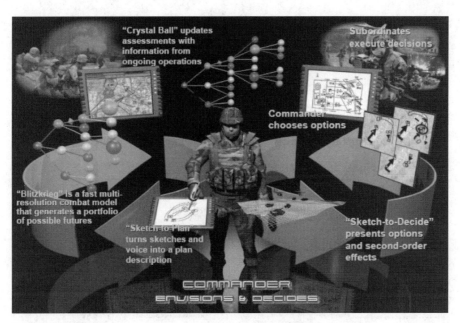

图 6-3　深绿体系结构概略图

（2）处理实时 C4ISR 数据的嵌入式仿真基础设施计划

美国海军建模与仿真办公室认为，随着嵌入式仿真技术的成熟，行动方案分析和复杂作战评估模型的可视化表示等基于仿真的任务应用可以极大提高战术决策的质量和及时性。美国海军建模与仿真办公室早在 2000 年就与美国国防建模与仿真办公室联合制定了嵌入式仿真基础设施（Embedded Simulation Infrastructure，ESI）计划，其总目标是建立仿真友好的软件环境，促进符合美国国防信息基础设施公共操作环境（Defense Information Infrastructure Common Operating Environment，DII COE）标准的C4ISR 系统中基于仿真的使命应用的设计，充分利用仿真的强大功能增强 C4ISR 系统战术应用能力。ESI 将可共享软件服务用于嵌入式仿真的设计，降低开发基于仿真的应用的成本和风险，为将仿真集成到 C4I 系统中提供方便。

ESI 由标准接口和一组可共享软件服务组成。标准接口将仿真数据与 C4ISR 应用和数据库连在一起。利用可共享软件服务进行嵌入式仿真的设计，降低开发基于仿真的应用的成本和风险，为将仿真集成到 C4ISR 系统中提供方便。基本的可共享软件服务包括公共作战态势图 COP 捕获、使命编辑器、时间线编辑器、虚拟轨迹管理器、想定预览、动态运行、仿真 COP（SIM-COP）、存档、重演等。如，通过捕获 COP 数据，仿真系统可以处理实时 C4ISR 数据并进行存档，超实时推演行动方案以"透视"未来，欠实时仿真雷达覆盖、声音传播、大规模杀伤武器的影响以及信息战等，将不可见信息可视化，并通过 SIM-COP 功能，将计划和态势评估结果以直观方式呈现给战术决策人员，辅助战术决策。将全球指挥控制系统（Global Command and Control System，GCCS）嵌入仿真的体系结构，如图 6-4 所示：

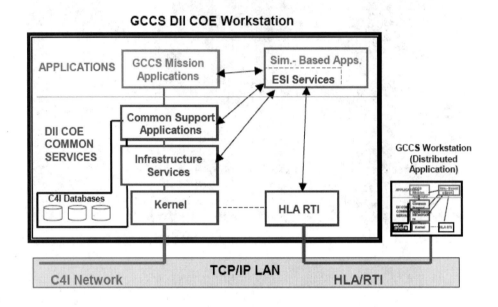

图 6-4　GCCS 嵌入仿真的体系结构

（3）支持实时动态数据驱动仿真的实时行动方案分析项目

美国空军研究实验室在前期工作的基础上，自 2005 年以来，围绕实时行动方案分析（Real-Time Course of Action Analysis）相继开展了一系列研究，目的是辅助决策人员在作战级对抗环境下超实时评估己方基于效果的行动方案。通过将态势信息实时反馈给反映真实世界实情的镜像仿真（也称基本仿真）和想定生成组件，系统根据当前最新战场态势，超实时预测未来，以紧耦合对抗方式动态制订行动方案，并对行动方案进行超实时分析与评估，为指挥员提供战役与战术作战级实时决策支持。美国空军研究实验室联合地方公司先后开发了仿真试验床、基于效果／基于损耗的行为建模、支持实时动态数据驱动仿真与并行超实时仿真并存的柔性仿真框架、支持动态信息更新的自动想定生成工具、意图驱动的突发敌方行为预测工具以及行动方案评估工具等系统与工具。2008 年 1 月，美国空军研究实验室以《用高性能计算进行实时 COA 分析》为题，对其工作进行了技术总结。美国空军研究实验室的实时决策支持系统如图 6-5 所示。

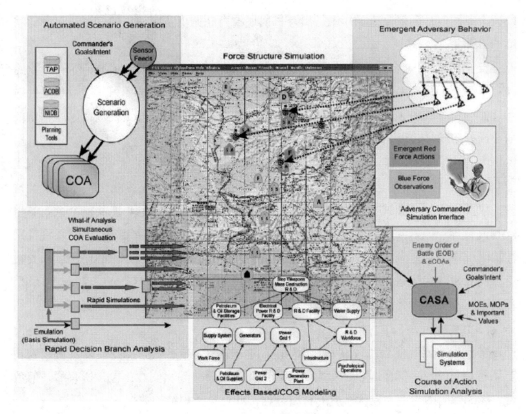

图 6-5　实时决策支持系统

将仿真系统嵌入到作战系统中，实现在线超实时的预测是美军的这些项目追求的目标。由于这些研究的保密性，难以获得更详细的资料。从目前公开的材料来看，美军的工作都是从工程的角度开展的，没有看到理论与方法层面的论文。

（4）人机物环境融合系统仿真研究计划

西门子公司和美国电力科学研究院（EPRI）在北美电力的在线 EMS 上实现动态安全分析（DSA）的在线计算。DSA 系统使用 EPRI 的暂态稳定分析程序，从 EMS 获取实时数据，独立于 EMS 运行。

美国电力系统分析软件 BPA 研究计划，用 2 台 PC-NT 离线计算电压稳定，在线计算可用传输容量（ATC）项目，并计划在多区域状态估计运行正常后实施在线DSA。

欧盟实施的 OMASES（Open Market Access and Security Assessment System）项目的研究内容包括了在线 DSA 和电压稳定分析（VSA），并取得了部分成果。

巴西的国家电力调度中心（ONS）将传统的离线程序改造成自动运行方式，实现在线 DSA。该系统独立于 EMS，使用 Windows 平台和独立的人机界面。最近召开的国际特大电网运行会议第 3 工作组指出，目前还没有在调度室内使用的具有实时分析功能的 DSA 仿真工具。

美国与 CERTS 合作的输电可靠性计划（Transmission Reliability Program）、欧盟（EU）OMASES（Open Market Access and Security Assessment System）研发项目只是针对确定性运行方式的大电网风险评估，针对电力系统中存在的不确定性进行风险评估的研究尚处于起步阶段。

2013 年，德国联邦教研部与联邦经济技术部联手资助启动"工业 4.0"项目，"工业 4.0"项目主要分为两大主题，一是"智能工厂"，重点研究智能化生产系统及过程，以及网络化分布式生产设施的实现；二是"智能生产"，主要涉及整个企业的生产物流管理、人机互动以及 3D 打印技术在工业生产过程中的应用等。该计划将特别注重吸引中小企业参与，力图使中小企业成为新一代智能化生产技术的使用者和受益者，同时也成为先进工业生产技术的创造者和供应者。"工业 4.0"与云制造在理念、模式、技术等方面有许多相通之处。

（5）其他相关工作

美国空军研究实验室计划在 2025 年交付一个新型号的空间飞行器以及与该物理产品相对应的数字模型即数字孪生体，其在两方面具有超写实性：包含所有的几何数据，如加工时的误差；包含所有的材料数据，如材料微观结构数据。

除美国之外，瑞典也进行了许多卓有成效的工作。瑞典国防研究局（Swedish Defence Reasearch Agency，FOI）的基于共生仿真的决策支持项目，研究拥有搜索目标和搜索环境先验信息的前提下，无人机的动态路径规划问题。由于执行任务期间能够不断接收其他数据源的报告、传感器观测数据和环境变化信息，无人机的搜索行动是动态的，需要不断修改，因此，采用能实时吸收最新数据的仿真方法支持动态路径规划。该方法通过粒子滤波不断融合可用信息，为无人机更新目标概率密度图，运行一组"what if"仿真，比较不同的无人机行动方案，最终确定无人机的最佳路径，支持战术决策，如图 6-6 所示。瑞典还开展了一系列嵌入式仿真的研究，如，瑞典国防研究局开展的嵌入式仿真系统在基于网络的防卫（Network Based Defense，NBD）中的应用研究；瑞典皇家技术学院（Royal Institute of Technology，KTH）开展的基于仿真的嵌入式系统原型以及联合作战中进行指挥控制的基于仿真的决策支持等研究。这些研究项目的思想本质都是将仿真嵌入指控系统，利用从指控系统实时获取的最新传感器信息或态势信息，通过超实时仿真辅助决策。

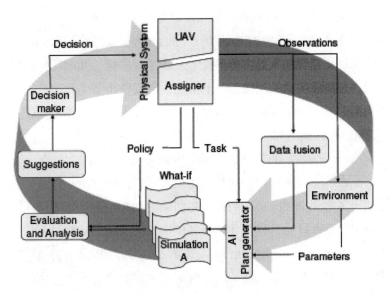

图 6-6　基于共生仿真的决策支持系统

6.3.3　国际数据驱动的仿真发展趋势

对于数据驱动的系统仿真，其发展紧随着未来智能制造的发展需求。未来智能制造发展趋势是数字化网络化智能化制造，是未来新一代的智能制造。包括：①发展中的信息技术与制造技术的融合，如：云计算、边缘计算、区块链等；②发展中的网络通信技术与制造技术的融合，如：物联网、5G、天地一体化网络、未来网络等；③发展中的人工智能技术与制造技术的融合，如：制造业大数据技术、制造系统具备智能感知、学习与分析决策能力、智能人机协同技术、知识产生与运用等，从而显著提高质量、生产效率、经济效益、服务能力、绿色制造水平、产品创新水平及智能制造水平。典型的特征是新一代人工智能技术与先进制造技术的深度融合。

随着科技的进步，传感器精度得到了大幅度提升，人工智能算法也取得不错的成就，人机交互涉足了多个领域，其中包括语音识别、情绪感知、手势识别、体感技术等方面，人们大量将这些技术融入个人电脑与智能手机中，人机交互开始走向多元化，全方位的自然交互时代，数据驱动的仿真也成为人机物环境仿真必然趋势。

人对人机物融合系统的建模与仿真，就要建立虚拟世界的数字模型，与物理世界的实体进行实时的基于数据驱动的模拟和交互，也是一种典型的信息物理系统架构。人机交互设备实现了人们移动便携的愿望，但远远不能满足人们的要求。如何更自然地与计算机进行交互，第三代的人机自然交互向两个方向进行发展。①随着硬件设备的发展，人们注重传感器的研究工作，传感器的精度大大提高，能够采集极其微小的信号，人们渴望从人体上直接采集到数据，通过数据计算能直接用于与计算机交互。②随着计算机计算能力的发展与网络传输速率的大幅提高，人们渴望计算机能构造一个"真实"的世界，我们在这样的世界能与现实世界一样，同时会有海量的数据需要进行实时处理。这两个方面的发展构成了第三代人机自然交互的发展趋势。

结合当前产品数字孪生体的发展现状，未来产品数字孪生体将向拟实化、全生命周期化和集成化3个方向发展。

1）拟实化——多物理建模产品数字孪生体是物理产品在虚拟空间的真实反应，产品数字孪生体在工业领域应用的成功程度取决于产品数字孪生体的逼真程度，即拟实化程度。基于多物理集成模型的仿真结果能够更加精确地反映和镜像物理产品在现实环境中的真实状态和行为，使得在虚拟环境中检测物理产品的功能和性能并最终替代物理样机成为可能，同时还能够解决基于传统方法（每个物理特性所对应的模型是单独分析的，没有耦合在一起）预测产品健康状况和剩余寿命所存在的时序和几何尺度等问题。目前，美国空军研究实验室正试图构建一个集成了不同物理属性的机体数字孪生体，从而实现对机体寿命的精准预测。多物理建模将是提高产品数字孪生体拟实化程度、充分发挥数字孪生体作用的重要技术手段。

2）全生命周期化——从产品设计和服务阶段向产品制造阶段延伸。现阶段，有关产品数字孪生体的研究主要侧重于产品设计或售后服务阶段，较少涉及产品制造阶段，例如NASA和美国空军研究实验室通过构建产品数字孪生体，在产品使用/服役过程中实现对潜在质量问题的准确预测，在产品出现质量问题时实现精准定位和快速追溯。可以预见，产品数字孪生体在产品制造阶段的研究与应用将会是未来的一个热点。

3）集成化——与其他技术融合数字纽带技术作为产品数字孪生体的使能技术，用于实现产品数字孪生体全生命周期各阶段模型和关键数据的双向交互，是实现单一产品数据源和产品全生命周期各阶段高效协同的基础。美国国防部将数字纽带技术作为数字制造最重要的基础技术，工业互联网联盟也将数字纽带作为其需要着重解决的关键性技术。融合数字纽带和数字孪生体是未来的发展趋势。另外，与增强现实（Augmented Reality，AR）技术的融合也是产品数字孪生体的发展方向之一。增强现实技术与产品数字孪生体的融合将是数字化设计与制造技术、建模与仿真技术、虚拟现实技术未来发展的重要方向之一，是更高层次的虚实融合。数字孪生技术不仅利用人类已有的理论和知识建立虚拟模型，而且利用虚拟模型的仿真技术探讨和预测未知世界，发现和寻找更好的方法和途径、不断激发人类的创新思维、不断追求优化进步，因此数字孪生技术给当前制造业的创新和发展提供了新的理念和工具。

未来平行仿真的发展需要对波普尔的第三世界"人工世界"进行更加深入的挖掘和充分的利用开发。农业社会（波普尔第一世界一部分）在地表层面开发了自然的物理世界；工业社会通过文艺复兴在精神和思维层面（波普尔第二世界的一部分）极大地激发了人类的想象力、创造力，诱发了科学知识的革命，进而从地下到太空对物理世界进行了深度开发；未来人类的重要任务在于利用无所不在的大数据"矿藏"，进行第三世界即"人工世界"的大开发，进而回头更加深度地开发第一和第二的物理与心理世界，实现三个世界的和谐生存与可持续发展。

6.4 中国数据驱动仿真科技发展现状和机遇

6.4.1 中国数据驱动的仿真研究现状

数据驱动的虚拟仿真技术本质上还是虚拟仿真，但是其仿真结果由真实数据决定，更加具有实际意义，因此，在各个领域的应用中都可以看到二者的结合。智能交通领域，北京交通大学的王永森对数据驱动的控制算法仿真平台进行了研究。多数控制算法对精确数学模型的依赖性都较大，而构建精确的数学模型并非一件容易的事情，因此，利用真实数据替代数学模型的研究变得十分有意义；在工业生产领域，华中科技大学的余杰对数据驱动的汽车总装线生产建模与仿真技术进行了研究。由于手工建模的仿真方法对时间、人力以及物力的消耗都较多，无法适应仿真复杂度逐渐提升的需求，利用现有的工具驱动建模与仿真就变得十分有应用价值；人群动画领域，目前，数据驱动仿真技术主要有手势识别技术、人脸识别技术、语言自然交互、虚拟现实技术、三维交互技术、脑机接口技术等。中国正在实施"智能制造2025"国家战略和"互联网+"行动计划，产业结构调整与产业升级，为机器替代人提供了良好的发展机遇和重大的产业需求。随着工业4.0向纵深方向发展以及工业机器人、服务机器人的广泛应用，在物联网中物物互联互通进一步延伸到人与物的互联互通，尤其是人与机器的自然交流有了更迫切的需求。在物流行业或工业自动化生产线上的人与机器进行协同作业，在老龄化社会中，对于存在肢体运动障碍等状况的特殊人群提供更加便捷的人与机器自然交流方式。加快人机自然交互设备原始创新，加快人工智能相关理论和技术在人机自然交互领域的应用，在各领域中如何提供更方便的人与机器自然交互手段，达到更准确的交互要求，将是未来国内人机自然交互领域研究的机遇和面临的挑战。

在平行系统技术方面，主要是基于王飞跃2004年在人工社会基础上提出的人工系统（Artificial system，ACP）、计算实验（Computational experiments）、平行执行（Parallel execution）方法开展的。目前在平行交通、平行驾驶、平行靶场、平行试验等广泛的领域进行了探索，部分领域已有成功应用。

1）交通与物流系统。通过建立人工交通系统构造交通平行系统，综合考虑交通系统中人群的复杂行为，对城市交通物流进行引导性管理和控制，青岛基于 ACP 方法的平行交通一期工程荣获 2015 年度"IEEE 国际智能交通系统杰出应用奖"，这是 2006 年该奖设立以来区域性智能交通应用工程项目第一次获奖。

2）农业制造系统。通过建立植物生长的人工模型构造植物生长的平行系统，将控制方法用于植物栽培，在制造化受控环境下进行农业生产的制造化，并与市场需求相结合，进行生产的安排和调度。

3）人口动态管理和控制系统。通过构造人工人口系统描述人口的动态变化以及个体和整体人口的状态，构造人工平行系统，用于国家人工综合规划和人口政策研究，并对人工进行动态管理和控制。

4）社会经济系统。国外已有许多关于各种人工经济系统的研究，近年来，国内也涌现出了一些利用计算实验手段研究经济系统的团队，通过平行系统方法，可进一步利用并集成已有的研究与成果，深入研究社会经济系统的动态行为，评估各种不同经济政策的效果，甚至指引经济系统行为走向。

5）模拟战争系统。平行系统方法的引入，不仅可提供更有效和逼真的战争模拟，并对不同军事战略的效果、应变能力、社会经济影响以及国内外政治影响进行评估，同时可有效应对当前明战、暗战与观战三战合一的新型战争形态。

6）通过设计各种软件定义的对象、过程及系统并构造相应的人工社会系统与实际社会系统组成平行系统，将其应用于实际复杂社会系统的管理与控制，可为"全面、综合、可持续的科学发展观"提供一种可行的分析和评估方法，为将来的数字化社会和数字化政府管理奠定基础。

7）企业平行管理。平行管理（Paralel Management）是基于平行系统理论，采 ACP 方法对复杂系统进行双闭环管理的一种管理方法与理论体系。该理论已经成功应用于应急管理、企业生产管理、交通管理、农业生产管理、人口管理等众多领域。2010 年 6 月 30 日，中国科学院自动化研究所与中国石化集团公司茂名分公司合作研发的平行管理系统在茂名石化乙烯裂解车间上线。这一项目启动于 2005 年，核心是如何把关于人和社会的行为以可计算可操作的方式嵌入到实际的管理过程之中，为此王飞跃提出了乙烯生产管理的 ACP 思路，从理论方法到系统架构都是前所未有的。

8）2009 年国家自然科学基金委启动了重大研究计划"非常规突发事件应急管理研究"，其中将面向非常规突发事件应急管理的动态模拟仿真系统与计算实验方法研究作为关键目标之一。该研究针对应急全过程动态情景生成演化和计算实验两大核心科学问题，以人工社会、计算实验与平行控制相结合的 ACP 方法为指导，研究面向非常规突发事件应急响应的平行应急管理理论、方法与技术，设计开放式、可扩展、可定制、可视化的非常规突发事件动态模拟仿真与计算实验平台。国防技术大学的邱晓刚教授团队开发了面向大规模非常规突发事件动态仿真与计算实验集成升华平台，在大规模人工社会计算中取得了良好的效果。

6.4.2　国家重大科学研究计划涉及数据驱动的仿真项目

（1）动态数据驱动的林火行为建模及其可视化研究项目

浙江农林大学的李光辉等在国家自然科学基金项目《动态数据驱动的林火行为建模及其可视化》的研究中，通过实时的天气数据、地理信息和现场传感器数据流等动态数据来优化和修正基于物理规则和经验的林火蔓延模型，研究林火蔓延的并行数值模拟方法和自适应的性能优化方法，研究林火蔓延模拟的三维可视化技术。在此基础上，建立基于 Web 的林火蔓延模拟的软硬件集成平台，以期在认识森林火灾的发生和发展规律、防火演练等方面发挥重要作用，帮助提高林火蔓延预测的准确性和实时性。为制定正确的森林火灾扑救方案提供科学依据，更好地保护救火人员的生命安全，减少森林火灾造成的损失。

（2）林火空间扩散动态数据驱动自适应模拟研究项目

中国林业科学研究院资源信息所的杨广斌和唐小明等在国家高技术研究发展计划（"863 计划"）和国家科技支撑计划支持的《林火空间扩散动态数据驱动自适应模拟研究》项目中，基于动态数据驱动应用系统技术范型，对北京市森林火险预报与发布系统进行了研究，利用野外自动气象站获取的实时动态数据以及气象部门提供的预报数据，实现森林火险等级预报的自动化业务运行，并通过网络和手机短信方式对预报结果进行发布。系统在运行过程中能够根据预报结果自适应地对预报模型进行修正，使预报结果精度得到提高。

（3）华南农业大学与美国弗罗里达水利资源部的农业合作研究项目

华南农业大学的骆世明等人与美国弗罗里达水利资源部（Department of Water Resources, St. Johns River Water Management District, Palatka, Florida USA）的欧阳颖合作，以 DDDAS 在农田温室气体排放、农田定量灌溉和河流污染监控中的具体应用为例，研究 DDDAS 在农业和环境科学中应用的思路和方法，并提出 DDDAS 应用中需要解决的一些具体问题。

（4）非常规突发事件应急管理研究项目

国家自然科学基金委重大研究计划《非常规突发事件应急管理研究》中设立了《基于平行应急管理的非常规突发事件动态仿真与计算实验集成升华平台》（91024030）的集成升华平台研究项目。其研究工作包括 4 个主要的方面：仿真平台研制、平行应急理论与方法研究、集成工作和案例研究。

平行应急理论与方法研究方面，基于对非常规突发事件的发生、发展、转化与演化机理以及其"情景–应对"需求，从公共安全体系的"三角形"模型出发，建立突发事件应急管理模型体系；以ACP理论为指导，提出了应急管理动态模拟仿真与计算实验平台体系结构以及大规模人工社会构建方法、计算实验方法和平行执行方法，导出了仿真平台集成框架。课题区分了单向与双向平行演化，提出了平行度、平行频度、平行层次和平行度量统计等概念，研究了一系列的舆情、疫情和人工社会的建模方法以及动态计算实验的算法，突破了大规模人工社会构建与运行、多范式模型集成、突发事件实时态势感知和面向大规模人工社会仿真异构计算加速等关键技术。

仿真平台方面，基于面向非常规突发事件应急响应的平行应急管理理论方法提出的仿真平台体系结构与建模思想，通过案例研究的牵引和各方面成果的集成，基本完成平台7个分系统的开发工作，并进行了集成。平台具备了对大规模舆情和疫情（1961万人工人口）两类事件进行计算实验的基本能力，还可以用于支持疏散、心理战和经济等多Agent社会建模仿真方面的研究。

集成工作方面，基于公共安全体系的"三角形"模型和ACP方法，在平台开放性的集成框架支撑下，从三个方面开展了集成工作：小型集成项目、向总平台集成和其他项目集成。使得重大研究计划中相关课题研究成果进入了仿真平台，提升了仿真平台的计算实验能力，也使得重大研究计划中各个相关课题各自独立的研究成果能够成为有机整体来进行应用。

（5）智能生产线虚拟重构理论与技术项目

2018年度国家重点研发计划启动实施《网络协同制造和智能工厂》重点专项，其基础前沿类项目《智能生产线虚拟重构理论与技术》，针对制造企业物理资源与数字世界之间存在交互数字鸿沟，研究智能工厂虚拟重构设计方法，提升智能工厂设计与构建能力。研究面向制造过程的部件、资源和系统等智能生产线的镜像理论。研发智能生产线在虚拟空间的同步重组方法，建立多任务虚拟场景中生产单元分层动态重构、物理仿真和可信性度量系统。构建大数据驱动的制造过程数字孪生仿真平台，实现生产设备离线虚拟组合设计仿真、智能生产线在线实时虚拟运行、生产工艺离线和在线仿真与优化等功能。形成离散行业智能生产线虚拟重构解决方案。

6.4.3 中国数据驱动仿真发展面临的机遇与挑战

（1）发展的机遇

我国数据驱动的仿真发展机遇主要来自3个方面：

1）大数据、物联网等新一代信息技术的飞速发展为数据驱动的仿真的广泛应用提供了技术基础。物联网系统中部署的海量级别传感器可以提供充足的数据开展数据驱动的仿真应用，云计算等相关技术，为大数据的处理和用于仿真计算提供了可能。

2）各领域对数据驱动的仿真有广泛的需求。复杂性科学以计算机仿真为手段，理解和把握世界上的一些大规模系统的共同复杂性规律——例如人机物环境仿真系统等，提供关于复杂性的新的思想和方法。数据驱动的仿真是计算机仿真的必然要求。经济、社会、国防等复杂应用领域的具有明确的实时性和可靠性需求，在传统仿真模式下不能得到充分的满足，数据驱动的仿真模式为解决复杂的人机物环境系统仿真提供了技术支撑。

3）我国在相关方面有自主提出的思路和方法。首先是有钱学森综合集成研讨厅体系方法的指导。我国的复杂系统科学研究具有自己的鲜明特色和独特优势。钱学森等以系统科学和思维科学为基石，提出了"从定性到定量综合集成研讨厅"，包括专家体系、机器体系和知识体系。综合集成研讨厅思想的指导，为平行系统把科学理论和经验知识结合起来，把人对客观事物的星星点点知识综合集中起来、把各种学科结合起来进行研究、把宏观研究和微观研究统一起来解决问题，提供了研究的方向。其次，王飞跃提出的ACP方法是人工社会思想与控制论结合的新发展，针对的是如何利用计算方法来综合解决实际社会系统中不可准确预测、难以拆分还原、无法重复实验等复杂性问题，该方法为平行仿真的发展提供了理论指导。

（2）面临的挑战

面临的挑战主要是数据驱动的仿真理论还不够成熟、方法还不成体系、关键技术有待突破。动态数据驱动仿真、人机物融合仿真、数字双胞胎、平行系统技术等还处于发展阶段，各界还在探索研究阶段。

6.5　重点研究领域关键科学问题与技术

（1）动态数据驱动仿真理论与技术

动态数据驱动仿真理论与技术关键科学问题包括：

1）仿真环境下的动态建模。在使用DDDAS方法开始仿真时，需要对相关领域构建仿真环境，即对仿真系统中设备进行动态建模。为了使模型具有良好的结构和维护性，需要研究这些仿真环境自己的特定结构；设计各个分系统以及所遵行的公共框架，使各个分系统之间有良好的操作性以及可重用性；设计分系统之间的接口，保证这些接口可以互相操作；根据现场的数据对系统进行调整，找到该系统相关参数的最优值，以建立最优方案。

2）数据驱动的决策在决策支持系统（DSS）的基础上集成数据驱动的模块，主要包含数据仓库技术、数据挖掘技术和相关的人工智能技术等。

3）平行度度量问题。平行度是指真实系统对象向人工系统模型映射的正确程度。一个人工系统的平行度描述了该系统中所有模型平行度的整体水平。平行系统涉及平行执行时，需要考虑人工系统与实际系统之间的平行度度量问题。通过回答该问题，回答能否建立起实际系统的平行人工系统？是否有足够可供测量的数据？可信的平行度多大？结果是否可信？平行度度量问题的研究将推动对平行系统认识的深入，提炼出更加精练的平行系统理论，提出平行系统的可信度评估方法。

4）平行性观测和控制问题。提高平行系统之间的平行性是平行执行的基础。目前有一些提高可用意义上的"平行性"的方法，原理上大部分是从"简单一致性"着手，如在建模上，提高模型的可校验性、可干预性、可追溯性和可检测性。但要获得更系统、全面的解决方法，首先需要研究平行系统的平行性观测和控制理论。

（2）人机物系统仿真研究理论与技术

中国目前在人机物系统仿真和自然人机交互方面，主要还是在跟踪国际最新技术发展，硬件和理论原创性成果很少，基本都是基于国外的硬件进行二次开发，或者跟踪国外的最新人机交互硬件开展研究。

第三代人机自然交互面向两个方向发展：①随着硬件设备的发展，注重传感器的研究工作，传感器的精度大大提高，能够采集极其微小的信号，人们渴望从人体上直接采集到数据，通过数据计算能直接用于与计算机交互；②随着计算机计算能力的发展与网络传输速率的大幅提高，人们渴望计算机能构造一个"真实"的世界，我们在这样的世界能与现实世界一样。因此催生了第三代人机自然交互的代表设备——脑电信号采集系统与虚拟现实系统。

主要科学问题包括：①脑电信号采集硬件系统及脑电信号分析处理识别控制算法研究；②人机虚拟互动技术理论与方法研究；③信息物理系统中人机协同工作理论与方法研究；④仿真与实际系统的协同演化技术。

（3）数字双胞胎智能制造理论与技术

1）数字双胞胎构建理论和方法。目前产品数字双胞胎的构建和应用还处于初级阶段，仍然有许多问题需要进一步研究。探讨数字双胞胎构建理论和方法，并通过构建整合制造流程的数字孪生车间，实现从产品设计、生产计划到制造执行全过程的数字化，会将产品创新、制造效率和有效性水平提升至一个新的高度。

2）多租户云制造资源按需使用技术

（a）基于智能感知数据采集的制造服务综合评估及绿色选择技术。基于先进智能传感的制造能力服务信息数据采集与统一数字化表征技术、多状态智能感知技术；制造服务动态综合评估理论和方法，考虑能耗的绿色评估方法与工具等。

（b）面向多租户的云资源服务组合与优化调度。具体包括云制造服务平台多租户数据管理技术；面向多租户的复杂航天产品项目的建模、分解、研发工作流设计及其控制、优化调度；基于 Agent 的按需服务组合理论与方法；支持按需使用的制造服务供需匹配模型与方法等。

（c）面向个性化任务的虚拟化制造资源按需定制技术。具体包括不同类别虚拟化制造资源个性化匹配指标体系构建方法；基于个性化匹配指标体系的虚拟化制造资源按需定制方法等。

6.6　未来数据驱动仿真领域发展路线图

数据驱动仿真发展路线图具有方向性、战略性与一定的可操作性，清楚刻画数据驱动的仿真核心科学问题和关键技术，为更具有前瞻性地思考与谋划未来数据驱动的仿真科技领域发展战略提供发展建议。

6.6.1　中国未来数据驱动的仿真领域发展路线图的制定

基于数据驱动的仿真是新一代信息技术发展到一定阶段的必然要求，也是复杂大系统分析和仿真的需求。因此中国未来数据驱动仿真科技领域发展路线图的制定思路是，在研究经济、社会、国防和科学技术等领域对仿真决策需求的基础上，深入研究数据驱动仿真系统的理论与技术，结合新一代信息技术、大数据、人工智能等多学科的各项相关技术进展预测，制定我国未来数据驱动仿真领域发展路线图。

6.6.2　中国未来数据驱动仿真领域发展目标

中国未来数据驱动仿真科技领域发展目标是：

到 2030 年，建立系统完备的数据驱动的仿真理论体系，在领域的云仿真服务模式的支持下，形成面向多个应用领域的数据驱动仿真和平行系统服务能力。

到 2040 年，研究突破基于人工智能的、大数据的数据驱动仿真关键技术，在应用领域智能化云仿真环境支持下，具备高数据驱动度的复杂人机物环境系统数据驱动仿真和高平行度的平行系统服务能力。

到 2050 年，研究突破不同领域的数据驱动系统互联互通技术，支持数据驱动的动态世界模拟器构建，形成基于动态数据驱动和平行系统的普适化仿真服务。

6.6.3　中国未来数据驱动仿真领域发展路线

按中国未来数据驱动仿真科技领域的发展目标，其发展路线图分为三个阶段，如图 6-7 所示。

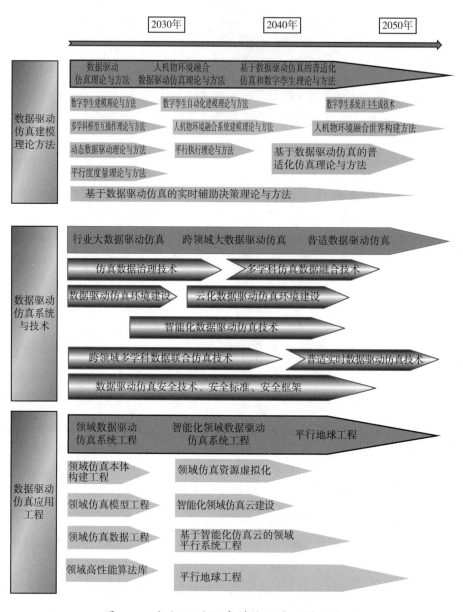

图 6-7　数据驱动仿真科技领域发展路线图

　　第一阶段，到 2030 年，突破面向复杂系统的数据驱动系统支撑平台技术，解决面向应用的数据驱动系统快速构建问题，以应用领域的仿真应用为牵引，初步融合新一代信息技术、人工智能技术、大数据技术，初步建立平行系统理论与方法，为各个应用领域建立基于领域仿真云的数据驱动仿真和平行系统服务能力。

　　第二阶段，到 2040 年，以各个应用领域的实时仿真应用为牵引，面向领域中各类仿真用户，深度融合新一代信息技术、人工智能技术、大数据技术，开展人机物环境海量数据驱动的数据驱动仿真系统研究，提供具有海量数据驱动度的复杂人机物环境系统数字孪生与动态数据驱动仿真以及具有高平行度的平行系统服务能力。

第三阶段，到2050年，以普适化仿真应用需求为牵引，面向所有仿真用户，综合各领域的数据驱动系统和应用，对各类人机物环境系统，基于新型网络、脑机互联、万物互联和量子计算技术，开展数据驱动世界和人机物环境系统模型自主生成系统的研究，形成基于平行系统的多层次普适化仿真服务和数字孪生自动化生成系统。

6.6.4 数据驱动仿真建模理论与方法发展路线图

数据驱动仿真理论与方法发展路线分为三个阶段（图6-8）。

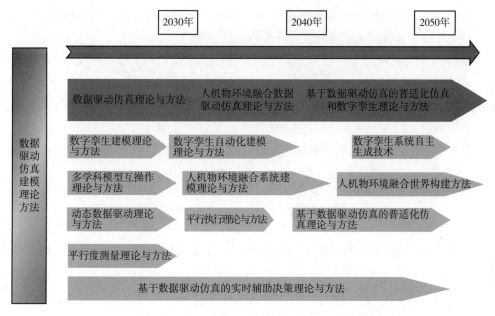

图6-8 数据驱动仿真建模理论与方法发展路线图

第一阶段，到2030年，在数据驱动理论与方法研究基础上，重点研究动态数据驱动理论与方法，多学科模型互操作理论与方法、数字孪生理论与方法、人机物融合系统建模理论与方法，开始探索智能化数据驱动仿真理论与方法研究，针对重点应用领域初步形成基于数据驱动仿真的实时辅助决策理论与方法。在ACP理论与方法基础上，重点研究平行度量理论与方法，针对重点应用领域初步形成基于平行仿真的实时辅助决策理论与方法。

第二阶段，到2040年，重点研究智能化数据驱动仿真与平行系统理论与方法、面向应用领域的数据驱动的自动化建模和平行执行理论与方法，数字孪生和人机物环境融合系统自动化建模理论与方法，特定应用领域平行度增强理论与方法，面向各个应用领域实现基于数据驱动仿真的实时辅助决策理论与方法。

第三阶段，到 2050 年，重点研究基于数据驱动仿真与平行系统的普适化仿真理论方法以及数字孪生理论方法，研究数据驱动的人机物环境融合世界构建方法，研究平行地球构建方法，形成各领域通用的基于数据驱动仿真和平行系统的实时辅助决策理论与方法。

6.6.5 数据驱动仿真系统与支撑技术发展路线图

数据驱动仿真系统与技术发展路线分为三个阶段（图 6-9）。

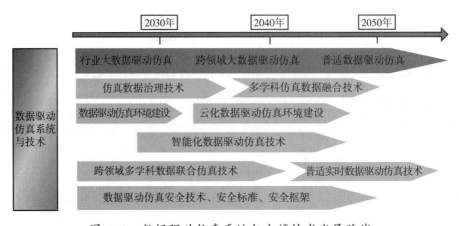

图 6-9 数据驱动仿真系统与支撑技术发展路线

第一阶段，到 2030 年，实现行业内基于大数据驱动的仿真与建模。可以实现通过行业内的大数据实现环境、设备、产品等的快速建模，并形成完善的仿真数据治理机制；开展基于仿真云和大数据人工系统构建技术、计算实验技术和平行执行技术研究，在典型应用领域建立满足全领域平行仿真需求、基于领域仿真云的平行仿真环境。

第二阶段，到 2040 年，实现跨领域的大数据驱动的仿真与建模。可以通过不同领域的数据，针对不同场景快速生成模型，并支持跨领域多学科数据的联合仿真；研究基于新型网络和人工智能的平行仿真技术、大规模综合性平行系统构建和实验技术，在应用领域建立高度智能的平行仿真环境，支持实时辅助决策。

第三阶段，到 2050 年，实现普适的数据驱动仿真与建模。形成远处不在数据提取与处理，根据数据随时生成相关模型并仿真。重点研究基于量子计算仿真技术、机脑互联仿真交互技术的平行系统技术，构建平行地球。

另外，通过三个阶段的发展，逐渐形成数据驱动仿真和平行系统安全技术、安全标准以及安全框架。

6.6.6 数据驱动仿真应用工程发展路线图（见图6-10）

数据驱动仿真应用工程发展路线图主要分为三个阶段。

第一阶段，到2030年，重点开展领域动态数据驱动和平行系统工程。在领域模型工程、领域仿真数据工程、领域本体工程和领域高性能的仿真算法库建设基础上，基于领域仿真云开展领域动态数据驱动平行系统工程，为经济、社会和国防等领域的实时辅助决策提供支持。

第二阶段，到2040年，重点开展智能化领域动态数据驱动和平行系统工程。在虚实系统自动化互动的基础上，基于智能化领域仿真云，进行领域智能化动态数据驱动和平行系统工程，提高平行系统的平行度，为经济、社会和国防等领域的实时辅助决策提供高质量的支持。

第三阶段，到2050年，配合动态地球模拟器工程，重点进行平行地球工程建设，提供普适化仿真服务。

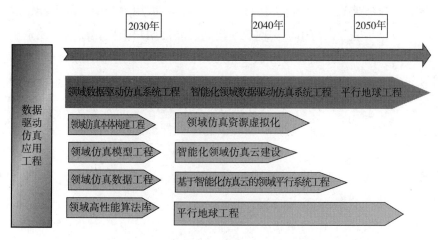

图6-10 数据驱动仿真应用工程发展路线

第7章　仿真典型应用与产业发展趋势预测及路线图

7.1　制造仿真发展路线图

智能制造主要分为三种基本范式。

第一范式是"数字化制造"，主要聚焦于企业自身竞争力的提高。包括：产品的数字化、活动的数字化、资源／设备的数字化及人／组织的数字化，典型的代表是CIMS与"数字一代"创新产品。

第二范式是"数字化网络化制造"，也是我国现阶段至2025年推行智能制造的重点，主要是促进企业融入产业链生态体系。包括：①以用户为中心的个性化定制，能通过与用户的交互平台，与用户实现双向沟通，满足用户个性化需求，使企业从以产品为中心转向以用户为中心。②互联互通，协同制造，能通过资源共享和协同平台，实现制造资源的全社会优化配置，基于互联网和云平台开展制造业全生命周期的业务协同、数据协同、模型协同，实现协同设计和协同研发、协同制造。③服务化转型，能通过远程运维平台，延伸企业的产业链，使企业能够为用户提供远程运维、故障检测等服务，使企业从生产型企业向生产服务型企业转型，从而提高质量、生产效率、经济效益、服务能力及产品创新水平。典型的代表是互联网＋制造、工业互联网和工业4.0。

第三范式是"数字化网络化智能化制造"，是未来新一代的智能制造。包括：①发展中的信息技术与制造技术的融合，如：云计算、边缘计算、区块链等。②发展中的网络通信技术与制造技术的融合，如：物联网、5G、天地一体化网络、未来网络等。③发展中的人工智能技术与制造技术的融合，如：制造业大数据技术、制造系统具备智能感知、学习与分析决策能力、智能人机协同技术；知识产生与运用等，从而显著提高质量、生产效率、经济效益、服务能力、绿色制造水平、产品创新水平及智能制造水平。典型的特征是新一代人工智能技术与先进制造技术的深度融合。

信息物理系统，其本质就是构建一套信息（Cyber）空间与物理（Physical）空间之间基于数据自动流动的状态感知、实时分析、科学决策、精准执行的闭环赋能体系，解决生产制造、应用服务过程中的复杂性和不确定性问题，提高资源配置效率，实现资源优化。状态感知就是通过各种各样的传感器感知物质世界的运行状态，实时分析就是通过工业软件实现数据、信息、知识的转化，科学决策就是通过大数据平台实现异构系统数据的流动与知识的分享，精准执行就是通过控制器、执行器等机械硬件实现对决策的反馈响应，这一切都依赖于一个实时、可靠、安全的网络。这个闭环赋能体系概括为"一硬"（感知和自动控制）、"一软"（工业软件）、"一网"（工业网络）、"一平台"（工业云和智能服务平台）。

感知和自动控制是数据闭环流动的起点和终点。感知的本质是物理世界的数字化，通过各种芯片、传感器等智能硬件实现生产制造全流程中人、设备、物料、环境等隐性信息的显性化，是信息物理系统实现实时分析、科学决策的基础，是数据闭环流动的起点。与人体类比，可以把感知看作是人类接收外部信息的感觉器官，提供视觉、听觉、嗅觉、触觉和味觉这"五觉"。自动控制是在数据采集、传输、存储、分析和挖掘的基础上做出的精准执行，体现为一系列动作或行为，作用于人、设备、物料和环境上，如分布式控制系统（DCS）、可编程逻辑控制器（PLC）及数据采集与监视控制系统（SCADA）等，是数据闭环流动的终点。与人体类比，根据指令信息完成特定动作和行为的骨骼和肌肉可以看作是控制的执行机构。

工业软件是对工业研发设计、生产制造、经营管理、服务等全生命周期环节规律的模型化、代码化、工具化，是工业知识、技术积累和经验体系的载体，是实现工业数字化、网络化、智能化的核心。简而言之，工业软件是算法的代码化，算法是对现实问题解决方案的抽象描述，仿真工具的核心是一套算法，排产计划的核心是一套算法，企业资源计划也是一套算法。工业软件定义了信息物理系统，其本质是要打造"状态感知－实时分析－科学决策－精准执行"的数据闭环，构筑数据自动流动的规则体系，应对制造系统的不确定性，实现制造资源的高效配置。与人体类比，工业软件代表了信息物理系统的思维认识，是感知控制、信息传输、分析决策背后的世界观、价值观和方法论，是通过长时间工作学习而形成的。

工业网络是连接工业生产系统和工业产品各要素的信息网络，通过工业现场总线、工业以太网、工业无线网络和异构网络集成等技术，能够实现工厂内各类装备、控制系统和信息系统的互联互通，以及物料、产品与人的无缝集成，并呈现扁平化、无线化、灵活组网的发展趋势。工业网络主要用于支撑工业数据的采集交换、集成处理、建模分析和反馈执行，是实现从单个机器、产线、车间到工厂的工业全系统互联互通的重要基础工具，是支撑数据流动的通道。物质（机械，如导线）连接、能量

（物理场，如传感器）连接、信息（数字，如比特）连接乃至意识（生物场，如思维）连接，为打造万物互联的世界提供了基础和前提。与人体类比，工业网络构成了经路脉络，可以像神经系统一样传递信息。

工业云和智能服务平台是高度集成、开放和共享的数据服务平台，是跨系统、跨平台、跨领域的数据集散中心、数据存储中心、数据分析中心和数据共享中心，基于工业云服务平台推动专业软件库、应用模型库、产品知识库、测试评估库、案例专家库等基础数据和工具的开发集成和开放共享，实现生产全要素、全流程、全产业链、全生命周期管理的资源配置优化，以提升生产效率、创新模式业态，构建全新产业生态。这将带来产品、机器、人、业务从封闭走向开放，从独立走向系统，将重组客户、供应商、销售商以及企业内部组织的关系，重构生产体系中信息流、产品流、资金流的运行模式，重建新的产业价值链和竞争格局。国际巨头正加快构建工业云和智能服务平台，向下整合硬件资源、向上承载软件应用，加快全球战略资源的整合步伐，抢占规则制定权、标准话语权、生态主导权和竞争制高点。与人体类比，工业云和智能服务平台构成了决策器官，可以像大脑一样接收、存储、分析数据信息，并分析形成决策。

关于智能机器人，构造数字化车间，需要智能机器人技术来实现智能化、自动化和数字化，而智能制造则是要把人工智能技术运用到制造业中，因此数字化技术和网络化技术是基础。通过数字车间中机器人的推广应用，能促进机器人智能化水平的提高，使其不仅能够替代人的体力劳动，还替代一部分脑力劳动。机器人的发展主要有以下三大趋势：

1）软硬件融合。机器人软件比硬件更为重要，因为人工智能技术体现在软件上，数字化车间的轨迹规划、车间布局、自动化上料都需要软硬件相结合。因此，机器人行业的人才既要懂机械技术，又要懂信息技术，尤其是机器人的控制技术。

2）虚实融合。通过大量仿真、虚拟现实，能够把虚拟现实与车间的实际加工过程有机结合起来。

3）人机融合。人、机器和机器人这三者如何有机融合值得业界的深入思考。

因此，为预期能够实现我国未来制造系统仿真科技领域发展目标，在各类国家重大/重点项目的引导下，其总体技术发展路线如图7-1所示。

7.2　交通仿真发展路线图

未来交通仿真技术愿景深刻影响着未来城市的发展。当前城市发展面临着环境、经济、社会等方面的问题，其主要原因是城市未发展成为可自我调节并可持续发展的系统。因此，未来城市发展必须走多种可持续发展相结合的道路。交通系统仿真技

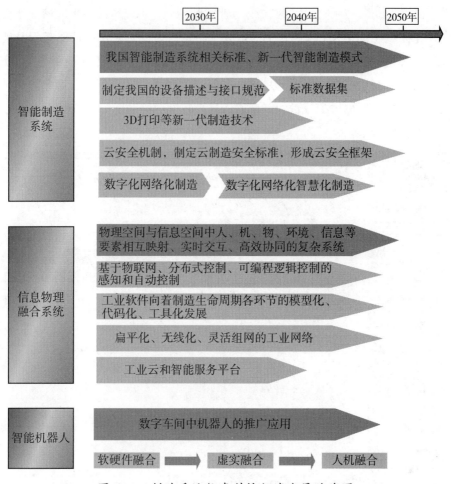

图 7-1　制造系统仿真科技领域发展路线图

术的发展将进一步推动未来城市实现经济可持续发展、社会可持续发展和生态可持续发展。交通系统仿真技术通过实时在线交通仿真技术，对现实世界进行科学管理和控制，减少交通管控风险及不必要浪费的同时切实改善城市交通拥堵、交通安全、交通环境等一系列交通问题，从而达到资源合理分配、满足人们社会需求、减少环境污染等目的。路线图具有方向性、战略性与一定的可操作性，刻画清楚核心科学问题和关键技术，为了更具有前瞻性地思考与谋划未来交通建模仿真科技领域发展战略，需要为这个领域的研究提供发展线路图与政策建议。

　　未来交通仿真技术愿景深刻影响着未来城市的发展。当前城市发展面临着环境、经济、社会等方面的问题，其主要原因是城市未来发展成为可自我调节并可持续发展的系统。因此，未来城市发展必须走多种可持续发展相结合的道路。交通系统仿真技术的发展将进一步推动未来城市实现经济可持续发展、社会可持续发展和生态可持续发展。交通系统仿真技术通过实时在线交通仿真技术，实现对大城市区域交通协同联动控制、车路状态的感知和交互、智能车路协同、综合交通枢纽智能管控等功能，进而对现实世界进行科学管理和控制，减少交通管控风险及不必要浪费的同时切实改善城市交通拥堵、交通安全、交通环境等一系列交通问题，达到资源合理分配、满足人们社会需求、减少环境污染等目的。交通仿真科技发展路线图如图 7-2 所示。

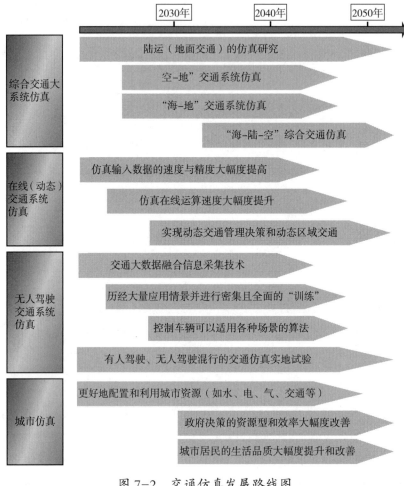

图 7-2　交通仿真发展路线图

7.3　航空航天仿真发展路线图

2030 年前，研究探索智能仿真、大数据仿真和普适仿真等前沿技术，突破航空航天装备虚拟采办和多学科协同仿真设计优化、复杂战场环境高置信度建模、多星 / 多弹 / 多机协同任务仿真、虚拟现实和增强现实应用等关键技术，能够支持载人登月、第五代作战飞机和第五代导弹武器等重大任务的关键技术攻关和试验验证，仿真能力军民深度融合，航空航天系统仿真技术体系完善，具备完全自主可控能力，工程应用实效显著，达到国际先进水平。

2050 年前，突破基于量子计算机的超大规模仿真、实证/例证和不确定性量化仿真建模、全息现实仿真、仿生等新体制制导控制仿真等关键技术，能够支撑载人登火、先进智能化飞机/导弹等重大任务的关键技术攻关和试验验证，形成"网络化、虚拟化、智能化、协同化、普适化、服务化"仿真综合能力，工程应用呈现嵌入、平行和普适等特点，达到国际领先水平。航空航天仿真发展路线图如图 7-3 所示。

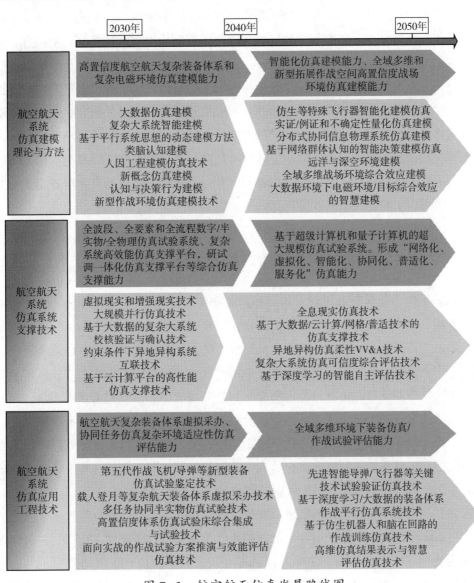

图 7-3 航空航天仿真发展路线图

7.4　环境建模与仿真技术发展路线图

　　未来环境建模与仿真领域的研究重点包括：①环境建模与仿真运行数据库的建立（分布/集中）与访问技术；②综合自然环境对仿真实体的影响建模，特别对各频谱传感器的影响建模；③综合自然环境内部各部分相互影响建模；④综合自然环境对各用户的一致性；⑤综合自然环境的可视化技术；⑥综合自然环境数据的深层次表示。

　　具体可开展的工作包括：①地面矢量信息的获取比较困难，如道路、河流、湖泊等信息，很难批量获取。研究相关的图像识别技术，利用地图批量获取矢量信息，可以使得虚拟战场环境得到更为完整的描述。②环境的动态性表现的不够全面，其模型还需探究。③对大气数值模式和海洋数值模式的了解有待深入了解，大气海洋耦合模式，能反映大气环境和海洋环境之间的相互影响，这也有很重要的研究意义。④受制于兵力实体模型，很多环境因素对实体的影响难以体现出来，这还需要环境模型研究者及实体模型研究者共同努力，同步完善两方面的模型，深入研究环境与实体之间的交互。⑤环境相关的仿真工具功能还需补充，配合环境的可视化研究，需要建立更为直观的环境想定工具。环境仿真发展路线图如图7-4所示。

7.5　电力仿真发展路线图

　　中国未来电力仿真科技领域发展目标：①在仿真建模方面，具有更强的灵活性，以适应智能电网中层出不穷的新元件、新设备建模的需要；加强电力系统智能建模方法的应用。②在仿真功能方面，实现大规模电网仿真和数据粗细粒度自适应调整；仿真计算具有更快的速度及更高的准确性，能实时跟踪评价电力系统行为，故障快速仿真并提供决策控制支持；仿真计算多功能化，并与环境、经济等相关领域相结合；实现仿真结果的智能化分析。③在仿真数据及接口方面，加强数据融合技术在仿真分析中应用，提高对多源海量数据的整合能力；实现智能人机交互仿真，显著提高用户操作的便捷性和仿真系统的使用效率；适应云计算、协同计算等新的计算模式。④在仿真试验方面，实现对多个异地试验设备的同步测试。

　　未来我国电力仿真科技领域的发展首先从电力仿真建模理论与方法入手，在大量新型电力系统元件接入的背景下，发展新的元件模型以及建模技术，提高元件的精确性和适用性。以建模理论与方法为基础，进一步研究电力仿真系统与技术，与先进的计算机、网络、通信技术相结合，将协同计算、云计算、人工智能等技术应用于

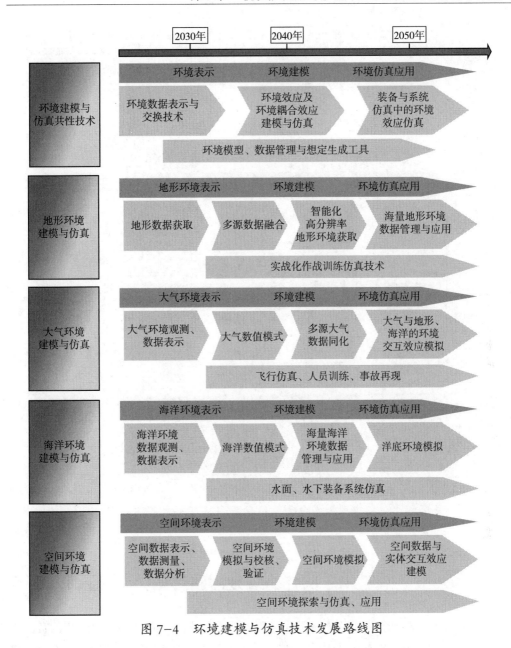

图 7-4 环境建模与仿真技术发展路线图

电力仿真分析中。最后将电力系统仿真技术应用于工程中，包括在线仿真分析和实时仿真。

中国未来电力系统仿真科技领域发展路线图如图 7-5 所示。

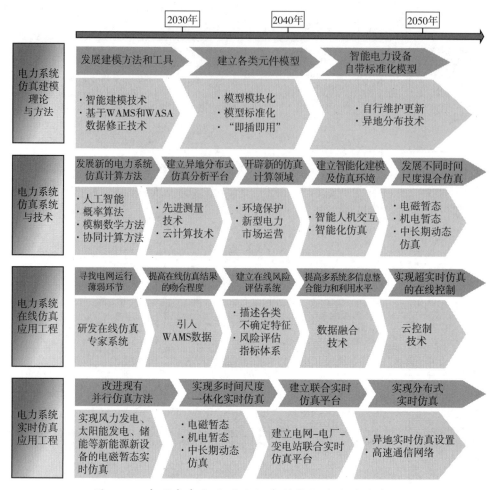

图 7-5 中国未来电力系统仿真科技领域发展路线图

7.6 医疗仿真发展路线图

针对复杂人体系统及相关动态医疗过程，建立可交互、有活性、会演化的智能数字化人体模型是实现智慧医疗仿真的基石，也是信息科学和现代医学交叉研究的终极目标。然而，目前由于人们对人体几何、物理、生理本质规律的认知还存在局限性，纯粹基于数学模型的医疗仿真，大多还囿于几何和物理层面，难以满足复杂人体系统高效个性化建模与多尺度仿真的需求。因此，如图 7-6 所示，为预期能够实现我国未来医疗仿真科技领域发展目标，在各类国家重大/重点项目的引导下，其总体技术发展路线规划如下。

1）针对心、肝、胃等人体器官和循环、消化、呼吸等生理系统，开展从细胞、

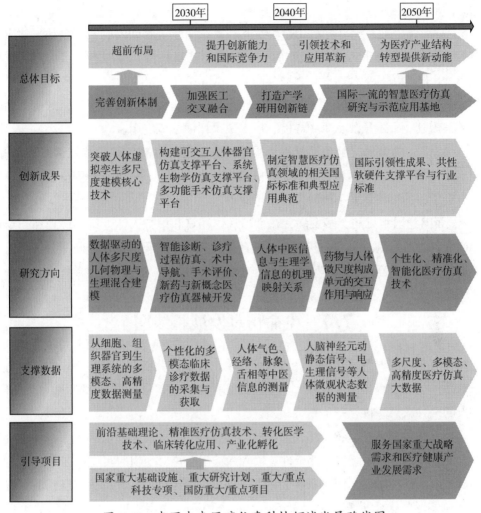

图 7-6　我国未来医疗仿真科技领域发展路线图

组织到器官的多尺度、多模态、高精度数据测量、获取。

2）测量获取人体微观尺度单元数据，包括人脑活动时脑神经元的各种动静态数据，分析建立微尺度单元、人脑及感知系统模型，探索人类的脑疾病机理。

3）通过对信息科学、现代医学和系统生物学的深层次交叉融合，在对人类已经清晰认知的人体几何、物理、生理特性进行数学建模表达的基础上，融合多模态医疗数据的活化知识，对活性生物基因、蛋白质、细胞、组织、器官、生理系统进行多尺度混合建模，为构建人体虚拟孪生奠定基础。

4）通过探索人体气色、经络、脉象等中医信息与人体解剖学之间的关系及医学机理，开展人体中医信息学研究，测量人体的气色、声音、脉象、经络信息与人体器官的关系、连接通道与作用机制等，绘制经络信息图谱，构建虚拟经络和基于人体中医信息学的虚拟人体。

5）对人体生理系统自身演化过程及其与复杂医疗过程间的感知、互动与响应进行智能表达，建立多尺度数字人体的可交互建模仿真平台、多功能手术仿真支撑平台、系统生物学仿真平台。

6）通过临床病例数据的快速提取，构建个性化虚拟人体仿真模型，开展个性化手术方案规划、手术预演、术中导航、手术效果评估示范应用。

7）以多发的肺部、脑部、乳腺、胃肠道等器官的良恶性肿瘤智能诊断为目标，围绕临床医学影像兴趣区域自动解析、病灶区域自动检测、病灶类型智能识别，开展基于机器学习的智能诊断系统研发和示范应用。

8）面向我国常见病、多发病，在虚拟病体器官和虚拟人体上研究病理和药物作用，研究各种疑难病症过程与机理，为新药研发过程中的靶向仿真、新概念医疗（仿真）器械开发提供新概念技术支撑。

7.7 生命仿真发展路线图

生命系统建模与仿真涉及生命系统的建模、辨识、分析，以及进一步的控制与应用，它是以生命系统为研究对象，以生命的某种功能为划分系统的原则，以定量研究为特点的一种新兴学科。

生命系统建模以建立符合生命实际的数学模型为本学科的核心内容。符合生命实际的含义是可以只从系统的外部条件（输入和输出）符合生物的实际，称为黑箱模型；不但从系统的外部条件，而且系统的内部条件也符合生命实际，称为同胚模型。有了符合生命实际的数学模型，可以了解生命系统的内部作用机理，并发现新的生命事实与规律。同时，利用数学模型，开展计算机仿真，由此研究不同条件下的生命系统内的运行规律，可大大节约实验成本，甚至替代须在困难、危险情形下完成的生命实验。生命系统的数学模型具有极其广泛的应用，它是衡量生命系统研究水平的重要标志之一。

生命科学与数学交叉产生新的数学分支可以称为生命系统数学，它具有全新的模型和方法论，其关键是描述了生命系统的主要属性并直接去解决生命系统中的问题。为达到这一目的的路线图是发展一系列结合信息科学和系统科学，即数学、计算机科学和生命科学的交叉学科。生命系统建模与仿真理论和方法采用大量应用数学的传统理论和方法，如统计方法、动态规划、图论、马氏过程、人工神经网络、非线性能量极小化模型等用于进行序列比对、蛋白质结构预测、单体型推断等。传统方法遇到的挑战是海量数据和高度非线性，需要在传统理论和方法的基础上进行创新。

　　针对生命系统建模中随机复杂结构的建模与分析发展随机分析、随机网络和随机偏微分方程等方法，以及随机复杂数据科学的理论与方法，识别与分析这些随机复杂机构。虚拟仿真模型的构建是生命仿真的基础。当前仿真模型的构建主要是基于几何特征、物理特征构建几何模型和物理模型，将真实世界中的对象在三维世界中重构，建立起相应的虚拟环境。为满足复杂数字交互模拟的需求，未来生命仿真建模技术与理论应当向如下几个方面发展：①在基础理论层面，生命仿真模型的构建应当完成由几何物理建模向生理建模的迈进，通过研究人体生理运动规律，加入仿真对象的生物行为特征，实现仿真对象自主活动等特性的模拟，并且能够描述仿真对象与周围环境和其他动态实体间的动态响应关系。②在实际应用层面，实现生命仿真领域模型构建的个性化、快速化、智能化和精准化。在建模时应该能够在模型的真实性、可实现性、可靠性和实时性等方面进行平衡。③在模型构建尺度方面，完成由宏观尺度向微观尺度的突破，并且实现跨尺度的融合。

　　生命系统仿真技术是在信息科学、系统科学、生命科学、心理学和中西医学等多学科广泛交叉的基础上形成。采用物理、数学、化学、力学、生物等学科的方法从多层次、多水平、多途径开展交叉综合研究，揭示生物信息及其传递的机理与过程，描述和解释生命活动规律，是生命科学中前沿科学问题。生命仿真系统与技术发展路线图是在整合后的生物数据基础上建立合适的系统模型。利用了高通量测试技术和先进的计算机硬件、软件算法和数学方法，从大量的数据、信息、知识，提出各种互作类型的简化网络概念。模型的建立是系统了解和解析生命现象的基础，是对传统理论和实验研究的补充，可以用来预测基因型到表型的过程，预测代谢过程，了解细胞的反应网络、细胞通信、病理学／毒理学机理，以及社会系统。将实验研究变为可预测的科学。生命仿真系统技术在生命科学、自然科学、社会科学中得到了越来越多的应用，诸如管理框架和组织行为研究、软件工程、高层次抽象设计、公益事业管理效率、军队训练及命令体系、宇宙航行及地球外超智能生命的探索等。

　　生命信息科学即系统以生命医学工程为基础，运用自然科学和工程技术的原理与方法，从工程角度了解人的生理、病理过程，并从工程的角度解决防病治病问题。未来医疗仿真技术的应用将与人类临床疾病的治疗紧密结合，无论是通过药物治疗，还是通过外科手术治疗，仿真技术都将发挥重要作用。对于医疗仿真应用工程技术未来会应用于临床的技术为：治疗前（术前）有基于VR的患者教育，基于VR的手术规划及预演，基于分子生物学VR的药理研究及新药研发等；治疗中（术中）有基于个性化生理模型的药物剂量研究及灌注，基于分子生物学VR的靶向药物使用等；治疗后（术后）有基于个体化生理模型的康复方案设计及评估等。

　　目前由于人们对人体几何、物理、生理本质规律的认知还存在局限性，纯粹基于数学模型的生命仿真，大多还囿于几何和物理层面，难以满足复杂生命系统高效个性化建模与多尺度仿真的需求。因此，为预期能够实现我国未来生命仿真科技领域发展目标，在各类国家重大/重点项目的引导下，其总体技术发展路线如图 7-7 所示：

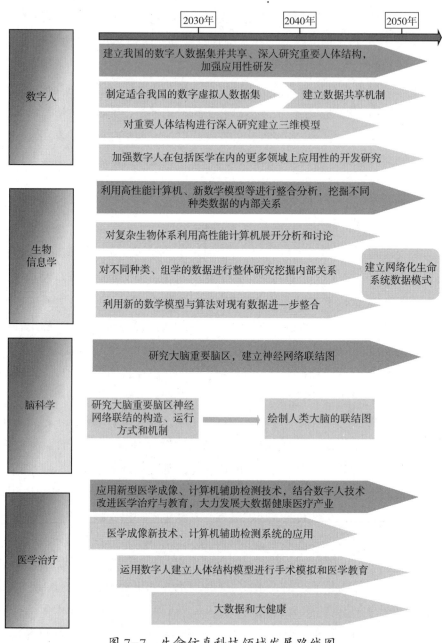

图 7-7　生命仿真科技领域发展路线图

7.8　农业仿真发展路线图

农业生产系统是一个多目标的受控发展的复杂系统，由农业生物要素、农业环境要素、农业技术要素、农业社会经济要素等四个要素组成。智慧农业已经成为未来农业的发展方向，其本质是将农业过程中各要素的内在规律与外在关系用模型表达出来，通过虚拟与仿真，让农业生产系统可测、可预警、可调控，从而使得农业生产系统生产的农产品更加优质安全、市场竞争力更强，农业资源环境保护更加有效。

由于农业生产系统本身及其环境的复杂性、多变性及非线性等特点，某些生物过程的机理尚不清楚，离数量化表示相差尚远，农业数据获取难度大等问题都给仿真应用带来困难。尽管这样，过去十多年农业生产系统的模型与仿真仍取得不少进展，在植物生长、病虫害防治、种群生态、农场经营、农业区划、农业经济等方面都不乏仿真技术的成功应用。展望未来，农业模型和仿真技术研发和应用的趋势如下。

（1）在农业模型和仿真技术方面

1）通用性高和机理性强的作物生长模型的构建技术。已有农业仿真模型，如ORYZA，DSSAT，GREENLAB，OPENALEA 等，其通用性仍然不强，如 ORYZA 主要解决水稻群体的模拟仿真问题，模拟仿真的品种单一，仅仅涉及水肥（仅包括氮素）热的过程；DSSAT 可以模拟 27 种主要农作物的生长发育和产量形成过程，但是参数众多（300 多个参数），设定复杂，难以指导实际生产过程；GREENLAB 是一个可用于农学林学研究的平台，以植物的个体为研究对象，用于研究作物拓扑结构的建立、生物量分配和器官形态的建模，但是其生物量生产模型的机理不强，不能研究群体行为等是其固有的缺点。因此提高作物生长模型的通用性是未来的重要发展方向。

2）不同尺度的农业模型耦合技术。农业生产系统组成庞杂，系统层次繁多，研究农业问题往往需要在不同的尺度上进行研究。例如，气候变化对作物产量的影响问题的模拟仿真，就存在不同的时间尺度和不同空间尺度下的仿真问题，将全球尺度、区域尺度、小区域、个体、基因乃至分子尺度的模型进行级链与耦合。目前解决的方法是升尺度与降尺度的方法，但是在模型的多级耦合过程中必然会带来误差的累加效应，同时由于在升降尺度时，可能采用统计转换的方法而失去模型的物理意义。因此不同尺度的模型耦合同时也是未来农业仿真模型研究的重点之一。

（2）在农业模型和仿真应用方面

1）计算育种。作物育种主要技术有诱变育种、杂种优势利用技术、分子标记辅助育种技术等，这些育种技术都需要大量的田间试验做支撑，费时费力，育种效率有待提高。未来利用农业复杂系统数据获取技术，研制开发高通量作物形态参数的获取设备，快速扫描作物的形态参数，并从基因库中获取控制相关形态变化的基因，通过基因工程技术，通过改变基因片段形成新的作物品种，利用3D打印技术，形成作物的原型，将作物原型置于特定的环境中进行试验，测试品种的品质特性，获取其性状参数。在仿真环境中测试合格后，方可进行真实的品种试验。

2）农作物生长调控。作物生长仿真模型对光合作用、呼吸作用、干物质积累、同化物分配、辐射、蒸发、蒸腾、水分及矿物质运移、作物发育等生理过程进行仿真，作物在田间的实际生长过程在计算机上"模仿"出来，有助于透彻理解引起产量变化的因素及提供可能采取的控制措施。

3）作物病虫害防治。仿真模拟危害生物体的病虫种群动态变化，反映植物病虫害在时间及空间上的发展，模拟与正在生长作物的交互关系，实现作物生长与病虫发生、发展相互影响的仿真。这种仿真由于考虑了寄主与寄生物间的相互作用，就能正

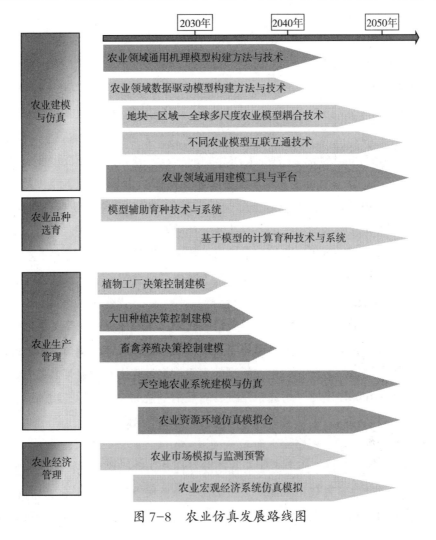

图 7-8　农业仿真发展路线图

确计算作物受害情况，为作物病虫害的精准防治提供了技术基础。

4）农业市场监测预警。利用农业复杂系统数据的存储与可视化技术、复杂农业系统多元数据的实时融合与同化技术、农业复杂系统多传感器协同技术等开发农业监测与预警系统。农业的监测预警系统依靠物联网技术连接大量传感器，大量的相关数据被源源不断地采集并传入系统中储存，主要的数据包括地形数据、气象数据、病虫草害数据、土壤数据、水文数据、植被数据、农业灾害历史数据等，在模型中输入大量的现实数据，模拟农业灾害发生的可能性和风险等级，系统根据预警指标，通过物联网发布相关警示及预警方案，并启动应急系统，使系统处于预警应急状态，为防范风险做好相应措施的准备。

5）农业经济管理。农业经济乃至整个社会经济是应用仿真技术比较活跃的领域。仿真模型可以定量描述经济现象，综合考虑多种因素的相互作用，预测经济发展趋势，优化经济结构。计算机上的仿真试验能够在极短时间内（几秒钟或几分钟）模拟出某种经济方案在几十年实施中可能产生的后果。管理和社会经济系统创建的一种分析方法，现已成为连续系统仿真的一个重要分支。

7.9　教育仿真发展路线图

虚拟现实将在多媒体与计算机教学之后重新改造人们的学习方式，对整个教育领域的变革具有划时代的推动作用。VR与3D教育以可视化的三维模型为基础，通过项目学习的方式，综合应用3D影像、增强现实（AR）、混合现实（MR）、虚拟现实（VR）、3D建模与3D打印等技术，完成"从创意到实现"的完整的学习与认知过程，鼓励"手脑并用"，是培养学生的跨学科学习能力、团队协作能力和数字表达能力的一种创新教育。VR与3D教育在效用层面最核心的价值在于"可视化地呈现知识、概念和模型"，在思维层面可以引导学生养成"模型思维的意识、方法和习惯"。这不止体现在学科学习方面，而且体现在学习和生活的方方面面。

为贯彻落实《教育部关于全面提高高等教育质量的若干意见》精神，根据《教育信息化十年发展规划（2011—2020）》，教育部在2013—2015年启动了国家级虚拟仿真实验教学中心建设工作，取得了积极的反响和良好的效果，已遴选出300个国家级虚拟仿真实验教学中心，分布在26个省市（自治区）上，其中理工类211个、农林医药类53个、人文社科类36个。

2017年7月，《教育部办公厅关于2017—2020年开展示范性虚拟仿真实验教学项目建设的通知》发布，计划到2020年遴选出1000项示范性虚拟仿真实验教学项目。目标是推动高校积极探索线上线下教学相结合的个性化、智能化、泛在化实验教学新模式，形成专业布局合理、教学效果优良、开放共享有效的高等教育信息化实验教学项目示范新体系，支撑高等教育教学质量全面提高。

在教育部实施教育信息化 2.0 的背景下，近年来我国高校掀起了积极开发应用虚拟现实技术的热潮，涌现了众多的虚拟现实教育应用成果。从 2013 年至今，我国作者在国内外发表的有关虚拟现实教育应用、虚拟实验室网络化管理的高水平学术论文，SCI/EI 检索的数量均领先于世界其他国家。

2018 年教育部陆续印发《2018 年教育信息化和网络安全工作要点》和《高等学校人工智能创新行动计划》等政策文件，要求：

"推动大数据、虚拟现实、人工智能等新技术在教育教学中的深入应用。"

"重点推进大数据智能、跨媒体感知计算、混合增强智能、群体智能、自主协同控制与优化决策、高级机器学习、类脑智能计算和量子智能计算等基础理论研究；加快机器学习、计算机视觉、知识计算、深度推理、群智计算、混合智能、无人系统、虚拟现实、自然语言理解、智能芯片等核心关键技术研究；在核心算法和数据、硬件基础上，以提升跨媒体推理能力、群智智能分析能力、混合智能增强能力、自主运动体执行能力、人机交互能力为重点，构建算法和芯片协同、软件和硬件协同、终端和云端协同的人工智能标准化、开源化和成熟化的服务支撑能力。"

随着虚拟现实技术及设备的升级，"虚拟现实＋教育"成为发展趋势，教育将是虚拟现实非常重要的应用领域。虚拟现实教育在全国教育体系内的推广与应用也势在必行。

但是从虚拟仿真实验教学中心建设的情况看，资源的开放共享仍处于起步和探索阶段，面临着许多问题和困难，表现在：

1）虚拟仿真实验教学资源和管理平台建设缺乏统一标准和规范。

2）优质虚拟仿真教学资源依然不足，难以满足实验教学的需要。

3）虚拟现实技术在教育教学中的应用不够深入，没有与其他教学手段实现深度融合。

4）教师缺少信息技术条件下的教学环境、课程体系和教学模式的设计经验，难以鉴别和选择层出不穷的虚拟现实设备和虚拟仿真实验资源。

5）缺乏全国范围内的共享机制和渠道。还没有成熟的机制、实现更大范围内的共享。

6）缺乏虚拟仿真教学资源的评估体系和实验教学效果的绩效评价体系。

鉴于以上因素，因此，为预期能够实现我国 VR 与 3D 教育领域的发展目标，在各类国家重大/重点项目的引导下开展技术攻关工作，其总体技术发展路线如图 7-9 所示：

1）制定技术标准。虚拟现实实验教学装备建设是一项长期而工程量浩大的工作。

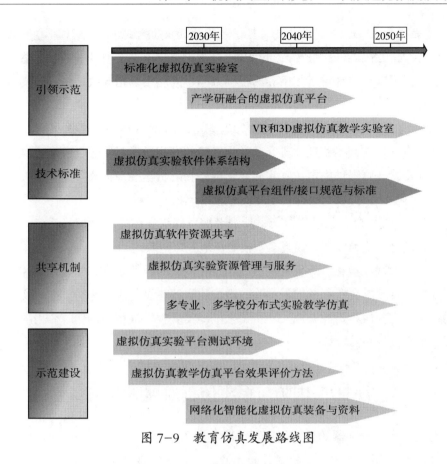

图 7-9 教育仿真发展路线图

建设过程中，各级各类学校面临各种不同技术和解决方案的选择。由于对计算机硬件、虚拟实验软件体系结构、网络平台、框架、组件、接口等没有统一的标准和规范，导致在开发虚拟实验装备时盲目性大，虚拟仿真资源兼容性不强，二次开发难度较大，可重用性差。迫切需要组织行业相关专家共同研究制定虚拟现实教育应用装备的技术标准和资源开发规范。

2）探索共享机制。通过标准和规范建设，在技术层面上实现软件资源的数据共享，建设虚拟仿真项目库，实现实验教学资源管理与信息支撑服务的科学化与系统化，满足多专业、多学校和多地区共同开展虚拟仿真实验教学的需要。同时开展资源共建共享机制研究，形成可落地、可推广的共建共享方案，实现虚拟仿真实验教学的可持续性发展。

3）引领示范建设。按照标准规范的要求，形成学校虚拟仿真实验室建设整体方案，并且通过校企合作的方式，创建一批标准化的、示范性的虚拟仿真实验室，引领学校 VR 与 3D 教学实验室建设。

4）开展测评服务。构建虚拟仿真教学系统及资源的测试环境，对虚拟仿真实验教学硬件环境、管理平台和软件资源，开展第三方测评服务；探索虚拟仿真实验教学效果评价方法，保障虚拟仿真对人才培养的正确方向，同时用以指导改进虚拟仿真装备与资源的开发和建设。

5）组织培训活动。面向全国学校的实验教学和管理人员举办高水平的研讨活动；组织具有丰富虚拟仿真实验教学研究和教学经验的专家教授对实验教师进行高水平培训，为一线实验教师提供虚拟仿真实验教学观摩和上机实践，提高实验教学人员的信息素养，共享基于虚拟现实教育装备的实验教学模式。

6）搭建交流平台。通过研讨会、参观考察、网络媒体等多种形式将虚拟现实教育应用成果进行宣传和推广，让更多学校便捷地获取经验。

总之，新时代在教育改革发展和教育信息化的大时代背景下，深入推进虚拟现实与学科教学的深度融合，不断加强实验教学优质资源建设与应用，持续推进实验教学信息化建设和实验教学资源开放共享，携手推动实验教学改革与创新，着力提高我国高校实验教学质量和实践育人水平。

7.10　国防与军事仿真发展路线图

人类战争形态及武器的发展经历了从冷兵器（石斧、铜戟、铁矛、钢刀）、火器（火铳、机枪、大炮、炸弹）、机械化（坦克、飞机、舰船）到现在的信息化（数据链、战术网、预警指挥）几次革命性变革。

人类战争的形态是随着人类生产力和科技的发展而发展的，近几十年来由于信息技术、人工智能、生命科学、新型材料、新能源等高新科学技术的突飞猛进，新军事变革将使得战争形态发生巨大的变化，未来的战争将是以智化指控和无人交战为核心的智能化战争。

（1）智能化指挥控制

智能化指控是指以超级计算机和人工智能技术为基础的情报分析、决策运筹、指挥调度、武器控制的智能化。

以智能化设备强大的数据处理、搜索推理和持续稳定等能力，弥补人类个体知识狭窄、思考迟缓、疲劳失稳、心绪失态等带来的指挥失误。

由于神经网络、模糊识别、深度学习等智能技术的发展，人工智能的水平发生了质的变化。

计算机、网络等设备已经由以往单纯的提供数学计算、数据存储、信息传输、系统控制、逻辑推理等向模拟人类的思维行为过渡。

（2）无人武器系统交战

无人交战是指以信息、火力、机动三大要素完美融合的无人化装备为武器的对抗交战。以无人化装备强大的环境适应、低本高效、零伤亡率等优势，弥补人类个体由于环境约束、生存保护等带来的交战限制。

随着无人化武器装备变得越来越智能化，无人战争正在向智能化无人战争转变，而且这种智能化无人战争也正在由初级阶段向高级阶段演变。

（3）未来战争新形态

战争形态的第一个变化是模糊了战争三要素（人、装备、环境）中人和装备的界限，原先操控武器的人变成了软件、网络或指挥云。人对作战的影响力大大减弱，舆论战、心理战的样式发生重大变化。

变化之二是战场维度趋于模糊。空间维度上，战场前后方界限模糊，无人武器在前方打仗，而操纵其头脑却在后方，后方的软硬对抗将更甚于前方；时间维度上，战前战后界限模糊，智能系统的博弈和对抗早在开战之前已经展开；领域维度上，军民界限模糊，外交、经济、民生等领域成为对抗手段，战争已不是纯军队的行为，一个学生可能胜过一个将军，一群难民足以牵扯整个旅团的兵力；关系维度上，指挥员与战斗员界限模糊，分布式指挥、发现即指挥、跨越式指挥取代现行的指挥关系。

变化之三是军事对抗演变为国力对抗。战争由军事领域延伸到人类生活各个领域，国家的能源、金融、工业、交通、传媒等成为战争的主要战场，国计民生的设施变为主要攻击目标，并且破坏力巨大。引发"马桶革命"将成为未来军事指挥员决策的重要依据。一条假消息即可动摇一支军队的士气；一个小小程序就可瘫痪一个国家的生存空间；"抵消战略"可使千万亿军备趋于无效。所以它们的威力远大于核化生武器。

变化之四是战争可控性变差。战争进程非线性，升级瞬间到达顶峰（核化生战争边缘），命运决定于最高决策者的理智，通常核武器的钥匙控制在总统手里，操作有极严格的监督，国际法对其也有严格的约束且相对安全。而智能攻击软件控制在黑客手中，战争按钮启动的时间地点不可预知，并且无国际法约束。还有预警系统及核反应系统出错等因素，战争可控性面临极大挑战。

变化之五是战争时间延长。现代战争虽然进程迅速，优劣显现极快，但战略目标达成缓慢，胜负定位困难，战争后序任务繁杂，不可知不可控因素巨多，导致结束战争的时间很长。以往闪电战形式不复存在，持久战将成为常态。

7.10.1 军事变革对仿真技术的新需求（军事训练、战法创新、作战实验、装备论证）

仿真技术是以相似原理、信息技术、系统技术及其应用领域有关的专业技术为基础，以计算机和各种物理效应设备为工具，利用系统模型对实际的或设想的系统进行试验研究的一种综合性技术。它综合集成了计算机、网络技术、图形图像技术、多媒体、软件工程、信息处理、自动控制等多个高新技术领域的知识。

随着仿真技术在科技进步和社会发展中的作用愈来愈显重要，特别是军事科学，随着高、精、尖武器系统的研制和发展，对军用仿真技术的应用和研究提出了更高的要求。

（1）武器装备论证与评估

在武器装备系统的研发和生产制造中，武器装备的战技指标论证、方案选择、研制、试验、鉴定、改进提高以及部队维护保养和训练都需要仿真技术的支持。运用仿真技术，可以对现有武器装备进行使用效能的评估，提高维护水平，延长寿命周期，强化部队训练；可以对预研武器装备系统进行战技指标的需求分析，减少系统实物试验次数、缩短研制周期，节省研制经费，提高新一代武器系统综合性能；可以对概念性武器装备进行功能需求和技术可行性分析，预测新型武器系统的政治、军事和经济效益。

（2）军事训练与战争推演

在军事训练中，要求仿真技术提供更加安全、经济、逼真的训练手段和训练环境。

在单兵战术和单武器操作训练中，需要具有逼真的仿真战术训练场地，模拟出与高原山地、热带丛林、大漠戈壁、滩涂岛礁、城市社区等不同地区相一致的高寒缺氧、高温高湿、干旱缺水等恶劣环境。模拟出与真实武器装备的操作感觉一致的模拟兵器，需要与现实对抗结果一致的裁决与评估，自动纠正操作手的动作偏差。需要穿戴专用设备能够使受训者的视觉、听觉、触觉、嗅觉、味觉感受与真实战场相一致。能够模拟假想敌对手的行为动作，以最优战术动作陪同训练。

在分队战术协同和兵器系统操作训练中，需要逼真的武器装备模拟系统，在各个部位和整体操作上具有与真实系统一致的操作程序和动作反应，能够监测各号手协同的准确程度，自动监测团队协同操作时出现的问题。能够模拟假想敌对手或友军的战术行动，以最犀利的战法与受训者对抗。

在多兵种合同战术指挥和武器系统体系对抗训练中，需要构造与战术兵团作战相一致的复杂战场环境和指挥机构，能够模拟指挥机构中各个指挥席位和保障单位的战时环境，提供指挥作业中所需的与真实指挥系统一致的所有界面。能够生成假想敌方的计算机虚拟兵力和武器系统，生成友军或本部某兵种的计算机虚拟兵力和武器系统，以最优战术行动配合受训者进行对抗训练。能够自动裁决和评估战术兵团指挥员及指挥机构的指挥决策能力。

在多军种联合战役谋划和战役推演训练中，需要构造与战役军团作战相一致的复杂战场环境和指挥机构，能够模拟指挥机构中各个指挥席位和保障单位的战时环境，提供指挥作业中所需的与真实指挥系统一致的所有界面。能够提供标准的战役作战指挥所需的任务规划和作战预案（兵力编成部署、武器装备管理、频谱管理、空海域管理、目标分配、协同计划、勤务保障），能够生成假想敌方的计算机虚拟兵力和武器系统，生成友军或某军种的计算机虚拟兵力和武器系统，模拟其作战行为，以最优战役行动与受训者进行对抗训练。能够自动裁决和评估战役军团指挥员及指挥机构的指挥决策能力，裁决作战结果。

在国家武装力量战略运筹和战争筹划训练中，需要构造假设的国内外政治经济外交环境，构造与国家最高军事指挥机构一致的指挥环境，能够提供国家战争资源（军工、交通、能源、人力、财经、信息）的动态数据，模拟战争动员的决策指挥过程，能够模拟敌对势力的战略行为，生成国际政治对抗态势，能够评估和预判战略意图的达成情况。

（3）理论创新与战法研究

在军事理论创新和建军思路的变革中，需要仿真预测在新理论新思想指导下军队将发生的转变结果。在新战法新训法的创新过程中，需要仿真提供其效果，评估新方法的有效性。

（4）作战实验与辅助决策

作战实验是军事斗争和武器装备研制生产的重要环节，需要构造复杂恶劣的模拟战场环境，在实验设计、实验监控和实验分析过程中提供实验保障，能够模拟高空、深海、强电磁、核化生污染等环境中武器装备损毁失效情况下不同处置所产生的结果。需要支持同一战场环境下，不同战法所产生效果的分析，支持其他作战要素固定，某一要素数值改变所产生的结果。能够支持正交、拉丁方、全遍历等实验方式。

需要在真实的指挥系统中植入嵌入式仿真系统或模型，支持实兵与计算机兵力的混合演练，支持快速超时模拟，帮助指挥员分析预测作战结果，修改作战方案。需要构造与作战指挥平行的模拟系统，支持现实战场数据对模拟系统的修正，保持模拟系统与现实战场同步，提高模拟生成结果与现实状况的一致性。

7.10.2 军事仿真发展新思路与方向

现在我国的军事仿真建设基本借鉴外国的模式，在仿真技术上还是以引进仿制为主，还不能满足我们国防力量建设和军事斗争准备的需要。目前的仿真系统建设基本以具体项目牵引，缺乏整体规划和统筹安排，投资效率较低。

军事仿真建设需要由原来的项目任务需求牵引，单位企业小而全的个体化生产，向技术发展需求牵引，专业分工明确，社会大协作式的工业化方向发展。引擎、模型、数据、环境等仿真部件的研发生产由专业单位在统一标准下完成，各成为能够独立发展的体系，满足不同仿真项目的装配需求。

在仿真模型建设方面，实现模型验证连续化，改变模型一次 VV&A 定终身的模式。实现模型自检测自修补功能，在模型运行大数据的支持下，自动分析差错修补缺陷，通过多次迭代，完成模型的优化。实现在大数据支持下的规则发现，根据大量真实作战数据挖掘军事行为和判定规则，修补或生成新的规则模型。建立健全军事模型体系，能够在外形构造模型、军事概念模型、数学逻辑模型、行为规则模型、仿真运行模型等方面全面覆盖军事领域的需求。在模型的标准化与组合化方面，满足社会化生产的需求。

在仿真数据建设方面，实现数据源认证和数据采集的自动化。实现数据验证连续化，改变数据一次校验与验证定终身的模式。能够支持数据优化与自修补。建立健全军事仿真数据体系，实现在武器装备数据、人员行为数据、战场环境数据、裁决评判数据方面的全覆盖。在数据挖掘与种植技术、数据标准建设方面满足军事仿真的新需求。

在仿真实现方面，构建软件定义的仿真引擎，以军事想定为依据，自主选择相关模型与数据，构造满足应用的仿真系统。实现数据和模型驱动的仿真，保证仿真系统的逼真性和可信性。构建军事仿真云，实行仿真运行瘦终端胖中心的计算模式，实现面向部队的仿真服务。深化和开拓平行计算原理，挖掘优化平行计算技术途径，构建平行仿真系统，实现仿真系统与现实系统并行运行和仿真态势与战场态势的同步。利用仿真超时运算，快速的算出未来时刻可能出现的结果，做到对战争进程的预判。

在仿真作战环境方面，充分运用虚拟现实、增强现实、嵌入式、可穿戴等最新技术，构造虚实结合的网络、监控、场地、靶标以及大气、电磁、网络、地理、水文、天文等作战与训练环境，满足部队在未来目标战场上、夜间复杂气象条件下的训练和预实践需求。

由于当前的建模仿真技术与军事科学的发展存在的巨大差距，现有的仿真技术难以满足日益增长的军事需求。因此，为预期能够实现我国未来军事仿真科技领域发展目标，在各类国家重大 / 重点项目的引导下，其总体技术发展路线如图 7-10 所示。

7.11　模拟器发展路线图

模拟器（半实物仿真）作为仿真的一个分支，涉及领域极广，包括机电技术、液压技术、控制技术、接口技术等。从某种角度上讲，一个国家的模拟器发展水平也代表其整体的科技实力，与经济、社会、国防、科学技术发展需求密切相关。

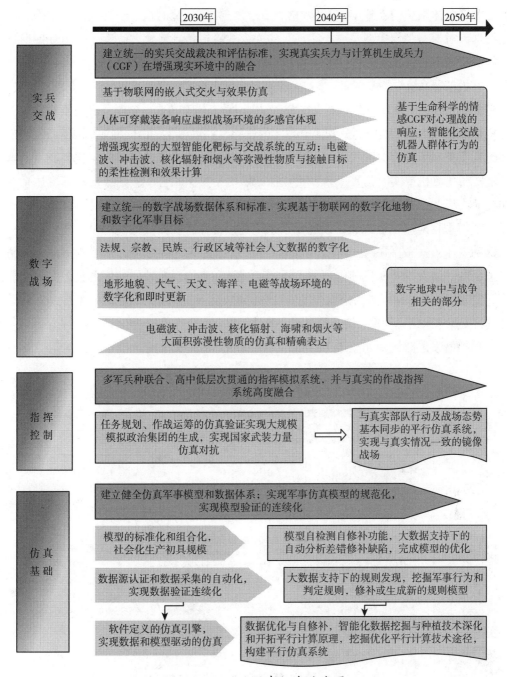

图 7-10　国防军事仿真路线图

在模拟器建模理论与方法方面，给予仿真机体系结构、基于模型的复杂系统虚拟工程框架、服务化仿真建模方法、仿真服务虚拟化等方面稳定、充足、与该项目硬件投入相匹配的资金和人力支持，突破基于多智能体／基于控制的复杂系统仿真实时仿真支撑平台体系架构、基于 Web/ 网格 / 云计算 / 并行计算的拟态仿真机体系结构等关键技术，对探索镜像模型及"半实现"的嵌入式平行仿真建模方法，多种仿真模型重用的实现方法，仿真器的可信度的控制与评估方法进行探索和突破。

在模拟器系统与技术方面，突破复杂产品多域多维多尺度动态演进建模与仿真方法、建模仿真与数字化设计制造的集成技术、虚拟试验环境和平台、数学仿真与半实物仿真异构模型集成、基于虚拟现实和混合现实的试验过程可视化、面向专业领域 / 面向用户的仿真服务虚拟化等关键技术，形成具有自主知识产权、能替代国内同类型产品的高性能实时仿真机或实时仿真平台，重点探索多类型实体联合试验训练支撑环境体系架构技术，基于 LVC 的仿真系统虚实融合技术和高逼真度以及沉浸感的虚拟现实技术。

在模拟器应用工程方面，发展复杂系统的模拟器，辅助决策性的模拟器，智能模拟器和基于 LVC 的高度智能化人机博弈等未来仿真器发展方向的典型应用。实现仿真系统能够随着不断变化的仿真需求快速地更新和重构，有效提高仿真系统的应变能力，实现不同系统和网络的松耦合集成，增强仿真系统的可靠性，形成智能化仿真软件工具，支撑未来信息物理系统与信息系统条件下体系联合作战、训练保障的仿真需求。

模拟器发展路线图如图 7-11 所示。

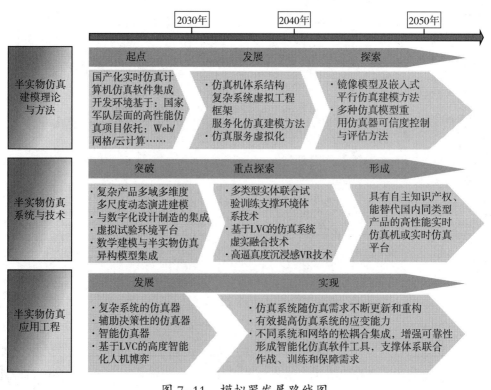

图 7-11　模拟器发展路线图

7.12　仿真产业发展路线图

仿真产业的应用范围涉及航空航天、信息、生物、材料、能源、先进制造等高新技术领域和工业、农业、商业、教育、军事、交通、社会、经济、医学、生命、生活服务等众多领域。虽然应用方向各有不同，但是从通用仿真业务流程上进行划分，仿真产业可分为仿真产品、仿真工程及仿真服务三大类。

（1）仿真产品

根据仿真全生命周期的不同阶段及不同的仿真类型，仿真产品涉及模型与数据、仿真器、仿真计算机、仿真软件、仿真用的人机交互设备等。

仿真模型包括多学科仿真模型、军事模型、医学模型、生命模型、农业模型、交通模型、环境模型等；数据在仿真中的作用越来越突出，数据包含模型的参数、仿真对象运行时产生的原始数据、仿真系统产生的实验数据等，如产品几何数据、装备数据、人体数据、药物动力学数据、交通流量数据、大气/海洋数据等。仿真器包括半实物仿真设备、嵌入式仿真设备、人在回路仿真器等，如航空航天领域的失重模拟装置、交通领域的模拟驾驶装置、医学领域的模拟手术装置、多自由度飞行器模拟转台等。仿真计算机包括加载了仿真模型、数据与仿真软件的各类计算机，供用户直接使用或二次开发。仿真软件是一类面向发展用途的专用软件，它的特点是面向问题和面向用户。根据仿真软件在各类仿真活动中的作用，可将仿真软件分为仿真程序包、仿真语言、仿真环境和专用仿真软件系统等。

（2）仿真工程

仿真工程面向国民经济及国防的不同领域，开展各种类型和各种规模的仿真应用和工程建设。从事仿真工程的企业，基于各个行业、各个国家和地区的仿真产品、全球化服务，从存在形态上看，以商业、国有公司或企业（包含多家世界500强企业）为主，比如美国国家仪器（NI）公司、IBM、MSC、ANSYS，英国的思博伦公司（SPIRENT），日本的CYBERNET集团，中国的航天集团、船舶集团、铁路集团等。

（3）仿真服务

仿真作为多个专业领域的支撑技术，起着重要的技术服务作用，特别是近年来随着计算机技术领域网格、云计算、大数据等先进概念的出现，仿真服务在仿真技术中的作用日渐突显。仿真服务基于仿真产品和工程实施技术，同时也依赖于先进的计算机技术，包括物联网的RFID、信息物理系统（Cyber-physical）；云计算的虚拟化、Data Center、分布式数据库等；大数据的高速IO、泛在协同技术等。这些服务理念和相关技术使得仿真服务日渐成为各个行业的潜在必需支撑技术。目前，多个云仿真服务中心在全球各地建立，包括美国、加拿大、土耳其、瑞典等，这些中心的建立为航空航天、汽车等企业及产品的设计、生产提供了先进的实验环境，减少了购买高端硬件、软件的重复投资，绿色云仿真服务技术减少了城市污染，虚拟化/虚拟机等技术的使用正作为重要的服务支撑技术发挥着重要的作用。

未来仿真产业发展总体目标：2050年前，仿真产业应针对国家科技发展的新形势、新要求、新特点，紧紧抓住战略机遇期、转型期、拓展期的有利时机，培育具有中国特色的产业能力和国际竞争优势，基本形成能够满足社会经济发展需要的，世界先进、自主安全、军民融合、结构合理的产业发展局面。

按照"自主创新、塑造体系、开放融合、引领发展"的基本思路，可以从自主创新、应用推广、产业规模、综合保障等方面设立仿真产业发展的具体目标：①自主创新目标。在虚拟仿真、网络化仿真、智能仿真、高性能仿真、平行仿真、半实物仿真等关键技术领域，取得一批重大科技创新成果。依托国家科技创新项目和相关科研计划，在仿真基础理论、建模技术、支撑技术、应用技术研究等方面实现一批系统仿真关键技术的突破，形成一批具有自主知识产权的仿真技术平台和工具环境。专利申请数年均增长30%、有效专利数量持续增长，一批领军人才脱颖而出。②应用推广目标。在国家向信息化转型发展进程中，仿真技术和产品将广泛应用于国防、工业及其他产业的各个方面，实现与信息技术和领域应用的深度融合。特别是作为现代高科技装备的重要组成部分，将在系统与装备的论证、研制、生产、培训、使用和维护过程中发挥不可或缺的作用，成为新一轮工业革命和科技革命的引擎之一。仿真产业将成为代表国家关键技术和科研核心竞争能力的标志性产业，具有自主知识产权的系统仿真平台和技术产品将在全球仿真市场上形成一定的竞争能力。③产业规模目标。仿真技术体系和产品体系进一步优化，产业结构更趋合理，一批具有竞争优势的知名品牌产品进入国内外市场。仿真产业经济总量在2015年达到2000亿元人民币的基础上，实现年均增长30%以上；系统仿真技术产品不断推向国际市场，出口成交额年均递增30%以上。④综合保障目标。从寻求和保持国家技术领先地位角度出发，制定鼓励仿真产业发展的中长期规划与政策，设立国家重大科技项目支持仿真产业发展。逐步建立起政府为主导、企业为主体、政产学研经协同创新的产业联盟，建设一批仿真产业国家实验室、工程中心、产业基地，形成知识创新、技术创新、产业创新、应用创新体系，系统仿真平台和技术产品的自主保障能力显著提高。力争通过三个"五年计划"，根本扭转核心技术产品依赖国外、受制于人的局面，如图7-12。

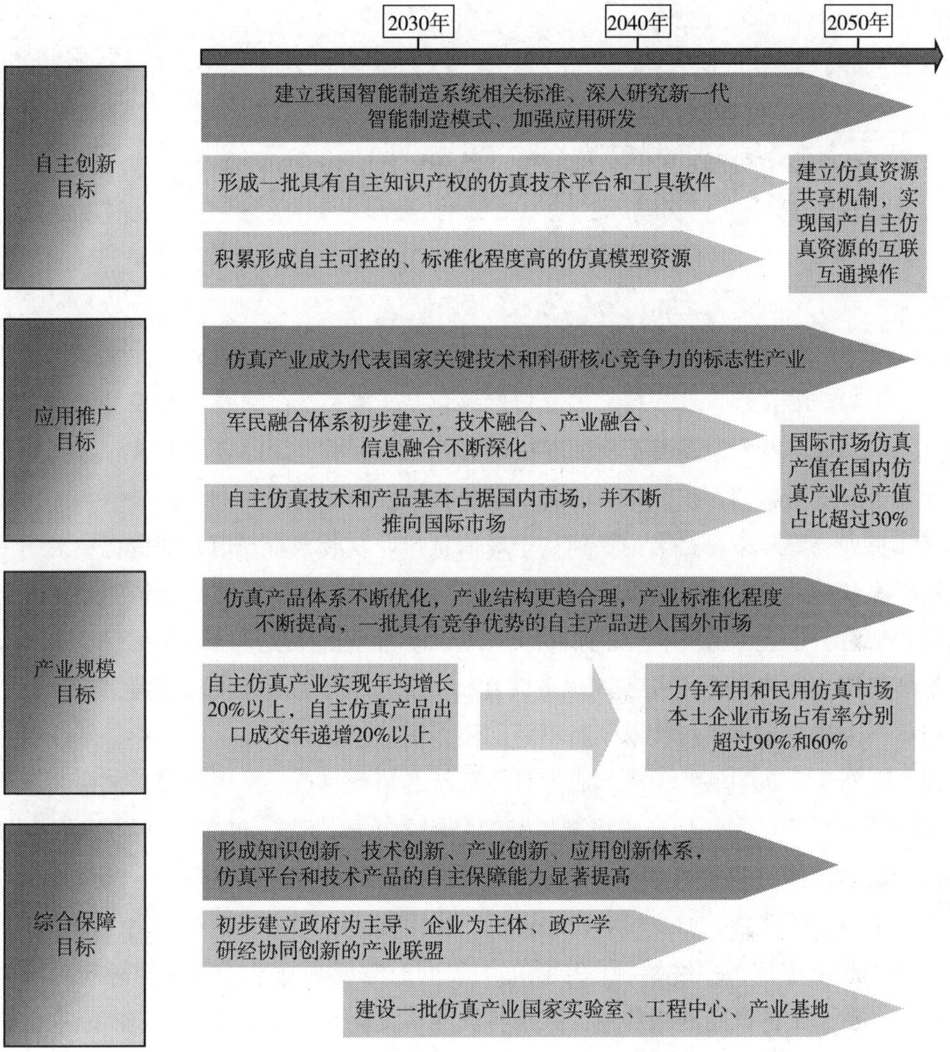

| 2030年 | 2040年 | 2050年 |

自主创新目标
- 建立我国智能制造系统相关标准、深入研究新一代智能制造模式、加强应用研发
- 形成一批具有自主知识产权的仿真技术平台和工具软件
- 积累形成自主可控的、标准化程度高的仿真模型资源
- 建立仿真资源共享机制,实现国产自主仿真资源的互联互通操作

应用推广目标
- 仿真产业成为代表国家关键技术和科研核心竞争力的标志性产业
- 军民融合体系初步建立,技术融合、产业融合、信息融合不断深化
- 自主仿真技术和产品基本占据国内市场,并不断推向国际市场
- 国际市场仿真产值在国内仿真产业总产值占比超过30%

产业规模目标
- 仿真产品体系不断优化,产业结构更趋合理,产业标准化程度不断提高,一批具有竞争优势的自主产品进入国外市场
- 自主仿真产业实现年均增长20%以上,自主仿真产品出口成交年递增20%以上
- 力争军用和民用仿真市场本土企业市场占有率分别超过90%和60%

综合保障目标
- 形成知识创新、技术创新、产业创新、应用创新体系,仿真平台和技术产品的自主保障能力显著提高
- 初步建立政府为主导、企业为主体、政产学研经协同创新的产业联盟
- 建设一批仿真产业国家实验室、工程中心、产业基地

图 7-12 仿真产业发展路线

第8章　保障措施与政策建议

2006 年，我国颁布的《国家科技中长期发展规划纲要》(2006—2020)明确将虚拟现实作为前沿技术重点扶持，国家自然科学基金委员会、科技部及相关部委都进行了重要的部署，极大地提高了我国虚拟现实研究的水平。2013 年 8 月 8 日，国务院发布《关于促进信息消费扩大内需的若干意见》以及新华网发布的《促进信息消费体现李克强总理统筹施策思路》中提到从全球信息产业发展来看，信息消费将成为中国拉动消费增长的"第三驾马车"。人民网在《李毅中就积极推动信息化和工业化融合有关问题解答》中提到在扩大居民消费需求方面，信息消费这一新型消费领域的拓展，将给信息产业带来新的增长点。国务院在《关于促进信息消费扩大内需的若干意见》中指出，全球范围内信息技术创新不断加快，信息领域新产品、新服务、新业态大量涌现，不断激发新的消费需求，成为日益活跃的消费热点。从国内看，加快信息消费是一项既利当前又利长远、既稳增长又调结构的重要举措，包括大力发展数字出版、互动新媒体、移动多媒体等新兴文化产业，促进动漫游戏、数字音乐、网络艺术品等数字文化内容的消费。加快建立技术先进、传输便捷、覆盖广泛的文化传播体系，提升文化产品多媒体、多终端制作传播能力。同时需要加强基于互联网的新兴媒体建设，推动优秀文化产品网络传播，鼓励各类网络文化企业生产提供健康向上的信息内容。国务院总理李克强在国务院常务会议上指出人们的信息需求将会随着社会经济发展水平的进步而不断提升。消费者对个性化、多样化、专门化的信息服务的呼声越来越高。以往服务已经无法满足人们的信息需求。促进信息消费不仅有利于破解资源环境制约、释放消费潜力，而且会拉动有效投资，带动新兴产业成长，是利当前、惠长远、一举多得的重要举措。

从国家重大需求来看，仿真在许多领域都有重要的应用价值。在公共安全方面，有国家安全、国防、公共安全重大领域信息处理、应急事件处理、安全维稳技术支撑、网络舆情、公共安全监测的技术保障等需求。在军事仿真方面，有战场态势和环境模拟、装备使用和维修训练、节约经费、提高效率、保护环境、减少伤亡等需求。在医疗卫生方面，有人员培训、手术规划、数字诊疗、高精度跟踪和实时手术导航、远程医疗、药物监控、康复指导等需求。在工业制造方面，有人在回路中的数字样机设计、模拟、测试、安全高效的人员培训、增强现实辅助装调和维修等需求。

8.1　仿真技术创新政策与建议

8.1.1　加强国家政策支持，制定和实施虚拟现实专项规划

根据我国信息技术产业发展战略及重大工程部署，深入研究仿真技术产业发展战略，重点突破自主可控的仿真基础核心技术与关键软硬件设备，制定实施仿真技术产业化规划，加速部署与推进仿真技术推广应用工程，支持和推动仿真技术自主创新能力建设和自主品牌建设。

8.1.2　推进仿真产业资源优化配置，建立融合开放的研制生产体系

创新发展思路，推进仿真技术发展与产业发展模式的深入融合和创新，结合供给侧改革要求，推进仿真产品研制与生产管理体制变革和转型升级，提升供应链管理能力，推进仿真产业资源优化配置，提高专业化能力和市场化程度，建立官产学研用推进联盟，开展开放、协同、高效社会化协作。

8.1.3　持续坚持和发展"创新驱动"及建模仿真技术、信息通信技术、新一代人工智能技术与应用领域技术的深度融合

智能仿真是"新互联网＋大数据＋人工智能＋"时代的一种建模与仿真新模式、新手段和新业态，随着时代需求和技术的发展，要持续地研究建模与仿真的模式、手段和业态的新发展，其发展路线应是持续坚持和发展"创新驱动"及"建模仿真技术、信息通信技术、新一代人工智能技术与应用领域技术的深度融合"，还需要全国、全球的合作与交流，同时又要充分重视各国、各领域及各系统的特色和特点。以下是几点具体发展建议：

（1）注重技术开发

从历史上来看，一个颠覆性新技术出现时，会推动整个领域的进步。以往是单个技术开花结果，现在是很多技术加在一起有可能使智能仿真具有前所未有的爆发性发展，为智能仿真的建模方法、支撑系统、共性技术、应用工程带来跨越式的进步。

（2）设计新的鼓励机制和评价标准促进跨学科的合作

跨界和学科交叉是当前智能仿真技术发展的一大特点。很多之前不做仿真的神经科学家、人工智能专家、计算机工程师与仿真专家合作，他们从全新的角度，用过去几十年都无法想象的方法手段，创造性地将人工智能与仿真技术结合起来。这种学科

261

交叉和跨界合作带来的创造力令人振奋。

（3）以目标或任务导向定课题和项目

这种做法在现代科研项目中呈现出越来越多的不凡表现。这类任务导向性的工作需要较大团队的协作，要运用现代化的项目管理方式，要求有明确而可衡量的目标，紧扣主题和可实现的计划，以及明确的方法和进程时间表。在中国的智能仿真项目中，可以考虑一部分"任务导向性"课题，譬如工业智能机器人的仿真平台开发、军事智能人机系统的仿真平台开发、脑仿真环境等。

（4）由科学家来定方向

中国在科研管理上已有长足的进步。在如何立项、如何管理方面略显欠缺，早期的咨询不够。如何组织由具全局观念和公心的、有国际学术地位而又还在科研一线工作的战略科学家组成的专家委员会；如何让广大科学家通过深入讨论来决定做什么、怎么做；如何来考核评价科研成果，这些都是需要深入思考。

（5）建立强有力工作机制

考虑到建模仿真发展的战略意义、本领域已经在世界范围内成为各国科技竞争的"兵家必争之地"，建议由国家相关部门牵头，成立建模仿真专项工作组，赋予强有力的科技方案制定和科学决策咨询职责，统筹协调各方建议和研究力量，抓紧提出建模仿真的系统性综合方案。可在"建模仿真专项工作组"下，设立科技前沿小组、科技计划和布局组、经费投入论证组等，吸收产业界的代表，细化、精确论证我国迫切需要发展的领域和战略必争领域。

（6）工程化设计项目

国际大型科技计划成功案例早已表明，大型科技计划成功的关键在于设定清晰的总体目标、明确的里程碑式的目标、质量指标和评估。在整体目标框架下，加强目标导向性的基础研究。我国发展新型建模与仿真技术，宜按照工程化设计的思路，做好建模与仿真重大科技项目的顶层设计，总体目标要清晰，而技术方案可以灵活。同时，在计划启动实施过程后，应阶段性评估计划的进展状况，即时修正和完善技术路线和方案。

（7）促进协作与共享

参与建模与仿真建设的单位多，分头独立建设需要大量投入；而很多建模与仿真资源具有通用性，通过协作和共享能够大大提高资源利用率。例如，美军将促进协作和共享作为管理工作的重点，以避免各自为战造成"烟囱林立"的局面。我国应该在加强统一管理和合作开发的同时，还要提供共享所需的标准和服务。统一的标准是开展共享的前提和基础，组织拟制并颁布实施技术标准是管理部门的重要职责。我国需要借鉴美军的标准体系及其宣贯方法，强化标准建设。另外，应通过互联网或局域网构建面向全国的建模与仿真共享平台，为建模与仿真建设参与单位发布、访问和共享成果提供服务。

（8）注重数据与服务资源的管理

在建模与仿真领域，大多数系统采取"模型与数据"分离的设计思想，系统研制单位仅负责软件平台和模型开发，而不关心数据问题。另外，有些系统研制采用"交钥匙工程"的交付方式，不注重系统应用的技术服务。而缺少数据和服务正是当前制约我国建模与仿真建设和应用的关键问题。在建模与仿真管理中，一是要树立建设与应用一体化的指导思想。应用是建模与仿真建设的出发点和归宿，开发的系统如果不用不会产生任何价值，长期不用的系统由于缺少应用需求的牵引不可能健康发展，其生命周期很快就将终结，造成资源浪费。重视应用必然就要重视数据和服务。二是在项目管理上，要统筹考虑系统研制、数据准备和应用服务的经费、人力和时间安排，加大对数据和应用服务的投入比例。三是加强对数据与服务资源的协调共享。将数据与服务纳入建模与仿真系统资源管理范畴，采取与模拟资源同样的措施促进共享。

8.1.4　加强仿真与行业结合，促进仿真＋的发展

互联网在不断的发展过程中，与电子政务、电子商务、行业信息化深度融合，产生了"互联网＋"，在促进应用发展的同时，对自身技术也产生了需求。与"互联网＋"一样，仿真技术也是各行业都可以采用并助力自身发展的一项重要技术。"仿真＋X"（应用领域）成为一种新的发展趋势，仿真技术进入了"＋时代"。目前仿真技术也在融入互联网，形成"互联网＋仿真"的模式，开始结合云计算、大数据、移动终端等不断发展，这也从功能、指标等各方面对仿真技术提出了更高的要求。

例如，在军事领域，20世纪80年代，美国就开发了仿真网络（Simnet），把美国和欧洲一些国家的军事设施和仿真设施用网络连接起来，进行异地的军事训练；随后，美国的陆军、海军和空军利用虚拟战场进行训练，再发展到陆海空三军以虚实结合的方式进行综合训练。2014年，美国又开发了军用的虚拟现实头盔，通过侦查手段把整个战场的数据在后台进行处理，然后全部推送到单兵佩戴的头盔上，这样每个士兵都可以看到、了解整个战场的态势。

在装备制造领域，早在20世纪90年代，"波音777"飞机借助与仿真相关的技术，采用数字化设计，错误修改量较过去减少了90%，研发周期缩短了50%，成本降低了60%，目前应用仿真技术更多的是汽车制造业。2006年，福特公司将仿真技术用于新车设计，使研发周期和费用大大降低。2014年，宝马公司宣布将推出虚拟现实眼镜，用于智慧维修和沉浸式汽车设计。

在医疗、建筑、教育等领域，仿真技术也在发挥着重要的作用，与领域日益深

度融合，同时仍有许多重大技术瓶颈需要突破，具体包括多源数据或模型无缝融合的困难，以及对象模型不能进行自由交互或逼真响应。如何做到更加真实是一个重要问题。此外，目前模型的复杂性、可建模性和可信性理论还有待突破。仿真技术的智能化还有待发展，人机体感交互还不尽如人意。相关领域新的技术发展，为虚拟现实技术提供新的元素、机会和平台。可穿戴设备、互联网、移动终端应用、大数据应用等新型应用需求的出现，也需要仿真技术提供有力的支撑。

8.2　仿真成果转化与推广政策与建议

为了加快仿真技术成果转化，并促使仿真技术推广并应用，相关政策从产权界定、市场激励、培育应用市场三个方面加以支持。

8.2.1　激励创新，完善产权界定，激励创新个人成果转化与推广服务积极性

仿真技术的知识产权保护存在先天性困难，具体在于：仿真技术的创新往往在于智力活动规则或者某抽象的算法，而现有专利并不接受智力活动规则和抽象算法的专利申请。软件著作权登记制度难以保护技术创新个人的劳动成果。除了仿真技术知识产权界定上的先天困难，围绕产权界定的激励机理也难以调动技术成果转化与推广的积极性，主要是因为技术创新的成果和收益一般归国家所有，属于公用产权，取得军事技术创新重大成果的个人或单位没有足够的回报作为动力推动成果转化，甚至有可能对推广持有抵触态度。创立仿真技术创新个人贡献度认证制度和按照贡献比例分配的激励机制。仿真科研人员是仿真技术的主体，仿真技术研究成果的获得，是由具体科研人员的研究成果累计而来，没有这些分散的个体创新，就不可能较快地获得有效的科研成果。重视仿真技术创新成果中具体科研人员的分散式个体创新对整体的贡献，引入技术创新个人贡献度认证制度，让创新个体能够根据个人贡献度参与成果转化和推广中获取收益的分配，有效激励仿真技术人员和单位转化和推广成果的积极性。

8.2.2　依托市场激励，增加实用成果转化率

增加仿真技术成果转化和推广收益在仿真技术创新主体收入中的比重。仿真技术创新中的同类成果很多，是否适应国内外市场只能依靠市场反响来确定。以科研经费为主要收入的仿真技术创新主体难以关注成果转化和推广中的用户回馈，表现出市场不敏感的特征。为此，需要降低科研经费占仿真技术创新主体收入的比例，相应地用成果转化和推广收益分成作为激励，促使仿真技术创新主体更加关注成果的实用性、经济性和易用性，加速成果转化和推广。

8.2.3 培育应用市场，降低长期成果转化和推广难度

建立借助仿真技术组织的模拟能力评价体系，并给予较高的影响因子，促使仿真技术向应用市场主体转变。市场推广中引入现代营销理念。加大成果转化和推广中的二次开发投入，给仿真技术成果提供免费试用期或者试用版，在仿真技术产品赚取利润前接受可能的市场培育期，引导市场在试用中成长，培育具有产品忠诚度的稳定客户群，让仿真技术成果转化和推广进入试用–市场增长–购买–提出研究建议–试用–市场增长–购买的良性循环并完善推广服务体系。

8.2.4 构建完善的推广服务体系

这是一项长期而复杂的系统工程，要充分发挥推广服务体系在科技成果转化中的重大作用，必须以市场经济需求为基础，逐步建立多形式、多功能、多层次的科技成果推广服务体系，务必采取以下对策：一是构建多元化的科技推广服务体系。以政府公益性科技推广服务组织为主导，其他组织形式为补充，加快科技推广服务组织多元化协调发展。鼓励科技研发部门、教育培训机构、相关企业专业合作组织、专业协会、中介机构等，针对生产的产前、产中和产后各个重点环节开展各种形式的技术服务工作。二是鼓励科技型企业开展科技研发和推广服务工作，提高科技成果的转化速度。科技型企业一方面使科研部门和科技推广部门所开展的工作与获得的盈利挂钩，激发他们根据市场和发展的实际需求，开展科学研究和成果推广工作；另一方面使得成熟的科技成果直接经过市场配置进入生产实践环节，大大提高科技成果转化的直接性和有效性。三是加大科技成果推广的资金投入。由政府制定相关政策，增加财政资金用于推广工作；多渠道筹措资金，如通过信贷、企业资助、部门经营收入提成以及社会捐赠等形式筹集资金用于科技推广工作。

8.2.5 政策法规、标准规范和技术手段三管齐下

与美国仿真应用相比，我国仍然需要扩大应用范围，加强应用的深度，做好培训与教育工作，让仿真科学与工程得到社会广泛认可。同时，由于我国仿真技术产品的应用方面两极分化明显，中小型企业在仿真技术应用水平上与大型企业有较大差距，民用和国防应用有较大差距，需要相应的措施和政策来导引仿真的发展。政策法规、标准规范和技术手段三管齐下：

1）面向新型人工智能、大数据的仿真技术是"新互联网＋大数据＋人工智能＋"时代的一种建模与仿真新模式、新手段和新业态，随着时代需求和技术的发展，建议持续地研究网络化仿真的模式、手段和业态的新发展。

2）面向新型人工智能、大数据的仿真技术正在发展中，其发展需要"技术、应用、产业"的协调发展，政府应鼓励通过创新驱动建模仿真技术、信息通信技术、新一代人工智能技术与应用领域技术的深度融合。

3）面向新型人工智能、大数据的仿真技术的发展与实施还需要全国各行业的合作与交流，同时又要充分重视各领域及各系统的特色和特点。

4）引导树立正确发展理念。依托国家科技发展规划，制定网络化仿真科技发展详细指导意见和行动指南。围绕国家科技和产业发展在动能、路径、举措方面的现实要求，培育网络化仿真科技产业，形成科学、可行、持续的发展方案，催生仿真科技各类新兴产品、组织业态、产业结构、商业模式。

5）将与仿真科技融合发展作为各个领域变革创新的重要方向。要引导各个领域认识到网络化仿真已经成为重要的科技手段，将其作为创造产业新形态、重塑产业新竞争力的重要支撑和关键抓手。

6）着力夯实关键发展基础。一是仿真核心关键技术突破；二是仿真综合标准体系制定；三是仿真成熟的解决方案研究；四是仿真生态圈构建。

8.2.6 建立和完善相关标准体系，保障市场健康有序

加强虚拟现实技术基础共性标准、关键技术标准和重点应用标准的研究制定，积极参与国际标准化工作，形成我国虚拟现实技术标准体系，巩固自主技术布局占位，提高产业自主话语权。通过标准向消费者传播虚拟现实产品概念，促进信息产品消费，并排除市场上概念混淆和低质量的产品，保证行业健康发展。建立国家虚拟现实技术产品检测与评定中心，实现虚拟现实设备及其关键零部件性能检测能力，及可靠性和安全性能评价能力，推广虚拟现实软硬件评价、认证体系。

8.2.7 提升行业公共服务能力，增强行业协同发展水平

研究建立集技术研究、示范应用、案例展示、推广交流等功能为一体的产业公共服务平台，充分发挥行业协会、产业联盟、科研院所在数据统计、信息服务方面的作用，跟踪国内外技术路径和产业发展动向，加强行业运行监测分析，为产业发展提供支撑服务。设立产业创新中心和应用示范区，鼓励因地制宜出台配套政策，加强政策协调配合，解决产业发展及应用推广中的问题，实现行业集聚发展。通过财政专项支持虚拟现实技术产业化，引导产业做大做强。

8.3　仿真产业保障措施与政策建议

（1）制定产业发展政策

仿真产业作为国家新兴战略性产业的组成部分，应从国家科技战略发展和确立国家技术竞争优势的角度，进行整体谋划，制定鼓励仿真产业发展的中长期规划与政策措施，设立国家重大科技项目支持仿真产业仿真产业的发展。

应集聚国内多方力量共同参与仿真产业战略研究，加强产业发展项目执行的监督、预警、评估，跟踪重点任务实施效果，对比分析国际最新进展，开展持续、滚动的发展研究，针对性地提出调整建议，为国家科技发展决策提供支持。

（2）创新驱动，深化企业改革，加强自主创新研究

历史和现实一再证明，仿真产业的自主创新能力是买不来的，必须依靠自力更生、艰苦奋斗的精神，通过长期持续的培育，才能逐步形成。它是仿真产业可持续发展的生命保障，需要国家科技实力作为支撑。

制造业正面临新工业革命的前夜。仿真产业是新兴制造业的重要组成部分。新工业革命中的制造范式：基于数字化、网络化、智能化制造技术的敏捷化、绿色化、全球化、个性化、服务化智慧制造。因此，我国仿真企业本身急需培育新型制造模式与手段（如工业4.0及云制造等）：以人为本，借助仿真科学技术、新兴信息科学技术、智能科学技术及仿真应用领域的技术等交叉融合的技术手段，围绕提高企业竞争能力的目标，使我国仿真产业实现产品加服务为主导的随时随地按需的个性化、绿色化、社会化制造。

目前，应针对经济社会的重大需求、世界仿真科技发展趋势、我国有可能率先取得突破的领域，扶持仿真产业发展的重点项目，加强自主创新研究与开发，形成相关技术群的战略竞争优势，带动自主创新能力的整体跃升。

（3）建立国家产业基地和联盟

应适应创新驱动发展模式，建设一批仿真产业国家公共创新平台，包括各类实验室、工程中心、产业基地，形成知识创新、技术创新、产业创新、应用创新体系，显著提高系统仿真平台和技术产品的自主保障能力。

应逐步建立起政府为主导、企业为主体、政产学研经协同创新的产业联盟，推进系统仿真向各个应用领域的交叉、渗透、融合。同时，制定不同区域发展规划，建设仿真产业区域创新集群，有效整合资源，提高创新效率。

（4）鼓励国际交流合作

充分利用全球化和对外开放的有利条件，积极开展系统仿真技术的国际项目合

作、企业合作、研究机构合作和人才培养。不断创新仿真产业的国际合作模式，多层次、多渠道、多方式推进国际合作与交流，利用国际化环境迅速提升系统仿真技术水平。

应重点加强仿真理论方法、标准规范、建模技术、支撑平台与仿真工具等方面的国际合作与交流，走出去、请进来，尽快形成国际领先的技术和产业优势。通过开拓系统仿真技术国际市场，提高其整体竞争能力。

（5）塑造产业整体结构

发挥政府主导资源配置作用，将仿真产业发展作为长期任务。统筹国家对研发机构的各类支持方式，以重大项目为纽带组织开展协同攻关，支持产业力量的优化集聚与并购重组，通过市场化运作等手段，塑造国家仿真产业整体结构。

高度关注仿真产业管控、信息安全等问题，尤其是在核心技术与装备进口及国际合作过程中，应加强针对系统硬件、软件、基础信息的安全测试与认证；同时应制定相应法律法规和指南要求，加强仿真产业监管，避免造成损失。

（6）大力发展虚拟现实文化和品牌建设，加强科学普及与人才培养

积极培育和健全虚拟空间文化市场，大力扶持健康虚拟现实内容产业，支持服务创新、模式创新，推动虚拟现实在游戏开发、增强体验、竞技体育、游戏娱乐等各方面的应用，加大对优秀品牌的支持力度。推动开展虚拟现实技术普及，创办各类创新创业大赛，为产业发展提供持续智力资源支持。

8.4　仿真人才培养与教育培训政策与建议

至 2020 年左右中国将进入深度的老龄化社会，带来的影响为劳动力缺乏、劳动力成本上涨，这一趋势给各行各业带来深刻变化，也影响到了仿真技术人才的培养和教育。随着社会进步，2020 年后人口出生率不会迅速上升，而是保持一个低出生率的状态，预计到 2049 年，人才市场一将难求的现象将成为常态，而相关政策将应对此变化而做出适应性调整。在我国当前阶段，人才培养存在着重大的问题，改变这一现状首先要完善仿真科技创新人才培养机制。这是我国促进仿真科研管理体制改革的主要途径。我们要着力仿真科技创新人才数量增加与质量提升的统一，通过市场运作，将各投资主体与学校、企业、科研机构、科技服务机构等仿真科技创新人才培养基地联结起来，形成有机联系。

（1）仿真人才增量机制

建立仿真科技创新人才增量机制主要是为了满足仿真的可持续发展目标提出的人才总量增长机制。建立增量机制要从仿真行业的特殊性出发，重点要考虑创新人才的

引入、储备及对行业内部人员的培训与教育。

（2）仿真人才定向培养机制

由于生活环境比较差，人才"下不去，留不住"。为了使仿真行业的科技创新人才队伍可持续发展，仿真行业重点改善现有条件，吸引行业人才和非仿真毕业生的引进外，国家应定期发布人才急需的数量和要求，并为仿真企业设立定向培养大学生指标，从经济上对定向实施扶持。一是营造仿真技术人才安心工作环境，防止人才流失。二是重新规划仿真技术人才成长路线，降低编制岗位限制带来的人才流失压力。

（3）仿真岗位编制机制

当前仿真技术人才因为编制岗位限制，被动专业压力大；待遇低，外部吸引大，主动转业带来人才流失；升迁前景黯淡，缺乏对口专业技术部门，难以吸引高素质人才选择仿真技术专业，已有的仿真技术人才转行多。这些都严重影响了仿真技术人员的培育。为了留住仿真技术人才，改变现有编制岗位的限制，加大仿真专业技术等级在薪资确定中的比重，使得仿真技术人才可以安心在专业岗位上持续研究。

（4）仿真教育培训机制

由于仿真科技人才匮乏，为了改变仿真科技创新人才队伍的现状，并使仿真科技创新人才保持创新精神，就要迅速建立起开展教育培训机制，为他们提供新鲜知识，充分发挥、培养他们的创新思维。

（5）仿真人才储备机制

仿真人才储备机制主要为了吸引并留住仿真所需的各种人才。人才储备可从几方面入手。首先是外部人才内部化。外部人才内部化是推进仿真科学进步的一条重要手段和途径，这有利于尽快转变人才结构不合理的状况，特别是有利于解决人才短缺的问题，可以取得较好的综合效益。其次，在行业内部选拔人才。内部选才能在现有的仿真科技创新人才队伍中形成较好的激励，可以减少人才引进的成本。最后，实现人才资源的共享。通过制定吸引人才和研发机构的鼓励政策，在分配和奖励等方面实施倾斜政策，改善仿真经营的投资环境，吸引国外仿真研发机构的进入和其他科技创新型人才入行。

（6）仿真人才认证制度

减少不确定性。增加仿真技术人才专业水平认证和保密资质认证。仿照其他行业的专业资质认证，增设仿真建模师、仿真软件架构师等资质认证，以准确界定仿真技术人才擅长的领域和技术水平。仿真技术研究单位可以根据军事仿真技术人才的资质，确定其研究能力，减少"蜂群式开发"的失败可能性。

（7）仿真人才流通机制

保证人才利用率。形成仿真技术人才流通机制。降低各用人单位对仿真技术人才在流动的限制权力，明确指定不允许加以限制的条件。促使仿真技术人才在流动中形成优化配置，同时杜绝用人单位强制留人而不用的现象，倒逼尊重人才氛围的形成。

（8）仿真研究基地建设

需要管理、整合，适当建立若干大的科学平台，集中优势资源，针对生命系统仿真科学发展的不同领域，进行专项研究。如：同步辐射光源、计算生物学、高等级生物安全实验室、可控生态实验站、野生种质资源库等。因此，应加强国家级高新技术园区和高技术产业化基地的建设。

（9）仿真高端人才培养

以研究基地为依托，培养和引进仿真技术相关领域的高端人才，形成高水平研究团队，整体提高原始创新性研究和产品开发能力，逐渐形成有带动性和辐射性的科技产业链。

（10）仿真软件人才培养

受目前的专业划分限制，目前很难培养出既精通行业背影，又具备高超仿真软件开发能力的工程师，更不要说同时具备高超的仿真系统开发能力的人才。

（11）仿真学科设立

培养专业型人才。鉴于仿真技术对于未来工业 4.0 时代制造系统技术的重要性，同时在现有划分过细的专业设置的现状下，应迅速鼓励有条件的院校设立仿真学科，积极培养这方面的专业人才。

参考文献

［1］涂序彦. 广义模型智能仿真软件人［J］. 计算机仿真，2011，28（7）：224-228.

［2］徐庚保，曾莲芝. 智能仿真［J］. 计算机仿真，2011，28（4）：1-5.

［3］李伯虎，柴旭东，张霖，等. 面向新型人工智能系统的建模与仿真技术初步研究［J］. 系统仿真学报，2018，30（2）：349-362.

［4］Baskaran V，Reddy Y V. An introspective environment for knowledge based simulation［C］// Proceedings of the 16th conference on Winter simulation. IEEE Press，1984：644-651.

［5］Gaines B R. Expert systems and simulation in the design of an FMS advisory system［J］. Simulation in Manufacturing，1986：311-324.

［6］Kawamura K. Development of a Simulation Expert System ISST International Conference［J］. 1986.

［7］Shivnan J，Browne J. AI-based simulation of advanced manufacturing systems［J］. Simulation in Manufacturing-2，Chicago，USA，1986.

［8］Blalock Jr H M. Causal inferences in nonexperimental research［J］. 1961.

［9］Brauer F，Nohel J A. The qualitative theory of ordinary differential equations：an introduction［M］. Courier Corporation，2012.

［10］De Kleer J，Brown J S. A qualitative physics based on confluences［J］. Artificial intelligence，1984，24（1-3）：7-83.

［11］Forbus K D. Qualitative process theory［J］. Artificial intelligence，1984，24（1-3）：85-168.

［12］Kuipers B. Qualitative simulation［J］. Artificial intelligence，1986，29（3）：289-338.

［13］Zadeh L A. Syllogistic reasoning in fuzzy logic and its application to usuality and reasoning with dispositions［J］. IEEE Transactions on Systems，Man，and Cybernetics，1985,（6）：754-763.

［14］Zadeh L A. A simple view of the Dempster-Shafer theory of evidence and its implication for the rule of combination［J］. AI magazine，1986，7（2）：85-90.

［15］Zadeh L A. A Computational Theory of Dispositions［M］//Computer Integrated Manufacturing. Springer，Berlin，Heidelberg，1988：215-241.

［16］Shen Q，Leitch R. Fuzzy qualitative simulation［J］. IEEE Transactions on Systems，Man，and Cybernetics，1993，23（4）：1038-1061.

［17］Fishwick P A，Luker P A. Qualitative Simulation Modeling and Analysis［M］. Springer New York，1991.

［18］Vesanterä P J，Cellier F E. Building intelligence into an autopilot using qualitative simulation to support global decision making［J］. Simulation，1989，52（3）：111-121.

［19］ Dalle Molle D T，Kuipers B J，Edgar T F. Qualitative modeling and simulation of dynamic systems［J］. Computers & Chemical Engineering，1988，12（9-10）：853-866.

［20］ Rauch H E. Intelligent fault diagnosis and control reconfiguration［J］. IEEE Control systems，1994，14（3）：6-12.

［21］ Hangos K M，Cs á ki Z，Jørgensen S B. Qualitative model-based intelligent control of a distillation column［J］. Engineering Applications of Artificial Intelligence，1992，5（5）：431-440.

［22］ Cohen M D，March J G，Olsen J P. A garbage can model of organizational choice［J］. Administrative science quarterly，1972：1-25.

［23］ Thomas S. Micromotives and Macrobehavior［J］. WW Norton & Company，New York，1978，79-121.

［24］ Epstein J M，Axtell R. Growing artificial societies：social science from the bottom up［M］. Brookings Institution Press，1996.

［25］ Basu N，Pryor R，Quint T. ASPEN：A microsimulation model of the economy［J］. Computational Economics，1998，12（3）：223-241.

［26］ 模拟人脑：真正的人工智能还有多远？［OL］壹心理. http://www.xinli001.com/info/100000532.

［27］ Robotics V O. A Roadmap for US Robotics：From Internet to Robotics，2013 edition［J］. Accessed online October，2013，23：2015.

［28］ House W. Fact sheet：BRAIN initiative［J］.［2016-10-20］. https://www.whitehouse. gov/the-press-office/2013/04/02/fact-sheet-brain-initiative，2013.

［29］ House W. The Administration's report on the future of artificial intelligence［J］.［2016-10-20］. https://www.whitehouse.gov/blog/2016/10/12/administrations-report-future-artificial-intelligence，2016.

［30］ 李山. 石墨烯和人脑工程入选欧盟旗舰技术项目［J］. 炭素技术，2013（2）：10.

［31］ Brain/MINDS. Brain/MINDS official brochure［EB/OL］.［2016-10-19］. http://brainminds.jp/en/overview/brochure.

［32］ Ministry of Science，ICT and Future Planning. MSIP announces "neuroscience development strategy" to prepare for new intelligence information society［EB/OL］.［2016-10-19］. http://english.msip. go.kr/english/msipContents/contentsView.do?cateId=msse44&artId=1299694.

［33］ Morris R G M，Oertel W，Gaebel W，et al. Consensus Statement on European Brain Research：the need to expand brain research in Europe-2015［J］. European Journal of Neuroscience，2016，44（3）：1919-1926.

［34］ 刘亚东，胡德文. 脑科学视角下的高性能计算［J］. 计算机学报，2017，40（9）：2148-2166.

［35］ SP11-Applications［OL］. https://www.humanbrainproject.eu/applications.

［36］ Human brain project-Areporttothe European Commis-sion［OL］. http://www.humanbrain project.eu.

［37］ SP6-Brain Simulation［OL］. https://www.humanbrainproject.eu/brain-simulation-platform.

［38］ Brain Research through Advancing Innovative Neurotechnologies（BRAIN）Working Group. Advisory

committee to the NIH director interimreport［EB/OL］.［2013-09-16］. http://acd.od.nih.gov/
presentations/BRAIN-Interim-Report.pdf.

［39］The National Science Foundation. Prying open the black box of the brain［EB/OL］.［2013-07-12］.
http://www.nsf.gov/discoveries/disc_summ.jsp?cntn_id=128239.

［40］Epstein J M, Axtell R. Growing artificial societies: social science from the bottom up［M］.
Brookings Institution Press, 1996.

［41］Basu N, Pryor R, Quint T. ASPEN: A microsimulation model of the economy［J］. Computational
Economics, 1998, 12（3）: 223-241.

［42］Bak P, Paczuski M, Shubik M. Price variations in a stock market with many agents［J］. Physica A:
Statistical Mechanics and its Applications, 1997, 246（3-4）: 430-453.

［43］Yuan B, Chen K. Impact of investor's varying risk aversion on the dynamics of asset price fluctuations
［J］. Journal of Economic Interaction and Coordination, 2006, 1（2）: 189-214.

［44］Harrison J R, Lin Z, Carroll G R, et al. Simulation modeling in organizational and management
research［J］. Academy of management review, 2007, 32（4）: 1229-1245.

［45］Zeidenberg M. Agent-based models of urban industrial specialization［C］. Proceedings of
Proceedings of the 2005 Winter Simulation Conference. Orlando, USA, 2005: 2-15.

［46］Albino V, Carbonara N, Giannoccaro I. Innovation in industrial districts: An agent-based
simulation model［J］. International Journal of Production Economics, 2006, 104（1）: 30-45.

［47］Swaminathan J M, Smith S F, Sadeh N M. A multi agent framework for modeling supply chain
dynamics［C］//Proceedings of the NSF Research Planning Workshop on Artificial Intelligence and
Manufacturing. 1996. 210-218.

［48］Kaihara T. Multi-agent based supply chain modelling with dynamic environment［J］. International
Journal of Production Economics, 2003, 85（2）: 263-269.

［49］Kimbrough S O, Wu D J, Zhong F. Computers play the beer game: can artificial agents manage
supply chains?［J］. Decision support systems, 2002, 33（3）: 323-333.

［50］Verwater-Lukszo Z, Bouwmans I. Intelligent complexity in networked infrastructures［C］//Systems,
Man and Cybernetics, 2005 IEEE International Conference on. IEEE, 2005, 3: 2378-2383.

［51］Barreu CL. Los Alamos National laboratory Report（LA-UR-99-1658）［R］. 1999.

［52］Los Alamos National Laboratory［EB/OL］. http://episims.lanl.gov. 2003.

［53］Bush B, Guere P, Holland J. Nisac energy sector: Interdependent energy infrastructure simulation
system（IEISS）［J］.［2008-12-01］. http://www.sandia. gov/nisac/ieiss. html, 2003.

［54］CIMS: Critical Infrastructure ModelinR［EB/OL］. http://www.inl.gov/nationalsecurity/factsheets/
docs/cims.pdf.

［55］Goodwin B L, Lee L. PLANNING AND ASSESSING EFFECTS BASED OPERATIONS（EBO）［C］//
2005 International Command and Control Research and Technology Symposium. 2005.

［56］罗批, 司光亚, 胡晓峰, 等. 基于 Agent 的复杂系统建模仿真方法研究进展［J］. 装备指挥技
术学院学报, 2003, 14（1）: 78-82.

［57］Strukov D B，Snider G S，Stewart D R，et al. The missing memristor found［J］. nature，2008，453（7191）：80–83.

［58］Yang J J，Pickett M D，Li X，et al. Memristive switching mechanism for metal/oxide/metal nanodevices［J］. Nature nanotechnology，2008，3（7）：429–433.

［59］Snider G S. Spike–timing–dependent learning in memristive nanodevices［C］//Proceedings of the 2008 IEEE International Symposium on Nanoscale Architectures. IEEE Computer Society，2008：85–92.

［60］Jo S H，Chang T，Ebong I，et al. Nanoscale memristor device as synapse in neuromorphic systems［J］. Nano letters，2010，10（4）：1297–1301.

［61］Kim S，Choi S H，Lu W. Comprehensive physical model of dynamic resistive switching in an oxide memristor［J］. ACS nano，2014，8（3）：2369–2376.

［62］Yu S，Wu Y，Jeyasingh R，et al. An electronic synapse device based on metal oxide resistive switching memory for neuromorphic computation［J］. IEEE Transactions on Electron Devices，2011，58（8）：2729–2737.

［63］Berdan R，Vasilaki E，Khiat A，et al. Emulating short–term synaptic dynamics with memristive devices［J］. Scientific reports，2016，6：18639.

［64］Kuzum D，Jeyasingh R G D，Lee B，et al. Nanoelectronic programmable synapses based on phase change materials for brain–inspired computing［J］. Nano letters，2011，12（5）：2179–2186.

［65］Kuzum D，Yu S，Wong H S P. Synaptic electronics：materials，devices and applications［J］. Nanotechnology，2013，24（38）：382001.

［66］Pickett M D，Medeiros–Ribeiro G，Williams R S. A scalable neuristor built with Mott memristors［J］. Nature materials，2013，12（2）：114–117.

［67］Vincent A F，Larroque J，Locatelli N，et al. Spin–transfer torque magnetic memory as a stochastic memristive synapse for neuromorphic systems［J］. IEEE transactions on biomedical circuits and systems，2015，9（2）：166–174.

［68］Merolla P A，Arthur J V，Alvarez–Icaza R，et al. A million spiking–neuron integrated circuit with a scalable communication network and interface［J］. Science，2014，345（6197）：668–673.

［69］Prezioso M，Merrikh–Bayat F，Hoskins B D，et al. Training and operation of an integrated neuromorphic network based on metal–oxide memristors［J］. Nature，2015，521（7550）：61–64.

［70］王巍. 美欧积极发展新兴类脑微处理器［J］. 中国集成电路，2014，23（11）：87–90.

［71］Neuroscience Programs at ARPA［OL］. http://www.iarpa.gov/index.php.research-programs/neuroscience-programs-at-iarpa

［72］Panzeri S，Brunel N，Logothetis N K，et al. Sensory neural codes using multiplexed temporal scales［J］. Trends in neurosciences，2010，33（3）：111–120.

［73］Butts D A，Weng C，Jin J，et al. Temporal precision in the neural code and the timescales of natural vision［J］. Nature，2007，449（7158）：92–95.

［74］Hopfield J J. Pattern recognition computation using action potential timing for stimulus representation［J］.

Nature，1995，376（6535）：33-36.

[75] Samonds J M，Zhou Z，Bernard M R，et al. Synchronous activity in cat visual cortex encodes collinear and cocircular contours［J］. Journal of Neurophysiology，2006，95（4）：2602-2616.

[76] Leutgeb S，Leutgeb J K，Moser M B，et al. Place cells，spatial maps and the population code for memory［J］. Current opinion in neurobiology，2005，15（6）：738-746.

[77] Yu Q，Tang H，Tan K C，et al. Rapid feedforward computation by temporal encoding and learning with spiking neurons［J］. IEEE transactions on neural networks and learning systems，2013，24（10）：1539-1552.

[78] Dennis J，Yu Q，Tang H，et al. Temporal coding of local spectrogram features for robust sound recognition［C］//Acoustics，Speech and Signal Processing（ICASSP），2013 IEEE International Conference on. IEEE，2013：803-807.

[79] Bi G，Poo M. Distributed synaptic modification in neural networks induced by patterned stimulation［J］. Nature，1999，401（6755）：792-796.

[80] Gjorgjieva J，Clopath C，Audet J，et al. A triplet spike-timing-dependent plasticity model generalizes the Bienenstock-Cooper-Munro rule to higher-order spatiotemporal correlations［J］. Proceedings of the National Academy of Sciences，2011，108（48）：19383-19388.

[81] Bohte S M，Kok J N，La Poutré J A. SpikeProp：backpropagation for networks of spiking neurons［C］//ESANN. 2000：419-424.

[82] Diehl P U，Neil D，Binas J，et al. Fast-classifying，high-accuracy spiking deep networks through weight and threshold balancing［C］//Neural Networks（IJCNN），2015 International Joint Conference on. IEEE，2015：1-8.

[83] Cao Y，Chen Y，Khosla D. Spiking deep convolutional neural networks for energy-efficient object recognition［J］. International Journal of Computer Vision，2015，113（1）：54-66.

[84] Maass W，Natschläger T，Markram H. Real-time computing without stable states：A new framework for neural computation based on perturbations［J］. Neural computation，2002，14（11）：2531-2560.

[85] Eliasmith C，Anderson C H. Neural engineering：Computation，representation，and dynamics in neurobiological systems［M］. MIT press，2004.

[86] Eliasmith C，Stewart T C，Choo X，et al. A large-scale model of the functioning brain［J］. science，2012，338（6111）：1202-1205.

[87] 曾毅，刘成林，谭铁牛. 类脑智能研究的回顾与展望［J］. 计算机学报，2016，39（1）：212-222.

[88] Hawkins J. On Intelligence［M］. New York：Times Books，2004.

[89] Hawkins J，Ahmad S，Dubinsky D. Hierarchical temporal memory including HTM cortical learning algorithms［R］. Technical Report. Palto Alto：Numenta Inc.，2011.

[90] NEST Simulator l The Neural Simulation Tool［OL］.［2015-10-25］. http://www.nest-simulator. org/.

［91］A simulated mouse brain in a virtual mouse body［OL］.［2015−10−25］. https://www.humanbrainproject. eu/−/a−simulated−mousebrain−ina−virtual−mouse−bo−2.

［92］Artiba A，Emelyanov V V，Iassinovski S I. Introduction to intelligent simulation：The RAO language ［M］. Springer Science & Business Media，2012.

［93］刘雪峰. 中小企业信贷配给问题及人工信贷市场仿真研究［D］. 天津：天津大学，2010.

［94］张维，冯绪，熊熊，等. 计算实验金融在中国：研究现状及未来发展［J］. 系统管理学报，2012，21（6）：756−764.

［95］赵志刚，张维，张小涛，等. 基于两类学习模型的多主体人工股票市场研究［J］. 系统工程学报，2013，28（6）：756−763.

［96］Li H，Tang M，Shang W，et al. Securities transaction tax and stock market behavior in an agent− based financial market model［J］. Procedia Computer Science，2013，18：1764−1773.

［97］张伟，石纯一. Agent 的组织承诺和小组承诺［J］. 软件学报，2003（3）：473−478.

［98］李德刚，于德介，刘坚，等. 基于 Agent 的组织建模研究［J］. 中国管理科学，2005，V（6）：136−142.

［99］赵书良，蒋国瑞，黄梯云. 适于描述多种组织结构的可复用的 agent 组织模型［J］. 北京工业大学学报，2007，33（7）：741−747.

［100］王希科，李中学，钟海铭. 基于角色的 Agent 组织结构演化机制［J］. 计算机系统应用，2010（8）：57−61.

［101］乐建兵，杨建梅. 基于多智能体的西樵纺织产业集群成长机制仿真研究［J］. 科技管理研究，2012，32（2）：99−103.

［102］周庆，黄颖颖，陈剑. 基于主体的动态竞争模型的设计与仿真［J］. 系统仿真学报，2005，17（8）：1977−1981.

［103］李英. 基于 Agent 的产业集群中创新扩散模型框架［J］. 华东理工大学学报（社会科学版），2009，24（3）：43−46.

［104］辛玉红，江炳辉. 基于 Agent 的供应链演化及 Repast S 仿真［J］. 科技管理研究，2011，31（8）：80−84.

［105］于春云，赵希男，彭艳东，等. 基于条件风险值理论的供应链优化与协调模型研究［J］. 中国管理科学，2007，15（3）：31−39.

［106］陈成，薛恒新，张庆民. 基于本体与多 Agent 的可靠供应链网络设计模型［J］. 计算机集成制造系统，2011，17（1）：142−150.

［107］李昊，赵道致. 基于 Agent 的零售商主导供应链协调定价机制研究［J］. 软科学，2012，26（2）：30−33.

［108］席元凯，吴旻. 基于多 Agent 的供应链风险管理［J］. 物流科技，2009（3）：107−109.

［109］盛昭瀚，张军，杜建国. 社会科学计算实验理论与应用［M］. 上海：上海三联书店，2009.

［110］李翔. 基于本体的多 Agent 电子商务供应链协商模型［J］. 物流工程与管理，2013（3）：138−140.

［111］赵娜，李伟，刘文远. 基于 Agent 的海上搜救合作流程优化［J］. 中国水运：下半月，2012

（9）：28-30.

［112］吴美琴 . 基于多 Agent 交互的企业合作技术创新研究［D］. 太原：山西大学，2007.

［113］陈学松，杨宜民，陈建平，等 . 一种联盟结构的多 Agent 合作求解算法［J］. 计算机工程与应用，2009，45（28）：64-66.

［114］张彪 . 创新技术采纳决策与扩散问题研究及应用［D］. 武汉：华中科技大学，2008.

［115］王冬 . 基于 Agent 的物流企业客户竞争建模与仿真［J］. 物流技术，2014，33（1）：150-152.

［116］赵剑冬，黄战 . 基于 Agent 的经济社会系统建模与仿真研究［J］. 复杂系统与复杂性科学，2011，8（4）：59-67.

［117］Kang J F, Gao B, Huang P, et al. Oxide-based RRAM：Requirements and challenges of modeling and simulation［C］//Electron Devices Meeting（IEDM），2015 IEEE International. IEEE，2015：5.4.1-5.4.4.

［118］Zhang Y, Wu H, Bai Y, et al. Study of conduction and switching mechanisms in Al/AlOx/WOx/W resistive switching memory for multilevel applications［J］. Applied Physics Letters，2013，102（23）：233502.

［119］Bai Y, Wu H, Zhang Y, et al. Low power W：AlOx/WOx bilayer resistive switching structure based on conductive filament formation and rupture mechanism［J］. Applied Physics Letters，2013，102（17）：173503.

［120］Tian H, Mi W, Wang X F, et al. Graphene dynamic synapse with modulatable plasticity［J］. Nano letters，2015，15（12）：8013-8019.

［121］Zhu L Q, Wan C J, Guo L Q, et al. Artificial synapse network on inorganic proton conductor for neuromorphic systems［J］. Nature communications，2014，5：3158.

［122］Wan C J, Zhu L Q, Liu Y H, et al. Proton-Conducting Graphene Oxide-Coupled Neuron Transistors for Brain-Inspired Cognitive Systems［J］. Advanced Materials，2016，28（18）：3557-3563.

［123］Liu N, Zhu L Q, Feng P, et al. Flexible sensory platform based on oxide-based neuromorphic transistors［J］. Scientific reports，2015，5：18082.

［124］Zhou J, Liu N, Zhu L, et al. Energy-efficient artificial synapses based on flexible IGZO electric-double-layer transistors［J］. IEEE Electron Device Letters，2015，36（2）：198-200.

［125］Xia M, Zhu M, Wang Y, et al. Ti-Sb-Te Alloy：A candidate for fast and long-life phase-change memory［J］. ACS applied materials & interfaces，2015，7（14）：7627-7634.

［126］Xia M, Ding K, Rao F, et al. Aluminum-centered tetrahedron-octahedron transition in advancing Al-Sb-Te phase change properties［J］. Scientific reports，2015，5：8548.

［127］Zhong Y, Li Y, Xu L, et al. Simple square pulses for implementing spike-timing-dependent plasticity in phase-change memory［J］. physica status solidi（RRL）-Rapid Research Letters，2015，9（7）：414-419.

［128］Zhou Y, Li Y, Xu L, et al. A hybrid memristor-CMOS XOR gate for nonvolatile logic computation

［J］. physica status solidi（a）, 2016, 213（4）: 1050-1054.

［129］ Tang Z, Fang L, Xu N, et al. Forming compliance dominated memristive switching through interfacial reaction in Ti/TiO2/Au structure［J］. Journal of Applied Physics, 2015, 118（18）: 185309.

［130］ Chen T, Du Z, Sun N, et al. Diannao: A small-footprint high-throughput accelerator for ubiquitous machine-learning［J］. ACM Sigplan Notices, 2014, 49（4）: 269-284.

［131］ Chen Y, Luo T, Liu S, et al. Dadiannao: A machine-learning supercomputer［C］//Proceedings of the 47th Annual IEEE/ACM International Symposium on Microarchitecture. IEEE Computer Society, 2014: 609-622.

［132］ Shi L, Pei J, Deng N, et al. Development of a neuromorphic computing system［C］//Electron Devices Meeting（IEDM）, 2015 IEEE International. IEEE, 2015: 4.3.1-4.3.4.

［133］ Shen J, Ma D, Gu Z, et al. Darwin: a neuromorphic hardware co-processor based on spiking neural networks［J］. Science China Information Sciences, 2016, 59（2）: 1-5.

［134］ Xiong F, Liao A D, Estrada D, et al. Low-power switching of phase-change materials with carbon nanotube electrodes［J］. Science, 2011, 332（6029）: 568-570.

［135］ Qiao H, Li C, Yin P, et al. Human-inspired motion model of upper-limb with fast response and learning ability-a promising direction for robot system and control［J］. Assembly Automation, 2016, 36（1）: 97-107.

［136］ Qiao H, Li Y, Tang T, et al. Introducing memory and association mechanism into a biologically inspired visual model［J］. IEEE transactions on cybernetics, 2014, 44（9）: 1485-1496.

［137］李潭. 复杂系统建模仿真语言关键技术研究［D］. 北京: 北京航空航天大学, 2011: 143-148.

［138］ Li B H, Song X, Zhang L, et al. CoSMSOL: Complex system modeling, simulation and optimization language［J］. International Journal of Modeling, Simulation, and Scientific Computing, 2017, 8（02）: 1741002.

［139］胡晓峰, 贺筱媛, 徐旭林. 大数据时代对建模仿真的挑战与思考——中国科协第81期新观点新学说学术沙龙综述［J］. 中国科学: 信息科学, 2014, 44（5）: 676-692.

［140］毕长剑. 大数据时代建模与仿真面临的挑战［J］. 计算机仿真, 2014, 31（1）: 1-3.

［141］ Yang S, Yu C, Chen P, et al. Protective immune barrier against hepatitis B is needed in individuals born before infant HBV vaccination program in China［J］. Scientific Reports, 2015, 5: 18334.

［142］ Yang S, Wang B, Chen P, et al. Effectiveness of HBV vaccination in infants and prediction of HBV prevalence trend under new vaccination plan: findings of a large-scale investigation［J］. PloS one, 2012, 7（10）: e47808.

［143］北京市科学技术委员会. "脑科学研究"专项实施方案启动［EB/OL］. ［2016-10-25］. http://www.bjkw.gov.cn/n8785584/n8904761/n8904960/10394054.html.

［144］上海市科学技术委员会, 上海市科技创新"十三五"规划［EB/OL］. ［2016-10-25］. http://

www.stcsm.gov.cn/gk/ghjh/345606.htm

［145］张旭，刘力，郭爱克．"脑功能联结图谱与类脑智能研究"先导专项研究进展和展望［J］. 中国科学院院刊，2016，31（7）：737–746.

［146］谭铁牛．人工智能发展的思考［C］．中国人工智能学会通讯，2017，1：6–7.

［147］刘韵洁．人工智能将引发未来网络产业变革［J］．杭州科技，2017（2）：40.

［148］Zhao Q P．A survey on virtual reality［J］．Science in China Series F：Information Sciences，2009，52（3）：348–400.

［149］Azuma R，Baillot Y，Behringer R，et al．Recent Advances in Augmented Reality［J］．IEEE Computer Graphics & Applications，2001，21（6）：34–47.

［150］Bimber O，Raskar R．Spatial augmented reality［J］．Ismar，2005：306.

［151］Raskar R，Welch G，Low K L，et al．Shader lamps：Animating real objects with image–based illumination［M］//Rendering Techniques 2001．Springer，Vienna，2001：89–102.

［152］Zhou F，Duh H B L，Billinghurst M．Trends in augmented reality tracking，interaction and display：A review of ten years of ISMAR［C］//Proceedings of the 7th IEEE/ACM International Symposium on Mixed and Augmented Reality．IEEE Computer Society，2008：193–202.

［153］Gere D S．Image capture using luminance and chrominance sensors：U.S．Patent 8，497，897［P］. 2013–07–30.

［154］Leininger B．A next–generation system enables persistent surveillance of wide areas［J］．SPIE Newsroom，2008.

［155］Leininger B，Edwards J，Antoniades J，et al．Autonomous real–time ground ubiquitous surveillance–imaging system（ARGUS–IS）［C］//Defense Transformation and Net–Centric Systems 2008．International Society for Optics and Photonics，2008，6981：69810H.

［156］Brady D J，Gehm M E，Stack R A，et al．Multiscale gigapixel photography［J］．Nature，2012，486（7403）：386–389.

［157］Bimber O，Raskar R．Modern approaches to augmented reality［C］//ACM SIGGRAPH 2006 Courses．ACM，2006：1.

［158］Han J，Shao L，Xu D，et al．Enhanced computer vision with microsoft kinect sensor：A review［J］. IEEE transactions on cybernetics，2013，43（5）：1318–1334.

［159］Jones A，McDowall I，Yamada H，et al．Rendering for an interactive 360 light field display［J］. ACM Transactions on Graphics（TOG），2007，26（3）：40.

［160］Blanche P A，Bablumian A，Voorakaranam R，et al．Holographic three–dimensional telepresence using large–area photorefractive polymer［J］．Nature，2010，468（7320）：80.

［161］Davison A J．Real–time simultaneous localisation and mapping with a single camera［C］//null. IEEE，2003：1403–1410.

［162］Klein G，Murray D．Parallel tracking and mapping for small AR workspaces［C］//Mixed and Augmented Reality，2007．ISMAR 2007．6th IEEE and ACM International Symposium on．IEEE，2007：225–234.

［163］ Newcombe R A, Davison A J. Live dense reconstruction with a single moving camera ［C］// Computer Vision and Pattern Recognition（CVPR）, 2010 IEEE Conference on. IEEE, 2010: 1498-1505.

［164］ Newcombe R A, Lovegrove S J, Davison A J. DTAM: Dense tracking and mapping in real-time ［C］// Computer Vision（ICCV）, 2011 IEEE International Conference on. IEEE, 2011: 2320-2327.

［165］ Tan W, Liu H, Dong Z, et al. Robust monocular SLAM in dynamic environments ［C］// IEEE International Symposium on Mixed and Augmented Reality. IEEE Computer Society, 2013: 209-218.

［166］ Pollefeys M, Nistér D, Frahm J M, et al. Detailed real-time urban 3d reconstruction from video ［J］. International Journal of Computer Vision, 2008, 78（2-3）: 143-167.

［167］ Nistér D, Naroditsky O, Bergen J. Visual odometry ［C］//Computer Vision and Pattern Recognition, 2004. CVPR 2004. Proceedings of the 2004 IEEE Computer Society Conference on. Ieee, 2004, 1: 652-659.

［168］ Konolige K, Agrawal M, Bolles R C, et al. Outdoor mapping and navigation using stereo vision ［C］// Experimental Robotics. Springer, Berlin, Heidelberg, 2008: 179-190.

［169］ Zhu Z, Oskiper T, Samarasekera S, et al. Ten-fold improvement in visual odometry using landmark matching ［C］//Computer Vision, 2007. ICCV 2007. IEEE 11th International Conference on. IEEE, 2007: 1-8.

［170］ Zhu Z, Oskiper T, Samarasekera S, et al. Real-time global localization with a pre-built visual landmark database ［C］//Computer Vision and Pattern Recognition, 2008. CVPR 2008. IEEE Conference on. IEEE, 2008: 1-8.

［171］ Newcombe R A, Izadi S, Hilliges O, et al. KinectFusion: Real-time dense surface mapping and tracking ［C］//Mixed and augmented reality（ISMAR）, 2011 10th IEEE international symposium on. IEEE, 2011: 127-136.

［172］ Steinbrücker F, Sturm J, Cremers D. Real-time visual odometry from dense RGB-D images ［C］// Computer Vision Workshops（ICCV Workshops）, 2011 IEEE International Conference on. IEEE, 2011: 719-722.

［173］ Yokoya N. Stereo vision based video see-through mixed reality ［C］//Proc. 1st. Int. Symp. On Mixed Reality, Yokohama（March 1999）. 1999. 131-141.

［174］ Fortin P A, Hebert P. Handling occlusions in real-time augmented reality: dealing with movable real and virtual objects ［C］//null. IEEE, 2006: 54.

［175］ Hayashi K, Kato H, Nishida S. Occlusion detection of real objects using contour based stereo matching ［C］//Proceedings of the 2005 international conference on Augmented tele-existence. ACM, 2005: 180-186.

［176］ Salcudean S E, Vlaar T D. On the emulation of stiff walls and static friction with a magnetically levitated input/output device ［J］. Journal of Dynamic Systems, Measurement, and Control, 1997, 119（1）: 127-132.

［177］Constantinescu D，Salcudean S E，Croft E A．Haptic rendering of rigid contacts using impulsive and penalty forces［J］．IEEE transactions on robotics，2005，21（3）：309-323.

［178］Moore M，Wilhelms J．Collision detection and response for computer animation［C］//ACM Siggraph Computer Graphics．ACM，1988，22（4）：289-298.

［179］Baraff D．Analytical methods for dynamic simulation of non-penetrating rigid bodies［C］//ACM SIGGRAPH Computer Graphics．ACM，1989，23（3）：223-232.

［180］Katkere A，Moezzi S，Kuramura D Y，et al．Towards video-based immersive environments［J］．Multimedia Systems，1997，5（2）：69-85.

［181］Sawhney H S，Arpa A，Kumar R，et al．Video flashlights：real time rendering of multiple videos for immersive model visualization［C］//ACM International Conference Proceeding Series．2002，28：157-168.

［182］Neumann U，You S，Hu J，et al．Augmented virtual environments（ave）：Dynamic fusion of imagery and 3d models［C］//null．IEEE，2003：61-67.

［183］Sebe I O，Hu J，You S，et al．3d video surveillance with augmented virtual environments［C］//First ACM SIGMM international workshop on Video surveillance．ACM，2003：107-112.

［184］DeCamp P，Shaw G，Kubat R，et al．An immersive system for browsing and visualizing surveillance video［C］//Proceedings of the 18th ACM international conference on Multimedia．ACM，2010：371-380.

［185］Kim K，Oh S，Lee J，et al．Augmenting aerial earth maps with dynamic information［J］．2009．35-38

［186］Chen S C，Lee C Y，Lin C W，et al．2D and 3D visualization with dual-resolution for surveillance［C］//Computer Vision and Pattern Recognition Workshops（CVPRW），2012 IEEE Computer Society Conference on．IEEE，2012：23-30.

［187］Abrams A，Pless R．Web-accessible geographic integration and calibration of webcams［J］．ACM Transactions on Multimedia Computing，Communications，and Applications（TOMM），2013，9（1）：8.

［188］Shotton J，Sharp T，Kipman A，et al．Real-time human pose recognition in parts from single depth images［J］．Communications of the ACM，2013，56（1）：116-124.

［189］Ye G，Liu Y，Hasler N，et al．Performance capture of interacting characters with handheld kinects［M］//Computer Vision-ECCV 2012．Springer，Berlin，Heidelberg，2012：828-841.

［190］Ren Z，Meng J，Yuan J，et al．Robust hand gesture recognition with kinect sensor［C］//Proceedings of the 19th ACM international conference on Multimedia．ACM，2011：759-760.

［191］Narayanan P J，Rander P W，Kanade T．Constructing virtual worlds using dense stereo［C］//null．IEEE，1998：3-10.

［192］Mulligan J，Kaniilidis K．Trinocular stereo for non-parallel configurations［C］//Pattern Recognition，2000．Proceedings．15th International Conference on．IEEE，2000，1：567-570.

［193］Allard J，Menier C，Raffin B，et al．Grimage：markerless 3d interactions［C］//ACM SIGGRAPH

2007 emerging technologies. ACM, 2007: 9.

[194] Kurillo G, Bajcsy R. 3D teleimmersion for collaboration and interaction of geographically distributed users [J]. Virtual Reality, 2013, 17 (1): 29–43.

[195] Maimone A, Fuchs H. Encumbrance–free telepresence system with real–time 3D capture and display using commodity depth cameras [C]//Mixed and augmented reality (ISMAR), 2011 10th IEEE international symposium on. IEEE, 2011: 137–146.

[196] Debevec P E, Taylor C J, Malik J. Modeling and rendering architecture from photographs: A hybrid geometry–and image–based approach [C]//Proceedings of the 23rd annual conference on Computer graphics and interactive techniques. ACM, 1996: 11–20.

[197] Segal M, Korobkin C, Van Widenfelt R, et al. Fast shadows and lighting effects using texture mapping [C]//ACM Siggraph Computer Graphics. ACM, 1992, 26 (2): 249–252.

[198] Harville M, Culbertson B, Sobel I, et al. Practical methods for geometric and photometric correction of tiled projector [C]//Computer Vision and Pattern Recognition Workshop, 2006. CVPRW'06. Conference on. IEEE, 2006: 5–5.

[199] 周忠, 吴威. 分布式虚拟环境 [M]. 北京: 科学出版社, 2009.

[200] Lien J M, Kurillo G, Bajcsy R. Multi–camera tele–immersion system with real–time model driven data compression [J]. The Visual Computer, 2010, 26 (1): 3–15.

[201] Wu W, Arefin A, Kurillo G, et al. CZLoD: A psychophysical approach for 3D tele–immersive video [J]. ACM Transactions on Multimedia Computing, Communications, and Applications (TOMM), 2012, 8 (3s): 39.

[202] Petit B, Lesage J D, Menier C, et al. Multicamera real–time 3d modeling for telepresence and remote collaboration [J]. International journal of digital multimedia broadcasting, 2010 (2010): 247108.

[203] Tang Z, Rong G, Guo X, et al. Streaming 3D shape deformations in collaborative virtual environment [C]//Virtual Reality Conference(VR), 2010 IEEE. IEEE, 2010: 183–186.

[204] Tang Z, Ozbek O, Guo X. Real–time 3D interaction with deformable model on mobile devices [C]//Proceedings of the 19th ACM international conference on Multimedia. ACM, 2011: 1009–1012.

[205] Zhang L, Ma Z, Zhou Z, et al. Laplacian–Based feature preserving mesh simplification [C]//Pacific–Rim Conference on Multimedia. Springer, Berlin, Heidelberg, 2012: 378–389.

[206] Zhang L, Dou F, Zhou Z, et al. Sharing 3D mesh animation in distributed virtual environment [C]//Proceedings of the International Conference on Computer Animation and Social Agents, Istanbul. 2013.

[207] Zhou Z, Dou F, Li Y, et al. GhostMesh: cloud–based interactive mesh editing [C]//Pacific–Rim Conference on Multimedia. Springer, Cham, 2013: 384–395.

[208] Petit B, Dupeux T, Bossavit B, et al. A 3d data intensive tele–immersive grid [C]//Proceedings of the 18th ACM international conference on Multimedia. ACM, 2010: 1315–1318.

[209] Wu W, Arefin A, Kurillo G, et al. Color–plus–depth level–of–detail in 3D tele–immersive video: a

psychophysical approach［C］//Proceedings of the 19th ACM international conference on Multimedia. ACM，2011：13-22.

［210］Shi S，Jeon W J，Nahrstedt K，et al. Real-time remote rendering of 3D video for mobile devices［C］// Proceedings of the 17th ACM international conference on Multimedia. ACM，2009：391-400.

［211］李伯虎，柴旭东，侯宝存，等. 一种基于云计算理念的网络化建模与仿真平台——"云仿真平台"［J］. 系统仿真学报，2009（17）：5292-5299.

［212］李伯虎，柴旭东，朱文海，等. 现代建模与仿真技术发展中的几个焦点［J］. 系统仿真学报，2004，16（9）：1871-1878.

［213］李伯虎，柴旭东，侯宝存，李潭，等. 复杂系统建模仿真技术体系及值得关注的几个问题［C］. 香山科学会议，2010.

［214］李伯虎，柴旭东，张霖，等. 智慧制造云——一种基于工业大数据与人工智能技术的智能制造系统［C］. 北京：未来工业智能峰会，2017.

［215］刘锋. 互联网进化论新进展，从互联网进化论写入本科学习教材谈起［C］.［2017-05-22］人工智能学家.

［216］杰瑞·卡普兰. 人工智能时代［M］. 浙江：浙江人民出版社，2016.

［217］李彦宏. 智能革命：迎接人工智能时代的社会，经济与文化变革［M］. 2017.

［218］雷·库兹韦尔，库兹韦尔，盛杨燕. 人工智能的未来：如何创造思维［M］. 浙江：浙江人民出版社，2016.

［219］吴军. 智能时代：大数据与智能革命重新定义未来［M］. 北京：中信出版社，2016.

［220］Visioneer. Envisioning a Socio-economic Knowledge Collider［OL］. 2010. http://www.visioneer. ethz.ch.

［221］Helbing D，Balietti S. Fundamental and real-world challenges in economics［J］. 2010.

［222］D. Helbing and S. Balietti. "Formulating grand fundamental challenges. Visioneer White Paper"［OL］. 2010. http://www.visioneer.ethz.ch.

［223］D. Helbing and S. Balietti. "How to create an Innovation Accelerator. Visioneer White Paper"［OL］. 2010. http://www.visioneer.ethz.ch.

［224］D. Helbing and S. Balietti. From social data mining to forecasting socio-economic crisis. Visioneer White Paper［OL］. 2010. http://www.visioneer.ethz.ch.

［225］Dirk Helbing. Pluralistic Modeling of Complex Systems. CCSS-10-009［OL］. 2010. http://ssrn. com/abstract=1646314（2010）.

［226］Shannon R E. Introduction to the art and science of simulation［C］//Proceedings of the 30th conference on Winter simulation. IEEE Computer Society Press，1998：7-14.

［227］Orcutt G H. A new type of socio-economic system［J］. The review of economics and statistics，1957：116-123.

［228］Helbing D，Balietti S. From social simulation to integrative system design［J］. The European Physical Journal Special Topics，2011，195（1）：69-100.

［229］Bishop S，Helbing D，Lukowicz P，et al. FuturICT：FET flagship pilot project［J］. Procedia

Computer Science，2011，7：34-38.

[230] 李德仁，龚健雅，邵振峰. 从数字地球到智慧地球 [J]. 武汉大学学报：信息科学版，2010，35（2）：127-132.

[231] Helbing D. The FuturIcT knowledge accelerator：Unleashing the power of information for a sustainable future [J]. 2010.

[232] The FuturICT Consortium. FuturICT-New Science and Technology to Manage Our Complex [OL]. Strongly Connected World. http://www.futurict.eu.

[233] D.Helbing. Simulator to Mimic Everything on Earth，Help Solve Problems [C]. Civil Engineering. March 2011.

[234] 黄柯棣. 建模与仿真技术 [M]. 湖南：国防科技大学出版社，2011.

[235] 王飞跃，史帝夫，兰森. 从人工生命到人工社会——复杂社会系统研究的现状和展望 [J]. 复杂系统与复杂性科学，2004，1（1）：33-41.

[236] Wang F Y. Social computing：Concepts，contents，and methods [J]. International Journal of Intelligent Control and Systems，2004，9（2）：91-96.

[237] Wang F Y. The science of artificial for modeling and analysis of complex systems [J]. International Journal of Intelligent Control and Systems，2004，9（3）：166-172.

[238] 王飞跃. 从一无所有到万象所归：人工社会与复杂系统研究 [J]. 科学时报，2003：3-17.

[239] 王飞跃，戴汝为，张嗣瀛，等. 关于城市交通，物流，生态综合发展的复杂系统研究方法 [J]. 复杂系统与复杂性科学，2004，1（2）：60-69.

[240] 王飞跃. 平行系统方法与复杂系统的管理和控制 [J]. 控制与决策，2004，19（5）：485-489.

[241] 王飞跃. 计算实验方法与复杂系统行为分析和决策评估 [J]. 系统仿真学报，2004，16（5）：893-897.

[242] 王飞跃. 关于复杂系统研究的计算理论与方法 [J]. 中国基础科学，2004，6（5）：3-10.

[243] 王飞跃. 人工社会、计算实验、平行系统——关于复杂社会经济系统计算研究的讨论 [J]. 复杂系统与复杂性科学，2004，1（4）：25-35.

[244] 王飞跃. 社会计算与数字网络化社会的动态分析 [J]. 科技导报，2005，23（0509）：4-6.

[245] 王飞跃. 社会计算——科学、技术与人文的数字化动态交融 [J]. 中国基础科学，2005，7（5）：5-12.

[246] Spencer B，Finholt T，Foster I，et al. NEESgrid：A distributed collaboratory for advanced earthquake engineering experiment and simulation [C]//13th World Conference on Earthquake Engineering. Vancouver BC，Canada，2004：1674.

[247] Cinquini L，Crichton D，Mattmann C，et al. The Earth System Grid Federation：An open infrastructure for access to distributed geospatial data [J]. Future Generation Computer Systems，2014，36：400-417.

[248] Brunett S，Davis D，Gottschalk T，et al. Implementing distributed synthetic forces simulations in metacomputing environments [C]//Heterogeneous Computing Workshop，1998.（HCW 98）

Proceedings. 1998 Seventh. IEEE, 1998: 29-42.

[249] Evangelinos C, Hill C. Cloud computing for parallel scientific hpc applications: Feasibility of running coupled atmosphere-ocean climate models on amazons ec2 [J]. ratio, 2008, 2 (2.40): 2-34.

[250] Polhill G.Supporting Simulations on the Cloud using Workflows&Virtual Machines [R/OL]. 2007, [2013-05-10]. http://www.nesc.ac.uk/talks/1082/ simulationBox.pptx.

[251] Murphy S, Gallant S, Gaughan C, et al. US army modeling and simulation executable architecture deployment cloud virtualization strategy [C]//Proceedings of the 2012 12th IEEE/ACM International Symposium on Cluster, Cloud and Grid Computing (ccgrid 2012). IEEE Computer Society, 2012: 880-885.

[252] 李伯虎, 柴旭东, 侯宝存, 等. 一种基于云计算理念的网络化建模与仿真平台——"云仿真平台"[J]. 系统仿真学报, 2009(17): 5292-5299.

[253] Li B, Li T, Hou B, et al. Research on high-efficiency simulation technology for complex system [C]//Proceedings of the 2011 Grand Challenges on Modeling and Simulation Conference. Society for Modeling & Simulation International, 2011: 285-289.

[254] Chai X, Zhang Z, Li T, et al. High-performance cloud simulation platform advanced research of cloud simulation platform [C]//Proceedings of the 2011 Grand Challenges on Modeling and Simulation Conference. Society for Modeling & Simulation International, 2011: 181-186.

[255] Mittal S. DEVS Unified Process for Integrated Development and Testing of Service Oriented Architectures [D]. United States — Arizona: The University of Arizona, 2007.

[256] Sarjoughian H, Kim S, Ramaswamy M, et al. A simulation framework for service-oriented computing systems [C]//Proceedings of the 40th Conference on Winter Simulation. Winter Simulation Conference, 2008: 845-853.

[257] Wainer G A, Madhoun R, Al-Zoubi K. Distributed simulation of DEVS and Cell-DEVS models in CD++ using Web-Services [J]. Simulation Modelling Practice and Theory, 2008, 16 (9): 1266-1292.

[258] Fan C. DDSOS: A dynamic distributed service-oriented modeling and simulation framework [M]. Arizona State University, 2006.

[259] Katherine L M, Morse P D, Drake D L, et al. Web enabling an RTI-an XMSF Profile [C]// Proceedings of the 2003 European Simulation Interoperability Workshop. 2003.

[260] Möller B, Löf S. A management overview of the HLA evolved web service API [C]//Proceedings of 2006 Fall Simulation Interoperability Workshop, 06F-SIW-024, Simulation Interoperability Standards Organization. 2006.

[261] Möller B, Löf S. Mixing service oriented and high level architectures in support of the GIG [C]// Proceedings of the 2005 Spring Simulation Interoperability Workshop. 2005 (05S-SIW): 064.

[262] 谭娟, 李伯虎, 柴旭东. 可扩展建模与仿真框架 -XMSF 技术研究 [J]. 系统仿真学报, 2006, 18 (1): 96-101.

［263］ Chen X，Cai W，Turner S J，et al. Soar-dsgrid：Service-oriented architecture for distributed simulation on the grid ［C］//Proceedings of the 20th Workshop on Principles of Advanced and Distributed Simulation. IEEE Computer Society，2006：65-73.

［264］ Rycerz K，Bubak M，Malawski M，et al. A framework for HLA-based interactive simulations on the grid ［J］. Simulation，2005，81（1）：67-76.

［265］ Zong W，Wang Y，Cai W，et al. Service provisioning for HLA-based distributed simulation on the grid ［C］//Proceedings of the 8th IEEE International Symposium on Distributed Simulation and Real Time Applications（DSRT 2004）. 2004：116-124.

［266］ 李伯虎，柴旭东，侯宝存，等. 一种新型的分布协同仿真系统——"仿真网格"［J］. 系统仿真学报，2008，20（20）：5423-5430.

［267］ 李伯虎，柴旭东，侯宝存，等. 一种基于云计算理念的网络化建模与仿真平台——"云仿真平台"［J］. 系统仿真学报，2009（17）：5292-5299.

［268］ Wang Y H，Liao Y C. Implementation of a collaborative web-based simulation modeling environment ［C］//Distributed Simulation and Real-Time Applications，2003. Proceedings. Seventh IEEE International Symposium on. IEEE，2003：150-157.

［269］ Di Ruscio D，Franzago M，Muccini H，et al. Envisioning the future of collaborative model-driven software engineering ［C］//Proceedings of the 39th International Conference on Software Engineering Companion. IEEE Press，2017：219-221.

［270］ Izquierdo J L C，Cabot J. Enabling the collaborative definition of DSMLs ［C］//International Conference on Advanced Information Systems Engineering. Springer，Berlin，Heidelberg，2013：272-287.

［271］ Stepper E. Connected data objects（cdo）［J］. Website http://www.eclipse. org/cdo/documentation/index. php，seen November，2012.

［272］ Thum C，Schwind M，Schader M. SLIM—A lightweight environment for synchronous collaborative modeling ［C］//International Conference on Model Driven Engineering Languages and Systems. Springer，Berlin，Heidelberg，2009：137-151.

［273］ Syriani E，Vangheluwe H，Mannadiar R，et al. AToMPM：A web-based modeling environment ［C］//Joint proceedings of MODELS'13 Invited Talks，Demonstration Session，Poster Session，and ACM Student Research Competition co-located with the 16th International Conference on Model Driven Engineering Languages and Systems（MODELS 2013）：September 29-October 4，2013，Miami，USA. 2013：21-25.

［274］ Maróti M，Kecskés T，Kereskényi R，et al. Next Generation（Meta）Modeling：Web-and Cloud-based Collaborative Tool Infrastructure ［J］. MPM@ MoDELS，2014，1237：41-60.

［275］ 柴旭东，李伯虎，熊光楞，等. 复杂产品协同仿真平台的研究与实现［J］. 计算机集成制造系统，2002，8（7）：580-584.

［276］ 王文广. 面向服务的组合仿真理论及其在 HLA 演化中的应用［D］. 国防科学技术大学. 2012.

［277］Kim K H，Kang W S. CORBA-based，multi-threaded distributed simulation of hierarchical DEVS models：transforming model structure into a non-hierarchical one［C］//International Conference on Computational Science and Its Applications. Springer，Berlin，Heidelberg，2004：167-176.

［278］Wainer G A，Madhoun R，Al-Zoubi K. Distributed simulation of DEVS and Cell-DEVS models in CD++ using Web-Services［J］. Simulation Modelling Practice and Theory，2008，16（9）：1266-1292.

［279］Al-Zoubi K，Wainer G. RISE：A general simulation interoperability middleware container［J］. Journal of Parallel and Distributed Computing，2013，73（5）：580-594.

［280］王飞跃. 平行控制：数据驱动的计算控制方法［J］. 自动化学报，2013，39（4）：293-302.

［281］Zhang N，Wang F Y，Zhu F，et al. DynaCAS：Computational experiments and decision support for ITS［J］. IEEE Intelligent Systems，2008，23（6）：19-23.

［282］Wang F Y，Zhang J J，Zheng X，et al. Where does AlphaGo go：From church-turing thesis to AlphaGo thesis and beyond［J］. IEEE/CAA Journal of Automatica Sinica，2016，3（2）：113-120.

［283］王坤峰，苟超，王飞跃. 平行视觉：基于 ACP 的智能视觉计算方法［J］. 自动化学报，2016，42（10）：1490-1500.

［284］Wang K，Gou C，Zheng N，et al. Parallel vision for perception and understanding of complex scenes：methods，framework，and perspectives［J］. Artificial Intelligence Review，2017，48（3）：299-329.

［285］王坤峰，鲁越，王雨桐，等. 平行图像：图像生成的一个新型理论框架［J］. 模式识别与人工智能，2017，30（7）：577-587.

［286］李力，林懿伦，曹东璞，等. 平行学习——机器学习的一个新型理论框架［J］. 自动化学报，2017，43（1）：1-8.

［287］Li L，Lin Y，Zheng N，et al. Parallel learning：a perspective and a framework［J］. IEEE/CAA Journal of Automatica Sinica，2017，4（3）：389-395.

［288］Wang F Y，Wang X，Li L，et al. Steps toward Parallel Intelligence［J］. IEEE/CAA Journal of Automatica Sinica，2016，3（4）：345-348.

［289］张育林. 平行试验——武器装备体系试验的理论与方法［C］. 第 428 次香山科学会议主题报告. 北京，2012.

［290］盛昭瀚，张军，杜建国. 社会科学计算实验理论与应用［M］. 上海：上海三联书店，2009.

［291］罗批. 基于 Agent 构建战争系统复杂模型方法的研究［J］. 北京：国防大学训练模拟中心博士后研究报告，2004.

［292］香山科学会议办公室，香山科学会议简报，第 424 期，2012.

［293］王飞跃. 基于社会计算和平行系统的动态网民群体研究［J］. 上海理工大学学报，2011，33（1）：8-17.

［294］桂卫华，刘晓颖. 基于人工智能方法的复杂过程故障诊断技术［J］. 控制工程，2002，9（4）：1-6.

［295］王飞跃. 从工程控制到社会管理：纪念钱学森《工程控制论》发表 60 周年［J］. 中国自动化学会通讯，2014，35（4）：1-2.

［296］王飞跃. 社会信号处理与分析的基本框架：从社会传感网络到计算辩证解析方法［J］. 中国科学：信息科学，2013，43（12）：1598-1611.

［297］王飞跃. 系统工程与管理变革：从牛顿到默顿的升华［J］. 2013（10）：12-19.

［298］Langton C G. Studying artificial life with cellular automata［J］. Physica D Nonlinear Phenomena，1986，22（1-3）：120-149.

［299］韩守鹏，邱晓刚，黄柯棣. 动态数据驱动的适应性建模与仿真［J］. 系统仿真学报，2006（z2）：147-151.

［300］Gonzalez M C，Hidalgo C A，Barabasi A L. Understanding individual human mobility patterns［J］. nature，2008，453（7196）：779-782.

［301］Gonçalves B，Ramasco J J. Human dynamics revealed through Web analytics［J］. Physical Review E，2008，78（2）：026123.

［302］Dredze M. How social media will change public health［J］. IEEE Intelligent Systems，2012，27(4)：81-84.

［303］Darema F. Dynamic data driven applications systems：New capabilities for application simulations and measurements［C］//International conference on computational science. Springer，Berlin，Heidelberg，2005：610-615.

［304］NSF Workshop Report. Dynamic data driven application systems［EB/OL］. www.cise.nsf.gov/dddas，2000-03-10/2004-06-16.

［305］Darema F. Data driven application systems：New capabilities for application simulations and measurements-ppt［EB/OL］. http://www.dddas.org/virtual_proceedings.html，2006-05-30/ 2010-01.

［306］Douglas C. C. Dynamic data-driven application systems［EB/OL］. http://www.dddas.org/ virtual_proceedings.html，2010-08/2010/09.

［307］Mandel J，Chen M，Franca L P，et al. A note on dynamic data driven wildfire modeling［C］//International Conference on Computational Science. Springer，Berlin，Heidelberg，2004：725-731.

［308］Chaturvedi A，Mellema A，Filatyev S，et al. DDDAS for fire and agent evacuation modeling of the rhode island nightclub fire［C］//International Conference on Computational Science. Springer，Berlin，Heidelberg，2006：433-439.

［309］Yan X，Gu F，Hu X，et al. A dynamic data driven application system for wildfire spread simulation［C］//Winter Simulation Conference. Winter Simulation Conference，2009：3121-3128.

［310］Yan X F，Hu X L，Gu F，et al. Architecture of Dynamic Data Driven Simulation for Wildfire and Its Realization［J］. Transactions of Nanjing University of Aeronautics & Astronautics，2010，27（2）：190-197.

［311］Hu X. Dynamic data driven simulation［J］. SCS M&S Magazine，2011，5：16-22.

［312］Douglas C C, Shannon C E, Efendiev Y, et al. A note on data-driven contaminant simulation［C］// International Conference on Computational Science. Springer, Berlin, Heidelberg, 2004：701-708.

［313］Douglas C C, Efendiev Y. A dynamic data-driven application simulation framework for contaminant transport problems［J］. Computers & Mathematics with Applications, 2006, 51（11）：1633-1646.

［314］Yan J, Wang L, Chen L, et al. A dynamic remote sensing data-driven approach for oil spill simulation in the sea［J］. Remote Sensing, 2015, 7（6）：7105-7125.

［315］Fujimoto R, Guensler R, Hunter M, et al. Dynamic data driven application simulation of surface transportation systems［C］//International Conference on Computational Science. Springer, Berlin, Heidelberg, 2006：425-432.

［316］Fujimoto R, Guin A, Hunter M, et al. A Dynamic Data Driven Application System for Vehicle Tracking［C］//ICCS. 2014：1203-1215.

［317］罗永琦, 燕雪峰, 冯向文, 等. 动态数据驱动的交通仿真框架研究与实现［J］. 计算机科学, 2014(S1)：459-462.

［318］Zhang H, Vorobeychik Y, Letchford J, et al. Data-driven agent-based modeling, with application to rooftop solar adoption［J］. Autonomous Agents and Multi-Agent Systems, 2016, 30（6）：1023-1049.

［319］徐莉莉, 纪志成. 数据驱动的风能转换系统最优控制［J］. 南京航空航天大学学报, 2012, 44（1）：129-133.

［320］Boukouvala F, Muzzio F J, Ierapetritou M G. Dynamic data-driven modeling of pharmaceutical processes［J］. Industrial & Engineering Chemistry Research, 2011, 50（11）：6743-6754.

［321］Meng C, Nageshwaraniyer S S, Maghsoudi A, et al. Data-driven modeling and simulation framework for material handling systems in coal mines［J］. Computers & Industrial Engineering, 2013, 64（3）：766-779.

［322］陈华伟, 刘国平, 涂海宁, 等. 数据驱动的制造系统快速建模技术［J］. 河北科技大学学报, 2014, 35（6）：504-511.

［323］Celik N, Lee S, Vasudevan K, et al. DDDAS-based multi-fidelity simulation framework for supply chain systems［J］. IIE Transactions, 2010, 42（5）：325-341.

［324］Madey G R, Blake M B, Poellabauer C, et al. Applying DDDAS principles to command, control and mission planning for UAV swarms［J］. Procedia Computer Science, 2012, 9：1177-1186.

［325］McCune R R, Madey G R. Swarm control of UAVs for cooperative hunting with DDDAS. Procedia Computer Science, 18（0）：2537-2544, 2013［C］//2013 International Conference on Computational Science.

［326］朱林, 方胜良, 吴付祥, 等. 基于动态数据驱动的多 UAV 实时任务规划［J］. 火力与指挥控制, 2014, 39（10）：163-166.

［327］Madey G R, Szabo G, Barabási A L. WIPER：The integrated wireless phone based emergency response system［C］//International Conference on Computational Science. Springer，Berlin，Heidelberg，2006：417-424.

［328］Madey G R，Barabási A L，Chawla N V，et al. Enhanced situational awareness：Application of DDDAS concepts to emergency and disaster management［C］//International Conference on Computational Science. Springer，Berlin，Heidelberg，2007：1090-1097.

［329］Michopoulos J G，Lambrakos S G. Underlying issues associated with validation and verification of dynamic data driven simulation［C］//Simulation Conference，2006. WSC 06. Proceedings of the Winter. IEEE，2006：2093-2100.

［330］Kurc T，Zhang X，Parashar M，et al. Dynamic Data-Driven Systems Approach for Simulation Based Optimizations［C］//International Conference on Computational Science. Springer，Berlin，Heidelberg，2007：1213-1221.

［331］Blasch E，Seetharaman G，Reinhardt K. Dynamic data driven applications system concept for information fusion［J］. Procedia Computer Science，2013，18：1999-2007.

［332］Sajjad M，Singh K，Paik E，et al. A data-driven approach for agent-based modeling：simulating the dynamics of family formation［J］. Journal of Artificial Societies and Social Simulation，2016，19（1）：9.

［333］Hess A，Hummel K A，Gansterer W N，et al. Data-driven human mobility modeling：a survey and engineering guidance for mobile networking［J］. ACM Computing Surveys（CSUR），2016，48（3）：38.

［334］Kennedy C，Theodoropoulos G. Intelligent management of data driven simulations to support model building in the social sciences［C］//International Conference on Computational Science. Springer，Berlin，Heidelberg，2006：562-569.

［335］Kennedy C，Theodoropoulos G，Sorge V，et al. Data driven simulation to support model building in the social sciences［J］. Journal of Algorithms & Computational Technology，2011，5（4）：561-581.

［336］Fujimoto R.，Lunceford D.，Page E.，Uhrmacher A. M. Summary of the Parallel/Distributed Simulation Working Group［C］. Grand Challenge for Modeling and Simulation，Dagstuhl Report，August 2002.

［337］Aydt H，Turner S J，Cai W，et al. Research issues in symbiotic simulation［C］//Simulation Conference（WSC），Proceedings of the 2009 winter. IEEE，2009：1213-1222.

［338］周云，赵超，张亚波，等. 基于共生仿真的 UAV 自适应路径规划决策支持平台研究［J］. 系统仿真学报，2010（5）：1130-1133.

［339］Wang F Y，Tang S. Artificial societies for integrated and sustainable development of metropolitan systems［J］. IEEE Intelligent Systems，2004，19（4）：82-87.

［340］Wang F Y. Toward a paradigm shift in social computing：The ACP approach［J］. IEEE Intelligent Systems，2007，22（5）：65-67.

［341］赵琳. 非线性系统滤波理论［M］. 北京：国防工业出版社，2012.

［342］孟秀云，丁艳，贾庆忠．半实物仿真［M］．北京：国防工业出版社，2013．

［343］童和钦，倪明，李满礼，等．基于 RTDS 与 QualNet 的电网和通信网半实物联合仿真系统［J］．电力系统自动化，2018，42（8）：149-155．

［344］申文彬．半实物仿真系统实时通信技术的研究与开发［D］．湖南大学，2006．

［345］黄建强，鞠建波．半实物仿真技术研究现状及发展趋势［J］．舰船电子工程，2011，31（7）：5-7．

［346］杜常清，徐懂懂．基于 dSPACE 的混合动力汽车控制策略半实物仿真平台［J］．自动化与仪表，2018，33（1）：79-83．

［347］Feng PAN，Ding-Yu X，Xin-He X．The research and application of dSPACE-based hardware-in-the-loop simulation technique in servo control［J］．Journal of System Simulation，2004，16（5）：936-939．

［348］Dufour C，Bélanger J．On the use of real-time simulation technology in smart grid research and development［J］．IEEE Transactions on Industry Applications，2014，50（6）：3963-3970．

［349］仇佳捷，包涌金，张峰，等．基于半实物仿真技术的复杂电系统设备检测平台的硬件设计［J］．电测与仪表，2012，49（4）：92-96．

［350］原林，黄文华，唐雷，等．数字化虚拟中国人女性一号数据图像处理［J］．中国临床解剖学杂志，2003，21（3）：193-196．

［351］Xu N，Wei F，Liu X，et al．Reconstruction of the upper cervical spine using a personalized 3D-printed vertebral body in an adolescent with Ewing sarcoma［J］．Spine，2016，41（1）：E50-E54．

［352］朱玲．虚拟手术中软组织形变与切割技术研究［D］．哈尔滨工程大学，2012．

［353］张鹤．脊柱微创手术机器人系统（遥控型）及关键技术研究［D］．第三军医大学，2012．

［354］冯岱鹏，胡炎，邰能灵，等．地下变电站虚拟现实仿真系统的研究［J］．电力系统保护与控制，2010（11）：90-93．

［355］朱庆瑞．公路交通仿真技术标准研究［D］．石家庄铁道大学，2017．

［356］中国政府网 - 中国制造 2025 专题，http://www.gov.cn/zhuanti/2016/MadeinChina2025-plan/mobile.html．

［357］商飞．C919 飞机航电系统与飞机系统动态集成试验台交付［J］．军民两用技术与产品，2015（15）：17-17．

［358］彭勇，我国自主研发成功百万千瓦级核电站全范围模拟机［R/OL］，中华人民共和国中央人民政府网站，http://www.gov.cn/jrzg/2011-03/07/content_1818898.html

［359］刘诗平，"蛟龙号"挑战深渊［R/OL］．上海科技网，2017，http://www.stcsm.gov.cn/xwpt/kjdt/349915.htm

［360］熊磊，路晓彤，钟章队，等．高速铁路 GSM-R 系统无线信道特性仿真［J］．中国铁道科学，2010，31（5）：84-89．

［361］祁兵，刘思放，李彬，等．智能电网用户需求侧半实物仿真技术研究［J］．电力信息与通信技术，2017（9）：1-7．

［362］熊鑫．基于半实物仿真的专网频谱共享技术研究［D］．华北电力大学（北京），2016．

[363] 袁兴鹏. 基于作战想定的战场电磁环境仿真技术研究 [J]. 兵工自动化, 2017, 36 (1): 55-58.

[364] 初阳, 季蓓, 窦林涛. 海上作战体系仿真建模技术 [J]. 指挥控制与仿真, 2017, 39 (1): 73-76.

[365] 周正阳, 庄伟超, 朱丽, 等. 智慧医疗终端应用模型与仿真系统设计 [J]. 信息与电脑, 2017(3): 112-116.

[366] 范文慧, 吴佳惠. 计算机仿真发展现状及未来的量子计算机仿真 [J]. 系统仿真学报, 2017 (2017年06): 1161-1167.

[367] 张鑫. 计算机模拟仿真技术在医疗器械加工实训室建设中的实现及发展趋势 [J]. 印染助剂, 2017 (s1).

[368] 郑国, 杨锁昌, 张宽桥. 半实物仿真技术的研究现状及发展趋势 [J]. 舰船电子工程, 2016, 36 (11): 8-11.

[369] Li L, Wang Y, Zhou S, et al. Hardware-in-the-loop simulation method and influence analysis of missiles considering body elasticity [J]. Journal of Beijing University of Aeronautics & Astronautics, 2016.

[370] Bondoky K, Janschek K, Rathke A, et al. Analysis of Hardware-in-the-Loop setup without artificial compliance for docking contact dynamics of satellites [C]// AIAA SPACE and Astronautics Forum and Exposition. 2017.

[371] Gao F, Qi C K, Ren A Y, et al. Hardware-in-the-loop simulation for the contact dynamic process of flying objects in space [J]. Science China Technological Sciences, 2016, 59 (8): 1167-1175.

[372] Opromolla R, Fasano G, Rufino G, et al. Hardware in the Loop Performance Assessment of LIDAR-Based Spacecraft Pose Determination [J]. Sensors, 2017, 17 (10): 2197.

[373] Curran S, Chambon P, Lind R, et al. Big area additive manufacturing and hardware-in-the-loop for rapid vehicle powertrain prototyping: A case study on the development of a 3-D-printed Shelby Cobra [R]. SAE Technical Paper, 2016.

[374] Chuanxue S, Feng X, Silun P. Implementation of electric vehicle hardware-in-the-loop test platform [J]. International Journal of Multimedia and Ubiquitous Engineering, 2016, 11 (1): 147-158.

[375] Zulkefli M A M, Mukherjee P, Sun Z, et al. Hardware-in-the-loop testbed for evaluating connected vehicle applications [J]. Transportation Research Part C: Emerging Technologies, 2017, 78: 50-62.

[376] Lauss G F, Faruque M O, Schoder K, et al. Characteristics and design of power hardware-in-the-loop simulations for electrical power systems [J]. IEEE Transactions on Industrial Electronics, 2016, 63 (1): 406-417.

[377] Zhang Y, Xiong R, He H, et al. A lithium-ion battery pack state of charge and state of energy estimation algorithms using a hardware-in-the-loop validation [J]. IEEE Trans. Power Electron, 2017, 32 (6): 4421-4431.

［378］ Rotger-Griful S, Chatzivasileiadis S, Jacobsen R H, et al. Hardware-in-the-loop co-simulation of distribution grid for demand response［J］. 2016: 1-7.

［379］ Lundstrom B, Chakraborty S, Lauss G, et al. Evaluation of system-integrated smart grid devices using software-and hardware-in-the-loop［C］//Innovative Smart Grid Technologies Conference（ISGT）, 2016 IEEE Power & Energy Society. IEEE, 2016: 1-5.

［380］ 刘延斌, 金光. 半实物仿真技术的发展现状［J］. 光机电信息, 2003（1）: 27-32.

［381］ 王子才. 仿真技术发展及应用［J］. 中国工程科学, 2003, 5（2）: 40-44.

［382］ 王行仁. 面向二十一世纪, 发展系统仿真技术［J］. 系统仿真学报, 1999, 11（2）: 73-82.

［383］ 徐德华. 实时半实物仿真系统关键技术的研究［D］. 哈尔滨: 哈尔滨工程大学, 2005.

［384］ 单勇. 实时半实物仿真平台关键技术研究与实现［D］. 国防科学技术大学, 2010.

［385］ 姚新宇, 黄柯棣. 半实物仿真系统中的实时控制技术［J］. 计算机仿真, 2000, 17（1）: 33-36.

［386］ 王行仁. 先进仿真技术［J］. 测控技术, 1999, 18（6）: 5-8.

［387］ 赵勋杰, 李成金. 红外半实物仿真系统的关键技术［J］. 红外与激光工程, 2007, 36（3）: 326-328.

［388］ 赵明明. 中国 VR 技术的发展现状、应用前景与对策探究［J］. 视听, 2018（1）: 209-210.

［389］ 高康. 面向空间攻防对抗的半实物仿真技术研究［D］. 北京交通大学, 2017.

［390］ 刘航. 风力发电半实物仿真系统及风电集群分布式协同控制研究［D］. 浙江大学, 2017.

［391］ 郑国, 杨锁昌, 张宽桥. 半实物仿真技术的研究现状及发展趋势［J］. 舰船电子工程, 2016, 36（11）: 8-11.

［392］ 马震, 吴晓燕, 张蕊, 等. 复杂仿真系统模型验证工具设计与实现［J］. 现代防御技术, 2016, 44（4）: 153-159.

［393］ 马震, 吴晓燕, 卜祥伟, 等. 仿真模型 VV&A 工具研究［J］. 现代防御技术, 2016, 44（1）.

［394］ 程胜. 高超声速飞行器俯冲制导技术半实物仿真方法研究［D］. 国防科学技术大学, 2015.

［395］ 梁慧, 董峰, 王鹏勋. 半实物仿真技术研究及未来前景［J］. 计算机光盘软件与应用, 2015（3）: 35-36.

［396］ 黄建强, 鞠建波. 半实物仿真技术研究现状及发展趋势［J］. 舰船电子工程, 2011, 31（7）: 5-7.

［397］ 单勇. 实时半实物仿真平台关键技术研究与实现［D］. 国防科学技术大学, 2010.

［398］ 赵勋杰, 李成金. 红外半实物仿真系统的关键技术［J］. 红外与激光工程, 2007, 36（3）: 326-328.

［399］ 徐德华. 实时半实物仿真系统关键技术的研究［D］. 哈尔滨工程大学, 2005.

［400］ Massimiliano Rak, Antonio Cuomo, Umberto Villano. mJADES: Concurrent Simulation in the Cloud［C］. 2012 Sixth International Conference on Complex, Intelligent, and Software Intensive Systems, pp.853-860.

［401］ Rodrigo N. Calheiros, et al. CloudSim: A Toolkit for Modeling and Simulation of Cloud Computing Environments and Evaluation of Resource Provisioning Algorithms. Software Practice and

Experience，2011，41（1）：23–50.

［402］Shekhar S，Abdel–Aziz H，Walker M，et al. A simulation as a service cloud middleware［J］. Annals of Telecommunications，2016，71（3）：93–108.

［403］Jie Xu，Edward Huang，Chun–Hung Chen，et al. Simulation Optimization：A Review and Exploration in the New Era of Cloud Computing and Big Data［J］. Asia–Pacific Journal of Operational Research，2015，32（03）：1550019–34.

［404］Fox G，Qiu J，Jha S，et al. Big Data，Simulations and HPC Convergence［C］. The Workshop on Big Data Benchmarks. Springer International Publishing，2015：3–17.

［405］Russ Juskalian. Practical Quantum Computers［OL/R］. 2017，https://www.technologyreview.com/s/603495/10–breakthrough–technologies–2017–practical–quantum–computers/.

［406］廖湘科，谭郁松，卢宇彤，等. 面向大数据应用挑战的超级计算机设计［J］. 上海大学学报（自然科学版）［J］，2016.22（1）：4–16.

［407］李伯虎，等，一种基于云计算理念的网络化建模与仿真平台——"云仿真平台"，系统仿真学报，2009，21（17）：5292–5299.

［408］百度，Apollo 自动驾驶训练平台，2018，http://apollo.auto/developer_cn.html.

［409］李少伟，程辉，王胜正. 智能车运动仿真平台设计［J］. 计算机系统应用，2018，27（3）.

［410］吕远阳. 基于群体智能的虚拟人群路径规划方法研究［D］. 山东师范大学，2016.